工业和信息化部"十四五"规划专著

软件开发大数据分析研究与实践

彭　鑫　吴毅坚　陈碧欢　著

電子工業出版社·

Publishing House of Electronics Industry

北京·BEIJING

内 容 简 介

本书围绕"软件开发大数据分析"这一主题介绍相关研究与实践。其中，第 1 章对软件开发大数据分析的问题背景及软件开发的数字化和智能化发展目标进行介绍和分析，同时对本书的内容进行概述；第 2 章对软件开发大数据分析中常用的程序分析技术进行介绍，包括静态程序分析、动态程序分析、代码差异分析、演化分析等；第 3 章和第 4 章针对软件质量问题分析这一主题分别介绍代码层面的软件缺陷分析及设计层面的软件设计质量分析；第 5～7 章围绕数据驱动的软件开发质量追溯体系，分别介绍代码克隆分析与管理、软件供应链风险分析、代码质量与开发效能分析三方面技术；第 8 章围绕软件开发智能化这一主题，具体介绍代码资产挖掘与推荐，包括基于克隆分析的代码资产抽取、搜索式代码推荐、生成式代码推荐技术。

本书适合 IT 及互联网行业从事软件质量与流程管理、软件研发效能管理的技术专家和工程师阅读，也适合对软件开发大数据分析与挖掘及软件智能化开发等领域感兴趣的学生和研究人员阅读。

图书在版编目（CIP）数据

软件开发大数据分析研究与实践 / 彭鑫，吴毅坚，
陈碧欢著. -- 北京 : 电子工业出版社，2025. 1.
ISBN 978-7-121-49673-8

Ⅰ. TP311.52

中国国家版本馆 CIP 数据核字第 2025J5M452 号

责任编辑：戴晨辰
印　　刷：大厂回族自治县聚鑫印刷有限责任公司
装　　订：大厂回族自治县聚鑫印刷有限责任公司
出版发行：电子工业出版社
　　　　　北京市海淀区万寿路 173 信箱　　邮编：100036
开　　本：787×1 092　1/16　印张：13.75　字数：352 千字
版　　次：2025 年 1 月第 1 版
印　　次：2025 年 1 月第 1 次印刷
定　　价：79.00 元

凡所购买电子工业出版社图书有缺损问题，请向购买书店调换。若书店售缺，请与本社发行部联系，联系及邮购电话：（010）88254888，88258888。

质量投诉请发邮件至 zlts@phei.com.cn，盗版侵权举报请发邮件至 dbqq@phei.com.cn。

本书咨询联系方式：dcc@phei.com.cn。

前　　言

"软件定义一切"的发展趋势正日益成为现实。在此背景下，来自各行各业及各种层次、各种形态的软件需求急剧增长，并对软件开发的效率和质量提出了很高的要求。一方面，新的软件应用领域和软件产品不断拓展，同时已有的软件产品随着环境和需求的变化而快速变化，快速交付及持续更新已经成为许多软件产品必须面对的现实要求。另一方面，软件作为一种新型的信息化基础设施，其可信性要求越来越高。软件开发组织和开发团队需要兼顾这两方面的目标，即在满足快速迭代和快速交付软件产品及其更新的同时确保软件的可信性。

然而，软件及其开发过程的高度复杂性和不可见性导致当前软件开发与演化面临诸多的问题和挑战。个人的能力、经验及主观能动性始终在软件开发中起着决定性作用，企业缺乏有效的管理手段来确保软件开发的效率和质量。应对这些问题和挑战的一种可行途径是，建立在软件开发大数据分析之上的软件开发的数字化和智能化提升，而机会主要来自软件开发的流水线化和云化及软件分析与人工智能技术的发展。软件开发的流水线化和云化使得我们可以利用各种程序分析技术从软件开发过程及软件制品中抽取丰富的数据，从而为软件开发的数字化和智能化提升提供数据基础；人工智能技术的发展使得我们可以利用各种数据挖掘、机器学习、深度学习等智能化技术及最近流行的大模型高效地从软件开发数据中抽取和学习有用的知识，从而为软件开发的数字化和智能化提升提供技术基础。

复旦大学智能化软件工程与系统研究团队（CodeWisdom 团队）围绕软件开发的数字化和智能化这一主题开展了大量研究工作，同时与多家企业形成了长期合作关系，从而积累了丰富的技术和实践经验积累。本书首先在分析现实问题背景的基础上阐述了软件开发的数字化和智能化发展目标并介绍了常用的程序分析技术，然后从软件质量问题分析、软件开发质量追溯体系、代码资产挖掘与代码推荐三方面介绍了软件开发数据分析技术与实践。希望本书的内容能够对企业分析和掌握整体软件研发技术及管理水平现状，并进一步建立规范化的软件研发管理体系与智能化支撑平台有所帮助。

本书由复旦大学 CodeWisdom 团队编写。其中，彭鑫负责第 1 章、第 2 章、第 8 章的编写及全书统稿；吴毅坚负责第 4 章、第 5 章、第 7 章的编写；陈碧欢负责第 3 章、第 6 章的编写。此外，团队中的李弋、董震、娄一翔、刘名威、黄凯锋等几位老师和博士后及王翀、周捷、宋学志、胡彬等几位博士生和科研助理也参加了部分章节的资料整理工作，为本书的出版做出了巨大的贡献。

感谢电子工业出版社的大力支持及在本书撰写过程中的细心指导，感谢中国计算机学会软件工程专委会、复旦大学计算机科学技术学院的领导和老师们对本书的大力支持，同时还要感谢各家合作企业对我们的支持，我们的很多想法和成果都是在与企业合作伙伴的交流与合作过程中逐渐产生和发展的。

由于作者水平有限，书中难免有错误和疏漏之处，恳请广大读者批评指正！

作者

目　　录

第1章

软件开发大数据分析概述

本章首先对软件开发大数据分析的现实问题背景及软件开发的数字化和智能化发展目标进行介绍和分析，然后从软件分析基础、代码与设计质量分析、软件开发质量追溯体系、软件开发智能化四方面对本书的内容进行概述。

1.1 问题背景

"软件定义一切"的发展趋势正日益成为现实，由此也带来了快速交付与可信保障的双重压力。与此同时，软件及其开发过程的不可见性及软件日益增长的复杂性都给软件开发带来了前所未有的问题和挑战。应对这一挑战的一种可能的途径是在软件分析和智能化技术的基础上实现软件开发的数字化和智能化。

1.1.1 快速交付与可信保障的双重压力

随着信息与计算技术的不断发展，软件表现出了越来越强的渗透性，其应用的触角已经深入我们社会经济生活的方方面面，"软件定义一切"的发展趋势正日益成为现实[1]。软件是信息系统的灵魂，是世界数字化的直接产物、自动化的现代途径、智能化的逻辑载体[2]。

软件的重要性可以从其应用的广度和深度两方面去看。从软件应用的广度看，时至今日，小到一个智能传感器、一块智能手表，大到一座智慧城市、一张智能电网，无不有赖于软件系统的驱动与驾驭[2]。软件部署和应用的载体不再局限于服务器和桌面计算机这类通用计算设备，而是扩展到各种智能设备（如手机等智能移动终端，咖啡机等家用电器，机床等智能工业设备，汽车等交通工具）甚至各类智慧空间（如楼宇、园区、城市）中。从软件应用的深度看，软件已经成为信息化社会不可或缺的基础设施，具体表现在[2]：一方面，软件自身已成为信息技术应用基础设施的重要构成成分，以平台方式为各类信息技术应用和服务提供基础性能力和运行支撑；另一方面，软件正在"融入"支撑整个人类经济社会运行的"基础设施"中，特别是随着互联网向物理世界拓展延伸并与其他网络不断交汇融合。

在此背景下，来自各行各业及各种层次、各种形态的软件需求急剧增长，并对软件开发的效率和质量提出了很高的要求。一方面，新的软件应用领域和软件产品不断拓展，同时已有的软件产品随着环境和需求的变化而快速变化，快速交付及持续更新已经成为许多软件产品必须面对的现实要求。另一方面，软件作为一种新型的信息化基础设施，人们对其可信性的要求越来越高，可信性包括可靠性（Reliability）、性能（Performance）、信息安全（Security）、功能安全（Safety）和韧性（Resilience）等。软件开发组织和开发团队需要兼顾这两方面的目标，即在满足快速迭代和快速交付软件产品及其更新的同时确保软件的可信性。

1.1.2　软件的复杂性

软件及其开发过程高度不可见。与此同时，软件日益增长的复杂性进一步带来了前所未有的挑战，这种复杂性表现在以下四方面。

- **软件规模及逻辑复杂性**：软件实现的功能越来越多，代码越来越长，同时不同组件和模块之间的交互关系也越来越复杂。这种复杂性不仅带来了开发人员在软件理解上的困难，而且增加了软件发生质量问题的风险，如由于特性交互（Feature Interaction）问题引发的软件缺陷。
- **软件协作开发复杂性**：网络及软件技术的发展使得基于网络的大范围协作开发成为一种常态。企业软件开发不仅基于开源社区及开源代码托管平台（如 GitHub），而且广泛采用了基于公有云或私有云的网络化开发平台。这种网络化协作开发模式使得参与软件开发的人员规模及软件开发的开放性持续增长，增加了软件开发及演化过程的管理和协调难度。
- **软件开发生态复杂性**：互联网及开源和商业软件生态的发展使得软件开发越来越具有鲜明的复杂生态系统特征。一方面，软件的开发和演化越来越依赖于一个复杂的软件生态系统，各种开源和商业软件的组件和框架在软件产品的开发中得到了大量应用，由此引入了大量复杂的软件生态。一些软件产品还采取与开源软件协同演化的发展模式，如商业化的操作系统与对应的开源操作系统之间的协同演化。另一方面，一些企业中共享的共性软件框架和代码也构成了一种软件开发生态，并带来了相应的复杂性。
- **软件运行生态复杂性**：互联网的发展使得软件的运行环境越来越复杂，形成了复杂的软件运行生态，特别是基于云的软件系统（如微服务系统）。在此生态中，不仅存在大量复杂的基础软件（如操作系统、中间件等），而且软件的不同部分（如服务）之间存在着复杂关系，导致传统的系统边界逐渐模糊。

1.1.3　问题与挑战

当前软件开发与演化面临的主要问题与挑战见图 1-1。

图 1-1　当前软件开发与演化面临的主要问题与挑战

1．软件维护的冰山

软件的外部质量（用户与客户所见及所关心的）与内部质量（开发和维护人员所关心的）可能发生脱离，外部质量良好的软件也有可能存在很多内部质量问题，造成软件难以理解和维护，从而形成"软件维护的冰山"。特别是对于一些"历史悠久"的软件项目而言，其中的内部质量问题（如架构退化、重复代码、死代码及各种代码异味等）都是经年累月形成的（所谓"冰冻三尺非一日之寒"）。由于时间有限而且这些内部质量问题暂时并不会带来直接的外部质量影响，因此很多时候开发人员都会选择暂时忽略和容忍这些问题的存在。与此同时，软件维护的职责在开发人员之间不断转移，而且代码质量问题的形成及发展过程不可见，导致开发人员普遍存在击鼓传花、法不责众的心态，甚至由于"破窗效应"而不在意一再引入各种代码质量问题、留下"技术债"。这种内部质量问题的累积不仅为软件开发带来越来越大的负面影响，而且也会成为潜在的外部质量问题来源。例如，开发人员由于难以理解代码的设计意图，可能做出错误的技术决策或者由于不知晓多个代码副本的存在而忽略了需要同步进行修改以保证一致性。

2．随风消逝的知识

软件开发过程涉及多个不同层次、不同方面的知识，例如，需求和设计方案及相关的背景知识、通用组件及其所实现的功能、代码实现背后的设计决策和设计意图等。理想情况下，这些知识应该在规范化的文档中进行描述并与代码建立完善的映射关系。然而，现实情况下，这些知识很多时候都"随风消逝"了。它们曾经在我们的脑海中或者与同事的交流和讨论中出现过，甚至以某种方式被记录过，但当我们需要的时候总是不知道从何处获取。因此，各种重复思考和重复劳动在软件开发过程中司空见惯。例如，代码理解经常被认为是一项很有挑战的任务，我们经常感觉所面对的代码背后隐藏着某种"神秘莫测"的深层意图，特别是在缺少必要的注释和文档的情况下。因此，我们经常会花费大量的时间去理解一段代码及其背后的设计意图，而对于同一段代码的重复思考经常在不同的开发人员身上发生。除此之外，"重新发明轮子"的现象在企业软件开发过程中也屡见不鲜。开发人员虽然意识到自己正在实现的功能在所属企业的其他项目甚至同一项目的其他模块中已经实现了，但由于缺少高效的代码资产积累和推荐机制而不得不选择自己重新实现。还有，由于各种软件缺陷及其修复方式的知识未能得到有效积累和利用，开发人员会经常在不同的地方犯同样的错误，这种重复犯错的情况也是软件开发知识缺失的一种表现。

3．开发过程不透明

随着应用需求及软件开发技术的不断发展，当前的开源及企业软件已经形成了一种复杂的生态系统。新的软件不断地在已有的软件基础上派生出来，如从一个软件产品中派生出同一领域的变体（Variant）产品或者在一个开源软件基础上派生出对应的商用软件。同时，越来越多的功能通过源代码和组件等不同层次、不同形态的软件复用来实现。这些都使得软件的成分及内容越来越开放和多样化。此外，开源及企业软件开发已经广泛实现了基于网络化平台的大范围协作式开发，大量开发人员在不同时间、以不同方式参与软件开发，从而导致软件的开发和演化过程更加复杂。这些因素都使得由软件开发的不可见性而导致的开发过程不透明、不可控的问题更加突出。对内而言，开发过程不透明导致开发人员的贡献和能力难以评价。一些企业通过代码提交数、提交代码行数、缺陷密度等简单指标度量开发人员的开发工作量及质量，但这些指标难以反映真实情况且极易受操控。对外而言，开发过程不透明导致外部客户或其他第三方难以对软件开发的质量和可信性进行准确评价。现有的一些基于流程规范性的评价方式容易与实际的软件开发内容脱节，难以反映真实情况。

4．脆弱的软件供应链

"供应链"一词原来主要用于生产制造领域，但近年来，"软件供应链"及相应的"供应链安全"也逐渐成为企业关注的焦点。由于此前提到的开源与商业相混合的复杂软件生态及大范围开放式协作开发等因素，导致软件的成分来源及其依赖关系越来越复杂。一方面，各种代码复制泛滥，无形之中埋下了缺陷和漏洞传播、违反许可证条款等方面的风险。另一方面，越来越多的第三方软件组件用于企业软件开发，这些组件背后还可能存在复杂的依赖链，其中不仅蕴含着缺陷和漏洞传播、违反许可证条款等方面的风险，还可能由于开源组件断供或升级导致维护风险。此外，与汽车、计算机等产品不同，软件不存在可明确辨识和区分的组件边界，且组成成分复杂。这些都导致当前软件供应链日益复杂且极其脆弱，极易由于多种不同原因导致质量风险。但是由于软件的不可见性，许多企业还没有意识到软件供应链的复杂性和脆弱性及其中所蕴含的质量风险。

1.2 软件开发的数字化和智能化

以上提到的各种问题和挑战存在的一个根源是软件及其开发过程的不可见性和复杂性。虽然软件开发能够帮助其他行业实现数字化，但一直以来软件开发自身的数字化程度和知识化积累做得并不好。个人能力、经验及主观能动性始终在软件开发中起着决定性作用，企业缺乏有效的管理手段来确保软件开发的效率和质量。应对这些问题和挑战的一种可行途径是提升建立在软件开发大数据分析之上的软件开发的数字化和智能化，而机会主要来自软件开发的流水线化和云化及软件分析与人工智能技术的发展。

　　软件开发的流水线化和云化为提升软件开发的数字化和智能化提供了数据基础。如图 1-2 所示，现代软件开发普遍采用了基于云的软件开发平台及开发运维一体化（DevOps）和持续集成/持续交付（CI/CD）流水线。这就使得软件项目得以在云上留下关于软件开发及代码演化过程的"全息"记录，特别是对于一些开发规范执行较好的项目。其中，项目版本库（如 Git）的代码提交（Commit）及分支/合并（Branching/Merging）历史记录了完整的代码演化过程，如果代码提交的原子性（每次提交只完成一个不可再分的开发任务，如缺陷修复或特性实现）能够得到保障且能够与对应的开发任务（如缺陷报告单或特性开发请求）相关联（如在 Commit Message 中明确任务类型及对应的任务 ID），那么版本库的代码提交历史将能够以一种规范化、易理解的方式反映代码的整个演化过程并为演化过程的数字化分析和知识抽取打下良好的基础。例如，通过分析缺陷修复相关的代码提交可以了解缺陷的发生位置，并在代码差异比较算法（见 2.4 节）的基础上通过前向的代码演化过程追溯了解缺陷代码的引入及发展变化过程；通过分析缺陷引入和修复相关的代码提交可以抽取缺陷修复案例（包括缺陷代码上下文及修复缺陷的代码修改操作），从而为缺陷检测与缺陷修复知识学习（如通过模式挖掘或机器学习模型训练）提供数据。从整个开发过程的层面看，如果能够建立分解后的细粒度需求与实现需求的代码提交、测试用例、测试发现的缺陷报告等软件开发制品之间的链接和追踪关系，那么还可以进一步积累更多有价值的软件开发数据。

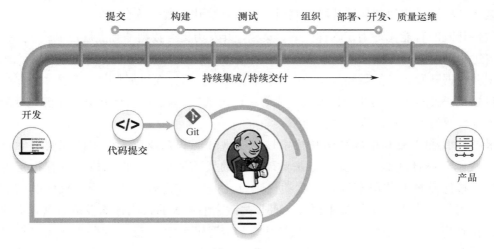

图 1-2　软件开发的流水线化和云化

　　软件分析与人工智能技术的发展为提升软件开发的数字化和智能化提供了技术基础。程序分析一直是软件工程领域的一个重要子领域，目前已形成一整套静态程序分析和动态程序分析技术。此外，近些年针对一些特定的软件工程任务形成了相应的专项分析技术，如代码克隆分析、代码差异分析、代码演化分析等。这些分析技术为我们理解软件代码及其演化历史和抽取有用的分析信息提供了有力手段。例如，通过静态程序分析技术可以获取代码的组织结构（如模块、包、类、方法等）及依赖关系（如方法调用、数据访问等）；通过代码克隆分析可以了解相同或相似的代码片段在软件项目中所处的位置及其内容；通过代码差异分析可以获取代码提交中关于代码的修复位置及修复内容或者识别相似代码片段中共性和差异性内容的部分。除此之外，数据挖掘、机器学习、知识图谱等智能化技术已经被广泛应用于软件工程领域，用来实现各种软件开发知识挖掘及智能化推荐。特别是近几年深度学习和大模型（Large Language Model，LLM）技术的发展使得代码搜索、代码生成、缺陷检测、缺陷修复等软件工程任务的智能化水平有了很大的提高。

以上两方面的发展为软件开发的数字化和智能化打下了坚实的基础。

软件开发的数字化是指建立软件开发制品及其开发过程的数字化和结构化，并将其作为一种面向软件开发分析和管理的基础设施，在此基础上利用各种数据分析技术实现更加准确和高效的软件开发管理的过程。例如，一些企业通过静态程序分析抽取软件项目中的程序元素（如模块/包、类/文件、方法/函数）及其相互之间的关系（如方法/函数调用、控制流/数据流关系等），形成所谓的代码地图（Code Map），用于达到故障定位、测试生成、架构看护等不同目的；通过软件供应链管理识别软件不同层次的组成成分（如模块、组件、文件/类、方法/函数、代码片段等）及它们的外部来源（如代码复制的来源）和依赖（如第三方库依赖），并进一步追踪其间接依赖关系，从而有效降低安全、法律和维护等方面的风险；针对软件开发和演化过程建立从特性/缺陷、代码提交到测试用例与测试结果等制品和开发活动之间的追踪关系，同时抽取缺陷案例（从最初引入后续发展变化直至修复的全过程）、代码克隆案例（相同或相似的代码片段及其引入和发展变化过程）等有价值的信息。

软件开发的智能化是指在软件代码、文档、开发历史等数据基础上通过显式（如挖掘模式、构建知识图谱）或隐式（如训练深度学习模型、微调大模型）的方式抽取各方面软件开发知识并根据开发人员的需要实现智能化推荐的过程。这方面进展最显著的技术就是代码推荐（包括代码搜索、代码补全、代码生成等不同形式），本书在软件开发的智能化部分也将主要围绕代码资产挖掘与推荐进行介绍。

最初，我们主要利用各种信息检索技术实现开源和企业代码库中的代码搜索，同时利用一些基于统计或数据挖掘的方法实现简单的代码补全（如按照概率推荐指定类的方法调用、按照挖掘的代码模板补全后续代码）；后来，在海量开源和企业代码基础上训练的深度学习模型实现了基于文本语义（而非关键字匹配）的代码搜索及逐行代码补全；近几年，快速发展的大模型则进一步在通用域上实现了函数/方法级代码生成，甚至可以在开发人员的引导下以一种迭代化的方式生成完整的小规模软件应用。企业在特定业务领域中的通用软件组件库也是重要的软件开发知识和可复用资产。通过持续的通用组件抽取和积累并添加必要的描述（如实现功能、应用场景和使用方式等）可以形成特定领域组件库，在此基础上利用知识图谱、深度学习等智能化技术可以实现软件组件推荐，避免"重新发明轮子"。

当前软件开发中的智能化实践主要集中在代码层面，但近期大模型的发展使得更高层次上和更大范围内的智能化开发成为可能。通过微调、提示工程、检索增强等手段使通用大模型与需求、设计、实现和测试等不同方面的特定领域软件开发知识充分融合，可以实现需求分析和设计方案推荐、测试方案和测试案例生成、面向任务的缺陷及特性定位和代码修改方案推荐等更多的智能化开发。这方面的研究非常活跃，有望推动相关技术在企业开发实践中落地应用。

当前的软件开发实践缺少有效的可复用代码资产积累、推荐和管理机制，因此"重新发明轮子"的现象在企业软件开发中十分常见。因此，可以考虑将通用的功能实现代码抽取出来并封装为可复用资产，并提供相应的搜索和推荐机制，从而使开发人员在需要的时候可以以一种方便的方式获得所需要的代码资产，避免"重新发明轮子"。一般情况下，通过代码克隆检测技术识别出来的相同或相似的代码片段可以作为代码资产抽取的候选，同时考虑代码片段的功能独立性和通用性。确定适合进行代码资产抽取的对象之后，需要在多个实现副本的基础上通过参数化处理方式抽取相应功能的通用实现，这一过程可以通过程序分析方法来实现部分自动化。除了局部的代码片段，还可以挖掘高级设计层面的共性实现方案，从而获得软件设计模板（可以作为一种特定领域应用编程框架）。这类软件设计模板可以在代码克隆分析与程序分析的基础上实现半自动化的抽取。

除通过代码资产挖掘进行复用以外，还可以从已有的开源或企业代码库中直接搜索并推荐与当前开发任务相关的代码。其中一种常见的搜索方式是自然语言代码搜索，即开发人员提供自然语言形式的查询请求，搜索工具返回与之相关的代码。自然语言代码搜索的主要困难在于自然语言表达的查询请求与代码之间在抽象层次和表达形式上的差异，为此需要将二者映射到同一空间中进行匹配。自然语言代码搜索当前的技术路线主要包括信息检索方法和基于深度学习的方法两条。除了自然语言代码搜索，开发人员还可能希望搜索与当前正在编写的代码相关的已有代码作为参照或直接复用，即代码到代码搜索，其主要手段是代码的相似性计算。

近几年随着深度学习和大模型技术的发展，生成式代码推荐得到了越来越广泛的关注和应用。这种代码推荐方式根据需要直接生成并推荐与开发人员所提供的功能描述或当前开发任务的代码上下文相关的代码，包括从自然语言到代码的生成和代码补全等不同形式。随着 Copilot 和 ChatGPT 等工具在代码生成方面的成功应用，基于大模型的代码生成方法已经成为当前的主流，并已实现了通用域上方法/函数级别的完整代码生成。一些有经验的开发人员甚至还可以在多次迭代及适当的提示下引导大模型生成完整的小规模应用。此外，大模型除代码生成之外，还支持代码理解、代码转换、代码重构、缺陷修复等多种不同的智能化任务。

大模型在代码生成方面的优异表现大大拓展了我们在软件开发智能化方面的想象空间，相关领域研究仍然处在非常活跃的状态。当前的一个热点方向是如何通过模型微调、检索增强、提示工程等多种手段提高大模型在特定领域上的代码生成和理解能力。另一个热点方向是大模型与开发文档相结合，实现需求分析、软件设计等更高层次上的软件开发智能化。

1.3　软件分析基础

代码及其演化过程是软件开发大数据分析的主要对象。为此，我们需要综合运用多种软件分析技术从代码及其演化过程中抽取有用的信息，从而支持后续的各种软件数字化和智能化任务。软件分析既包括静态程序分析和动态程序分析这样的通用技术，又包括代码克隆检测、代码差异比较、代码演化耦合分析等与特定问题（如代码克隆）相关的分析技术。这部分内容将在第 2 章（软件分析技术基础）中详细介绍。

1.　静态程序分析

静态程序分析指在不执行程序的情况下发现程序的语义性质，其在软件工程领域有很多应用。20 世纪 70 年代，为了提高编译器生成代码的质量，研究者们设计了一些静态程序分析方法来发现程序中可用于改进生成代码质量的一些性质，如常量传播、公共子表达式和定义–使用链等。随着软件应用日趋复杂，静态程序分析在软件开发过程中的角色越来越重要，应用的任务也越来越多，包括需求确认、程序验证、代码生成、代码重构和代码维护等。特别是对于一些与安全相关的关键软件（如轨道交通和航空航天系统中的控制软件）而言，静态程序分析经常被用来验证一些重要性质。

静态程序分析通常从语法和语义两个角度来进行。自计算机发明以来，人们已经设计了大量的程序设计语言，其中至今仍然活跃的还有近千种。不同程序设计语言的语法差异很大，为此人们设计了一些与具体语法无关的抽象结构来表示程序，如抽象语法树（Abstract Syntax Tree，AST）、数据流图（Data Flow Graph，DFG）、控制流图（Control Flow Graph，CFG）、函数调用图（Function Call Graph，FCG）等。此外，为了简化程序分析方法，人们还设计了程序的中间表示（Intermediate Representation，IR）方式，如 LLVM 的 IR 和静态单赋值（Static Single Assignment），这使得一些程序分析方法可以用于不同的程序设计语言。事实上，程序的语法中有很多有用的信息。例如，变量的类型和函数的类型实际上就是一种约束，可以帮助我们发现变量和函数的误用。然而，语法正确的程序并不保证语义上的正确，例如，在 C/C++语言中，不正确的 malloc 和 free 函数配对使用，会导致内存泄露或不确定的风险。

现代程序分析更需要从程序的语义上来保证程序满足某些性质。虽然莱斯（Rice）定理断言程序的任何非平凡性质都是不可判定的，但是我们可以使用一些近似的方法来进行判断。基于语义的典型分析方法包括数据流分析、基于约束的分析、类型系统和作用分析、抽象解释等。静态程序分析为了保证结果的可靠性（Sound），要求程序能够描述所有的动态行为。因此，可靠的静态程序分析方法通常都会采用过近似的方法，将代码中的数据依赖和控制依赖表示成一种等式或不等式的约束形式，在此基础上通过求解程序状态的不动点来实现。Patrick Cousot 提出的抽象解释（Abstract Interpretation）理论系统地保证了静态程序分析的可靠性，并证明了数据流分析、基于约束的分析和类型系统都可以归约成抽象解释理论的应用。除此之外，还有一些其他经典的静态程序分析方法，如符号计算和约束分析。

当前，软件系统的规模日益扩大，复杂性日益提高。具有一定规模的软件一般都包含很多源代码文件，同时将各种功能封装为函数并通过函数调用关系实现各种功能的按需实现，由此造成错综复杂的函数间调用关系。因此，关注多个函数之间关系的过程间分析或者模块化分析成了为静态程序分析方法应用面临的一个主要挑战，同时也是提高静态程序分析精度的关键。实用的静态程序分析方法必须在分析速度和分析精度上取得平衡，经常采用的优化策略包括：

- 是否流敏感，即计算状态时是否考虑语句的执行顺序；
- 是否上下文敏感，即分析函数调用是否使用函数参数在调用点的值；
- 是否路径敏感，即分析时是否考虑具体的执行路径；
- 是否域敏感，即计算状态时是否考虑自定义变量的类型构成。

一般而言，不敏感的策略会加快分析速度，但会降低分析精度；而敏感的策略则会提高分析精度，但会增加分析代价。具体应用时可以根据需求分析的目标灵活选择相关策略。

可靠的静态程序分析不会发生问题漏报，但引入的过近似会导致大量的误报。在实践中，大量的误报（如误报的静态缺陷）会导致开发人员不愿意信任工具的检查结果。因此，考虑到分析速度和分析精度之间平衡的约束，静态程序分析方法经常需要与软件测试和动态程序分析方法结合使用，从而取长补短，在一定代价下给出更加精确的分析结果。此外，由于人工智能技术的发展，一些静态程序分析方法也引入了机器学习和深度学习技术，以提高分析的精度和自动化程度。

2．动态程序分析

动态程序分析是一种通过执行程序来观察其实际行为和性能特征的技术。通常，这类技术利用插桩或其他定制化的技术收集程序的执行路径、函数调用关系、变量值和参数传递等执行信息，然后通过对这些执行信息进行分析实现程序调试、优化和安全评估等目的。相较于静态程序分析，动态程序分析能够直接、快速、精准地获取执行信息，更有助于开发人员理解程序的行为。此外，动态程序分析专注于程序的部分行为，例如，观察某些输入的执行行为时，无须考虑程序的所有可能行为。因此，动态程序分析具有良好的可伸缩性，更适用于大规模的软件系统。

随着软件规模的不断扩大和复杂程度的提高，动态程序分析已经成为不可或缺的分析技术。在大规模软件系统的分析中，由于"过近似"的原因，静态程序分析常常会产生大量的误报，给开发人员带来困扰。在这种情况下，动态程序分析技术能够专注于关键行为的分析，为调试、优化、安全评估等任务提供精准的信息。因此，动态程序分析在现代软件系统的安全和可靠性分析中扮演着越来越重要的角色。

为了深入了解动态程序分析，本书 2.2 节将介绍动态程序分析的基本原理和常用工具。首先，我们将介绍动态程序分析的基础概念和主要特点，如调试、运行时监测、跟踪程序执行和基于符号执行的测试等。其次，我们将详细阐述每种方法的基本原理和应用场景，以及需要注意的相关限制。最后，我们还将介绍一些常用的动态程序分析工具及其示例。通过使用这些工具，我们能够更深入地了解程序的行为和性能特征，快速诊断和修复错误，优化程序性能，发现潜在的安全问题，从而提高软件质量和可靠性。

3．代码克隆检测

代码克隆（Code Clone）是指不同软件之间或者同一软件不同部分之间存在的相同或相似的代码单元。根据相似程度的高低，代码克隆可以分为四种类型，即Ⅰ型克隆、Ⅱ型克隆、Ⅲ型克隆、Ⅳ型克隆。其中，**Ⅰ型克隆**除注释和空白字符（如空格、换行）之外与源代码完全相同；**Ⅱ型克隆**在变量、常量等标识符上与原代码存在差异；**Ⅲ型克隆**在源代码基础上引入了一些代码的增加、删除或修改；**Ⅳ型克隆**则只是实现了与源代码相似的功能，但代码文本或语法与源代码并不相似。

由于开发人员有意识的代码复制粘贴行为或者无意识的模式化功能实现方式，不同程度的代码克隆普遍存在于开源和商业软件项目中。从代码片段到完整的方法/函数、类/文件、模块甚至整个项目的克隆，都会出现在软件开发项目中。例如，开发人员可能会在已有产品代码的基础上通过局部修改和扩展得到面向其他客户或运行环境的变体（Variant）产品。代码克隆被认为是一种典型的代码异味（Bad Smell，坏味道），可能带来缺陷传播及同步维护负担（如修改某一段代码后，要将其他相似的代码副本找出来一一修改），同时还可能会对软件的整体架构带来不利影响并蕴含知识产权等方面的风险。此外，从软件复用的角度看，代码克隆是抽取不同粒度可复用资产的一种候选来源。因此，需要一种高效的代码克隆检测方法来识别代码克隆，并对其发展变化过程保持追踪，从而对代码克隆实现有效的管理。

当前已有多种不同的代码克隆检测方法，这些方法采用了不同的代码表示和代码匹配方法，最终实现的代码克隆检测结果的准确性也各不相同。其中，**基于文本的代码克隆检测方法**将代码视为文本进行比较，从而发现相似或相同的代码片段，例如，可以在文本中寻找最大公共子串（还可以先对代码进行语法分析和处理，再进行文本比较）或者将代码单元转化为词袋（Bag of Words）表示然后计算相似度；**基于符号化处理的代码克隆检测方法**首先通过句法解析将代码转化为符号串（String of Tokens）表示，其中的变量名、常量、方法名、参数等一般都会进行归一化处理（如统一转化为特殊符号"$"），然后采用后缀树算法来识别不同符号串中重复出现的子串；**基于抽象语法树和程序依赖图的代码克隆检测方法**首先通过程序分析技术将代码转化为抽象语法树或程序依赖图（Program Dependence Graph，PDG）等形式，然后在这种树或者图表示的基础上利用子树匹配、子图相似度计算等方式进行克隆检测；**基于哈希值的代码克隆检测方法**首先利用某种哈希算法计算固定粒度的代码单元（如文件/类、方法/函数）的哈希值，然后通过比较哈希值来发现相同或相似的代码单元；**基于中间语言表示的代码克隆检测方法**首先将代码转换为中间语言表示（如将C/C++代码转换为基于LLVM的中间表示）然后再进行克隆检测。此外，当前还有一些研究尝试使用深度学习或大模型技术来进行代码克隆检测。

4．代码差异比较

分析软件开发数据时，经常需要在代码之间进行比较以找出其差异。例如，分析代码提交（Commit）时，需要通过差异比较来识别代码的修改位置、类型和内容；进行代码分支合并时，需要通过差异比较来理解不同分支上的不一致修改情况，从而确定相应的合并策略；分析代码克隆时，需要通过差异比较来发现不同克隆副本（称为克隆实例）之间的共性和差异性，从而确定进一步分析或处理的策略。

常用的代码差异比较方法包括基于文本的代码差异分析方法和基于语法树的代码差异分析方法两类。其中，**基于文本的代码差异分析方法**将两段待比较的代码视为文本，通过比较两段文本之间的差异来揭示它们之间的相似性和差异性，常用的分析算法包括最长公共子序列（Longest Common Subsequence，LCS）算法、基于编辑距离的算法、基于哈希值匹配的文本差异算法、基于 n-gram 的文本差异分析算法等。**基于语法树的代码差异分析方法**将代码转化为抽象语法树，然后构建相似节点之间的映射关系，并通过对语法树遍历得到体现代码差异的语法树节点，其核心在于构建节点间的映射关系，主要分为自顶向下（Top-Down）的锚点映射构建和自底向上（Bottom-Up）的子节点映射构建两个过程。在此基础上，又进一步出现了基于移动节点的节点映射构建优化、基于复制–粘贴（Copy-Paste）的代码差异生成及基于不同代码粒度（如类、语句等）的代码差异表示生成等方法。

5．代码演化耦合分析

通过代码版本库反映的代码演化历史中蕴含着不同代码单元（如文件/类、函数/方法）之间的耦合关系，即演化耦合。一次代码提交可能会修改多处代码，其中所涉及的多个代码单元之间存在共变（Co-Change）关系。如果两个或多个代码单元之间存在频繁的共变关系，那么可能预示着它们之间存在某种潜在的耦合关系。这种耦合关系可能是由显式的代码依赖关系（如函数调用）导致的，也可能是由于隐式的耦合关系（如共同依赖于同一个数据结构或某种实现约定）导致的。基于代码演化历史的演化耦合关系挖掘是从"共变"这一耦合关系导致的结果出发的一种分析手段，与此前介绍的静态程序分析和动态程序分析具有一定的互补性，例如可以用于发现隐式的耦合关系。

1.4　代码与设计质量分析

当软件项目处于持续和快速的迭代化开发与演化过程中时，软件质量很容易退化和失控。此时，通过软件开发数据保持对代码和设计质量的持续分析，以及时发现软件缺陷和潜在的质量问题就变得很重要了。**在代码层面上**，我们可以基于程序分析及深度学习和大模型等智能化技术实现软件缺陷分析，并对软件开发和演化过程中发生的缺陷案例进行挖掘和利用。**在设计层面上**，我们可以对架构和模块等不同层次的软件设计质量进行分析，发现潜在的软件设计问题及设计退化迹象。这部分内容将在第 3 章（软件缺陷分析）和第 4 章（软件设计质量分析）中详细介绍。

1．软件缺陷分析

由于软件项目的复杂性和动态性，软件项目中不可避免地存在着各种缺陷。虽然各种软件测试方法和技术（如单元测试、集成测试、系统测试等）仍然是保障软件质量的主要手段，但基于代码及其演化过程的软件缺陷分析方法可以在早期以一种低成本的方式发现潜在的软件缺陷，因此受到了广泛的关注。事实上，许多企业已经将自动化的软件缺陷分析工具集成到自身的软件开发流水线中，并通过代码提交与主线合并等环节上的质量门禁提示代码缺陷和相关质量问题并督促整改。

当前使用最广泛的是基于静态分析的软件缺陷检测方法。这类方法可以在不执行程序的情况下通过静态分析收集程序的行为信息，然后基于对程序行为的分析来判定程序是否满足某种性质，从而检查代码是否存在特定的缺陷。因此，我们将首先介绍程序状态、程序语义、抽象解释理论及基于抽象解释的程序分析等相关概念和理论基础，然后以别名分析为例介绍面向特定性质的静态分析技术，最后以空指针解引用、数据越界、资源泄露、释放再引用等缺陷为例介绍面向特定缺陷类型的静态分析方法。

基于静态分析的软件缺陷检测需要专家根据经验来定义缺陷模式，因此代价较高且只能检测符合特定模式的缺陷类型。随着深度学习技术的发展，一些研究者尝试在大量的软件缺陷数据基础上利用深度学习训练缺陷检测模型，通过智能化的方式自动学习缺陷代码的特征模式，为软件缺陷分析提供了一种新的途径。其中一些方法以代码快照作为分析对象，在大量缺陷代码和缺陷修复代码的基础上，通过自动学习代码的语法和语义特征来有效地检测缺陷；其他一些方法则以代码变更（版本提交）历史作为分析对象，先利用大量项目中的代码变更数据训练面向代码变更的预训练模型，在此基础上再利用少量的缺陷代码和缺陷修复代码数据进行模型微调，从而学习缺陷代码和缺陷修复代码的潜在特征并以此为基础实现代码缺陷检测。

近几年快速发展的大模型技术在代码理解方面表现出更加突出的能力，因此一些研究者已经在尝试将其用于软件缺陷分析。**基于大模型的缺陷定位技术**旨在确定测试所发现的缺陷在代码中的位置（如代码行）。**基于大模型的缺陷检测技术**则利用大模型的代码理解能力识别与特定缺陷相关的敏感操作并在此基础上通过模式匹配来发现潜在缺陷。例如，面向资源泄露缺陷的检测方法利用大模型来推断代码中与资源相关的操作（如资源获取与释放），在此基础上结合程序可达性验证来发现代码中可能存在的资源泄露缺陷。**基于大模型的缺陷修复技术**旨在利用大模型的代码理解与生成能力实现缺陷定位与补丁生成，从而提高软件缺陷修复的效率。

除了通过代码分析和挖掘直接检测软件缺陷，对软件开发和演化过程中发生的缺陷案例

（通过软件测试、代码评审和静态分析等不同方式发现的缺陷）进行挖掘和利用也具有重要意义。通过演化历史分析捕捉软件缺陷的引入、发展和修复过程所形成的缺陷案例可以成为企业的一种软件开发数字化资产。这些缺陷案例不仅可以直接作为开发人员的参考和学习样例，还可以作为高质量数据用于缺陷及修复模式挖掘或机器学习模型训练，从而实现缺陷检测和修复方案推荐。软件缺陷案例挖掘的难点在于代码库中缺陷引入及修复提交的识别，因此可以采用基于自动化测试的方法实现自动化分析和识别。在此基础上，可以对缺陷案例进行分类和利用。

2．软件设计质量分析

软件设计是软件开发的重要环节。软件设计质量影响软件维护的难度和工作量及软件是否可持续演化。软件设计质量分析的目标是发现软件在可维护性、可修改性、可扩展性及可复用性方面的问题，进而帮助开发人员发现设计问题并进行改进和优化，从而使得软件更易于理解和维护。软件设计质量分析存在多个不同的层次和维度，从软件设计的抽象层次看，其可分为模块级软件设计质量分析和架构级软件设计质量分析。从软件设计的分析维度看，其包括空间维度上以依赖分析为主的方法及时间维度上以演化分析为主的方法。

模块级软件设计质量分析主要通过代码内聚度、耦合度、复杂度及重复度等与设计相关的度量指标来衡量设计质量。其中，代码内聚度通常用来评估模块内部各部分之间的关联程度；代码耦合度通常用来评估模块之间的依赖程度；代码复杂度主要关注代码的逻辑复杂度，如 McCabe 圈复杂度及在此基础上提出的认知复杂度；代码重复度基于代码克隆检测结果计算模块之间的代码重复度，从而揭示由代码重复带来的隐含耦合关系。

架构级软件设计质量分析主要关注模块化与层次化设计质量分析、实现与架构设计一致性分析、基于变更传播的设计质量分析等方面。此外，还可以通过分析代码演化历史中的变更耦合来分析软件设计质量。在模块化设计质量分析方面，本书将介绍物理视图、逻辑视图及演化视图的基本概念，以及设计结构矩阵（DSM）方法和多种视图间的一致性分析方法。在层次化设计质量分析方面，本书将介绍基于依赖关系的方向进行软件层次划分的一般思路，并讨论基于 DSM 的软件设计层次划分方法。在实现与架构设计一致性分析方面，本书将介绍反射（Reflexion）模型的思想及相关方法。在基于变更传播的设计质量分析方面，本书将分析软件变更传播的时间和空间特点及变更传播通道挖掘方法。

在模块级和架构级设计质量分析的基础上，还可以进一步对模块级、架构级及与演化相关的设计异味进行检测。此外，针对云原生软件中广泛使用的微服务架构，还可以对服务拆分质量及相关的架构反模式进行分析，从而为评估和改进微服务架构设计提供参考。

1.5 软件开发质量追溯体系

　　基于空间和时间维度上的软件开发数据分析可以建立一个数据驱动的软件开发质量追溯体系，提高软件开发过程及制品质量的可见性和可管理性。空间维度上的分析主要包括代码克隆和依赖分析两方面，而时间维度上的分析则主要是以版本库为核心的演化历史分析。融合空间维度上的代码克隆和依赖分析及时间维度上不同粒度（如模块、类/文件、方法/函数、语句等）代码单元的演化历史分析可以构建一个软件开发质量追溯体系，从而支持多方面的软件开发质量管理。该体系包括三部分内容，分别为代码克隆分析与管理、软件供应链风险分析、代码质量与开发效能分析。其中，代码克隆分析与管理在代码克隆分析信息基础上，对代码克隆带来的缺陷传播、一致性维护、架构影响等方面的问题保持跟踪和洞察；软件供应链风险分析在软件组成成分分析的基础上，厘清包含开源和商业软件成分在内的软件直接和间接依赖，从而建立针对安全风险、法律风险和维护风险等软件供应链风险的管理与治理体系；代码质量与开发效能分析在代码提交行为及代码单元与代码问题追溯分析的基础上实现针对软件开发质量和效能的深层分析。这些内容将在第 5 章、第 6 章和第 7 章中详细介绍。

1. 代码克隆分析与管理

　　代码克隆在软件项目中普遍存在。相同或相似的代码存在于多个项目中或同一项目的不同位置上，可能会给开发人员理解代码带来困难，同时还可能带来额外的一致性维护负担。从软件质量的角度看，代码克隆一方面可能造成缺陷和漏洞的传播，另一方面还可能影响软件项目的整体架构。此外，代码克隆还可能蕴含潜在的知识产权风险。因此，在软件开发实践中，不仅要对代码克隆进行检测，还需要在此基础上对代码克隆的内容、分布、来源等方面进行分析并建立相应的管理体系，从而降低代码克隆对软件质量的影响，控制相关风险并发现潜在的代码复用机会。

　　在代码克隆分析方面，首先需要针对软件项目或软件生态（如同属一个领域的一系列软件项目或一个企业内的所有软件项目）的代码克隆现状摸底，通过代码克隆量和代码克隆比例等方面的计算结果反映代码克隆分布的整体情况。一般而言，根据不同的分析目标，可以采用项目内代码克隆分析或项目间代码克隆分析两种不同的策略。对于项目内代码克隆分析，主要是对项目内部代码克隆总量及比例进行分析，从而对当前软件项目的代码重复度形成总体认知。对于项目间代码克隆分析，主要是对多个软件项目之间的代码克隆情况进行分析，从而摸清项目间可能存在的重复代码分布情况。此外，从代码克隆演化的角度还可以进一步建立代码克隆谱系，从而通过对代码克隆演化生命周期的分析为后续的代码克隆一致性维护和缺陷传播分析等打下基础。同时，还可以针对代码克隆一致性修改及代码克隆与缺陷的关系等方面建立分析方法，从而支持以代码维护过程视角出发的开发工作量和代码质量分析。在此基础上，还可以基于软件演化历史数据实现针对代码克隆的危害分析方法，从而根据不同的危害度对代码克隆采取不同的对策和管理手段。

在代码克隆管理方面，可以围绕代码克隆的持续演化，从代码克隆演化趋势监控、代码克隆危害应对、代码克隆一致性维护推荐及代码克隆可视化等方面建立一套代码克隆管理体系。在代码克隆演化趋势监控方面，通过代码克隆变化模式分析来辅助开发人员理解代码克隆实例和代码克隆组的发展变化状况。在代码克隆危害应对方面，通过代码克隆危害分析，针对不同的危害类型可以给出相应的风险应对和管理建议。在代码克隆一致性维护推荐方面，需要对多个代码克隆实例之间的修改传播问题进行分析和预测，通过一致性维护推荐减轻开发人员的软件维护负担并降低不一致维护问题的风险。在代码克隆可视化方面，通过不同形式的可视化分析手段为软件开发人员和管理人员提供决策依据。

2．软件供应链风险分析

开源软件已经被广泛应用于企业软件开发，使企业可以专注于特定领域的业务和技术创新。此外，开源软件经过了广泛的使用和验证，其质量相对而言有一定的保证。因此，开源软件有利于企业降低技术风险水平及产品开发成本，从而提高产品质量。然而，开源软件之间存在着非常复杂的依赖关系，即一个开源软件通过源代码复制、源代码二次开发、组件依赖引用等方式复用并依赖于其他开源软件，构成了复杂的开源软件供应链，由此给软件的可信性带来了巨大的风险，包括安全风险、许可证风险与维护风险。因此，软件供应链风险分析有助于提升企业软件产品的可信保障能力。

软件供应链风险分析的基础是软件成分分析。软件成分分析是一种用于确定软件中所用的各种组件及其版本与组件之间依赖关系的技术，可生成软件物料清单（Software Bill-of-Materials，SBOM）。软件物料清单的准确性会极大地影响风险分析的准确性。根据组件的使用方式，即组件依赖引用、组件源代码复制或二次开发，软件成分分析可以分为基于包管理器的成分分析技术与基于代码指纹的成分分析技术。

软件供应链安全风险分析旨在识别一个软件项目的软件供应链上含有漏洞或含有恶意代码的软件包。这些漏洞或恶意代码通过软件供应链引入软件项目中，增大了软件项目的攻击面，带来了极大的安全风险。为了减少这类安全风险，通过漏洞传播影响分析技术可以准确地识别软件供应链上是否存在漏洞，并且判断漏洞是否可达。而恶意软件包检测技术可以在软件包仓库中进行提前筛查，尽可能早地检测到恶意软件包，从而有效避免恶意软件包流入软件包仓库中。

软件供应链许可证风险分析旨在检测许可证冲突与许可证违反。一个软件项目的软件供应链中的各个组件都有软件许可证，这导致软件项目与组件之间及组件与组件之间的许可证存在冲突。此外，开源代码的复制、修改、分发都受到许可证的保护。如果开发人员使用了开源代码，那就要遵守对应的许可证条款，否则会导致许可证违反。因此，通过许可证冲突与违反检测技术识别该类风险，可避免引起法律纠纷。

软件供应链维护风险分析旨在检测组件冲突、组件版本不统一，并推荐组件版本升级方案。一个软件项目的软件供应链上可能存在互相冲突的组件、同一组件的不同版本、自动升级到不兼容的组件版本。这些问题都会影响软件项目的可维护性，带来严重的可持续供应风险。因此，组件冲突检测技术、组件版本统一分析技术及组件版本升级推荐技术可以有效地减少这类维护风险。

3. 代码质量与开发效能分析

代码质量与开发效能是软件企业内部降本增效的重要抓手。越来越多的企业认识到保障软件产品质量，除依靠软件测试之外，还需要依靠内建于软件开发过程的质量保障体系。为此，有必要在软件开发数据分析的基础上建立软件开发质量追溯体系，从而及时发现新引入的问题，同时对过去发生的问题进行复盘分析以便总结教训、积累经验。此外，基于以代码为核心的软件开发质量追溯体系，还可以实现更为准确和全面的软件研发效能分析，摆脱传统过程数据和浅层指标易被操控、难以反映真实情况的问题。

针对当前软件开发质量和效能分析所面临的问题和挑战，我们提出面向质量和效能的软件开发数据分析思路，从代码质量扫描、代码演化分析、缺陷管理、任务管理等多个环节收集数据进行融合分析，从而对软件开发过程形成洞察，并基于发现的问题进行有针对性的改进。

代码质量分析可以从代码静态缺陷、代码重复度、代码复杂度及第三方库等不同维度开展，并从基于代码版本快照及基于代码演化历史的分析方法入手。基于代码版本快照，可以刻画代码当前版本及历史版本上的质量状况；基于代码演化历史，则可以刻画代码质量在一段时间内的变化趋势，从而为洞察软件开发质量提供帮助。在此基础上，可以进一步开展代码质量可视化分析，通过雷达图等方式展现代码的质量状况和发展趋势并形成开发人员的代码提交质量等方面的画像。

软件开发效能分析可以从代码贡献、代码损耗及开发任务完成情况等不同方面入手，实现以代码为核心的开发效能评估。其基本思想是围绕代码的新增、修改、删除及相关代码的缺陷、重复、复杂度等质量要素，对开发人员和整体项目的开发效能进行分析和评估。这种基于多维度数据的综合分析避免了单一维度数据分析的片面性和局限性，可以对传统的以开发过程为主要依据的开发效能分析形成有效的补充。

1.6 小结

软件及其开发过程高度不可见，软件日益增长的复杂性又进一步带来了前所未有的挑战，造成软件开发及维护过程中的各种困难。当前软件开发自身的数字化程度还比较低，知识化积累做得十分有限，由此导致企业缺乏有效的管理手段来确保软件开发的效率和质量。应对这些问题和挑战的一种可行途径是建立在软件开发大数据分析之上的软件开发的数字化和智能化，而机会主要来自软件开发的流水线化和云化及软件分析与人工智能技术的发展。

为此，我们需要综合运用多种软件分析技术从代码及其演化过程抽取有用的信息，从而支持后续的各种软件数字化和智能化任务。在此基础上，可以通过分析技术对代码和设计质量保持持续的分析和跟踪，以及时发现软件缺陷和潜在的设计质量问题。此外，还可以基于空间和时间维度上的软件开发数据分析建立一个数据驱动的软件开发质量追溯体系，提高软件开发过程及制品质量的可见性和可管理性，具体包括代码克隆分析与管理、软件供应链风险分析、代码质量与开发效能分析等。

软件开发的智能化希望通过软件开发数据分析与挖掘实现各种软件开发知识的抽取，在此基础上通过上下文相关的知识推荐提高软件开发效率和智能化水平。当前在软件开发智能化方面发展最成熟、进展最显著的领域是代码推荐。与此同时，大模型技术的发展大大拓展了我们在软件开发智能化方面的想象空间，相关研究领域仍然处在非常活跃的状态。

参 考 文 献

[1] 彭鑫, 游依勇, 赵文耘. 现代软件工程基础[M]. 北京: 清华大学出版社, 2022.
[2] 国家自然科学基金委员会, 中国科学院. 中国学科发展战略: 软件科学与工程[M]. 北京: 科学出版社, 2021.

第 **2** 章

软件分析技术基础

本章首先介绍软件分析中的各种技术，包括静态程序分析、动态程序分析、代码克隆检测、代码差异分析；然后介绍演化分析的概念、原理及应用。

2.1　静态程序分析

在这一节，我们首先介绍程序的不同表示，然后用语义来表示程序，最后介绍程序分析的一些基本概念和典型的静态程序分析工具。

2.1.1　程序的表示

在这个"软件定义一切"的时代，程序的能力越强，正确性就越重要。实际上，自计算机程序出现以来，一个重要的问题就是如何去写正确的程序。程序实际上是用程序设计语言来描述的做一件事情的过程。我们设计和实现各种程序设计语言来编写软件。与自然语言类似，程序设计语言有自己的语法规则。在日常生活中，即便句子不符合自然语言的语法规则，也不一定妨碍我们理解它。程序设计语言则不一样，代码不符合语法要求，程序就不能正确执行。

程序设计语言主要分为两类，命令式语言和声明式语言。我们常用的语言，如 C/C++、Java 和 Python 等都是命令式语言，Prolog、Lisp、Scala 和 OCaml 等则是声明式语言。两类语言在使用方法上完全不一样，语法上也有很大的差异。由于这两类语言各有优缺点，所以很多语言支持的两种特性，只是以某一种为主。例如，OCaml 也提供命令式的语句，Python 和 Java 也支持很多 Lambda 演算。

在图 2-1 中，图 2-1(a)和图 2-1(b)是分别用 C 语言和 ML 语言实现整数阶乘的过程，它们看起来差异不大。图 2-2 给出的是一种用循环实现整数阶乘的方式，其与图 2-1 的差异就很明显了。其实，ML 等函数语言中的 if cond then S_1 else S_2 语句是一种函数，根据 cond 的结果来决定计算 S_1 还是 S_2。实际上，函数语言没有控制结构，命令式语言中的循环可以用递归函数表示。理论上，基于图灵机模型的命令式语言和基于 Lambda 演算的函数式语言，它们的表示或者计算能力等价。

```
1    int fact(int x) {
2      if (x==0) return 1;
3      else return x*fact(x-1);
4    }
```

（a）C 语言

```
1    fact x:int:int =
2      if x=0 then 1
3      else x * fact x-1
```

（b）ML 语言

图 2-1　用 C 语言和 ML 语言实现整数阶乘

```
1    int fact(int n) {
2      int f = 1;
3      while (n>0) {
4        f = f * n;
5        n--;
6      }
7      return f;
8    }
```

图 2-2　用循环实现整数阶乘

我们看到，不同语言写出的程序可能存在巨大的差异。用命令式语言实现一个功能，与我们用自然语言描述如何去完成的形式比较接近，只是更加精确。而函数式语言，则从数学的角度——用递归函数或者 Lambda 演算来表示计算。John Backus 是过程式语言 Fortran 的发明者，他在图灵奖演讲时表示，纯粹的函数式语言比命令式语言更好[1]。他还断言，长远来看，程序的正确性、可读性和可靠性比效率等其他因素更重要[1]。

不同程序设计语言间语法差异较大，工作机制迥异，这给我们分析和理解程序带来了挑战。实际上，大部分程序设计语言的文法都是上下文无关的，可以用 Backus 范式来描述。若给出目标语言的语法规则，则我们可以用 flex 和 bison 快速实现编译器的前端语法。

实际上，程序设计语言的语法规则可以用抽象语法树（AST）来表示。简单的算术表达式(a + b) * (c − d)的 AST 如图 2-3 所示。复杂的程序表示实际就是语法规则的递归表示，例如，图 2-4 中的内容是用 Clang 生成的 AST 的文本表现形式，对应图 2-1(a)描述的阶乘。

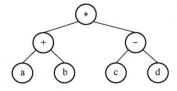

图 2-3　算术表达式(a + b) * (c − d)的 AST

即便只考虑一种语言，也会有挑战。因为简单的语法规则经过组合，一样能生成复杂的表达式，以及人几乎读不懂的正确程序。在图 2-5 中，图 2-5(a)是程序的 C 语言形式，图 2-5(b)

```
FunctionDecl 0x560a515fc620 <fact.c:1:1, line:4:1> line:1:5 referenced fact 'int (int)'
|-ParmVarDecl 0x560a515fc550 <col:10, col:14> col:14 used x 'int'
`-CompoundStmt 0x560a515fc960 <col:17, line:4:1>
  `-IfStmt 0x560a515fc930 <line:2:3, line:3:25> has_else
    |-BinaryOperator 0x560a515fc770 <line:2:7, col:10> 'int' '=='
    | |-ImplicitCastExpr 0x560a515fc758 <col:7> 'int' <LValueToRValue>
    | | `-DeclRefExpr 0x560a515fc718 <col:7> 'int' lvalue ParmVar 0x560a515fc550 'x' 'int'
    | `-IntegerLiteral 0x560a515fc738 <col:10> 'int' 0
    |-ReturnStmt 0x560a515fc7b0 <col:13, col:20>
    | `-IntegerLiteral 0x560a515fc790 <col:20> 'int' 1
    `-ReturnStmt 0x560a515fc920 <line:3:8, col:25>
      `-BinaryOperator 0x560a515fc900 <col:15, col:25> 'int' '*'
        |-ImplicitCastExpr 0x560a515fc8e8 <col:15> 'int' <LValueToRValue>
        | `-DeclRefExpr 0x560a515fc7c0 <col:15> 'int' lvalue ParmVar 0x560a515fc550 'x' 'int'
        `-CallExpr 0x560a515fc8c0 <col:17, col:25> 'int'
          |-ImplicitCastExpr 0x560a515fc8a8 <col:17> 'int (*)(int)' <FunctionToPointerDecay>
          | `-DeclRefExpr 0x560a515fc7e0 <col:17> 'int (int)' Function 0x560a515fc620 'fact' 'int (int)'
          `-BinaryOperator 0x560a515fc858 <col:22, col:24> 'int' '-'
            |-ImplicitCastExpr 0x560a515fc840 <col:22> 'int' <LValueToRValue>
            | `-DeclRefExpr 0x560a515fc800 <col:22> 'int' lvalue ParmVar 0x560a515fc550 'x' 'int'
            `-IntegerLiteral 0x560a515fc820 <col:24> 'int' 1
```

图 2-4 Clang 生成的 AST 的文本表现形式

是 Clang 生成的 LLVM（Low Level Virtual Machine）中间表达式（Intermediate Representation，IR）形式。显然，我们更容易理解 C 语言形式。从程序分析的角度，我们想知道变量 j 在哪些地方被更新过，在 C 语言中，我们要考虑 j 是否是赋值语句的左值，还要考虑 j 是否在右值表达式中被单目运算符++或– –使用过，更要考虑函数调用时 j 是否因为传地址而被修改；在 LLVM IR 形式中，这个问题反而变得简单，我们只需要检查程序中%j 是否出现在 store 指令的目标操作数的位置。虽然 LLVM IR 形式比 C 语言形式要难理解，但其的表现方式单一，更适合用程序实现自动化处理。

```c
int function(int*x) {
  int i = 10;
   x = &i;
   return *x + 1;
}
```

```c
int main() {
  int i=42, j=21;
   j++;
   j = function(&i);
}
```

(a) 程序的 C 语言形式

```
define dso_local i32 @main() {
entry:
  %i = alloca i32, align 4
  %j = alloca i32, align 4
  store i32 0, i32* %retval, align 4
  store i32 42, i32* %i, align 4
  store i32 21, i32* %j, align 4
  %0 = load i32, i32*%j, align 4
  %inc = add nsw i32 %0,1
  store i32 %inc, i32* %j, align 4
  %call = call i32 @_Z8functionPi(i32* %i)
  store i32 %call, i32* %j, align 4
```

(b) LLVM IR 形式

图 2-5 程序的不同表示

基于 IR 来分析程序，有很多优点。首先，IR 指令的语法简单，很容易分析，IR 的指令数有限，但基于语法规则生成的表示理论上无限，只有一些例外的规则要处理。其次，把其他语言表示的程序翻译成设定的 IR 后，分析方法基本上都可以复用，只需要针对目标语言做出一些调整。这样，分析方法的改进，就可以作用到不同的目标语言上。因此，很多程序分析都是在 IR 上实现的，如 LLVM 和 Infer 等。

分析程序时，我们通常假定程序语法正确。程序的语法蕴含了很多有用的信息。类型分析是一种基础的程序分析方法，类型检查和推断需要变量和函数的语法上下文。分析数值计算程序时，编码信息作为一种更加微观的类型定义，是判断一些程序是否满足性质的基础，例如，判断浮点数的运算是否会导致精度损失。

在命令式语言里，如果没有指针类型的变量，那么数据依赖容易确定。分支、循环和函数调用使得程序的控制信息对程序分析至关重要。为了方便表示，源程序可根据程序设计语言的语法划分成很多子块，分别是赋值语句和条件判断语句，也称为初等块。程序被表示为有向图，顶点表示初等块，边则表示从一个初等块到另一个初等块的控制。图 2-6 给出了图 2-2 中所示代码的控制流图（Control Flow Graph，CFG）。访问 CFG，我们可得到分支和循环等控制结构的条件信息、初等块之间的指向关系以及是否有循环。第 3 章介绍的抽象解释理论，需要根据控制信息，即是分支还是循环，决定来自不同路径的信息的合并计算策略。

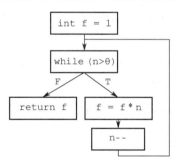

图 2-6　整数阶乘的 CFG

函数调用图（Call Graph，CG）用于过程间分析，特别是跨文件过程间分析。基于 CG，我们可以分析代码改变可能影响的范围。同样，CG 的构建，可以分别在 AST 和 IR 上进行。一般来说，我们在 AST 上可以获得更加丰富的信息，主要是对象的类型信息和更加抽象的结构，如模板未实例化和函数重载的表示。在 IR 上，为了避免函数重名，其生成了全局唯一的名字，在使用时需要进行反变换，如图 2-5(b)中的@_Z8functionPi，实际上是图 2-5(a)中声明的 function。当然，无论是基于 AST 还是基于 IR，分析语法构造的 CG 并不精确，仍需要进行进一步语义分析。

2.1.2　程序语义

程序是功能实现的一种静态表示形式，分析时不能只看语法。以图 2-1 给出的 fact 函数为例，当输入的 x 不为负数时，程序计算的结果就是我们期望的结果；当 x 为负数时，判断

条件不成立，计算过程无法终止。因此，语法正确的程序，其执行结果也可能错误。图 2-7
所示的代码片段，虽然只有 3 条赋值语句，但从语法上看，大部分人很难搞清楚这个函数实
现的功能。我们用有序对(x,y)来表示程序状态，给定一些输入，如具体值(1, 0)、(0, 1)、(2, 3)，
逐条执行语句，分别得到对应结果(0, 1)、(1, 0)和(3, 2)。根据输入和输出的关系，我们可以
总结出该函数的功能，用函数(y,x)=f(x,y)来表示，就是实现交换变量 x 和 y 的值。

```
1        void swap(int &x, int &y) {
2          x = x + y;
3          y = x - y;
4          x = x - y;
5        }
```

图 2-7　实现交换变量 x 和 y 的值的代码片段

显然，程序的正确性，需根据输出状态是否符合预期来判定。我们把代码对程序状态的
改变称为语义。观察程序的具体执行过程，我们得到一个语句序列，以及语句执行前后的程
序状态。这种基于语法和程序状态生成的语句序列，称为轨迹（Trace），可用来描述特定输
入决定的计算。如果程序中有循环或递归函数，程序的轨迹会更加多样，可能出现无限序列，
即死循环。总之，程序是一个或者多个轨迹抽象后的静态表示。

静态分析程序时，我们要系统化地表示程序的语义，而不是只表示程序的一个或多个轨
迹。在研究程序设计语言理论时，利用数学工具设计了程序语言的形式化语义[2, 3]表示，如
操作语义、指称语义、公理语义和代数语义等。

操作语义（Operational Semantics）。我们先定义一个有状态的抽象机，包括程序内存
状态和执行语句的指令状态，当然还有一些改变程序状态的语句。基于抽象机，我们来定义
程序设计语言的语义。由于程序设计语言具有组合的特性，我们可根据语言的语法结构，把
语义的计算递归分解，按照语句执行的顺序计算程序状态的改变。以赋值语句为例，我们先
计算右值表达式，过程就是基于当前状态遍历表达式的 AST，最后归约到特定的运算或者函
数调用。操作语义，即把复杂语法单元递归归约到计算一个都是终结符构成的语法单元，也
称为结构化的小步操作语义，具体的介绍可阅读文献[4, 5]。

指称语义（Denotational Semantics）。实际上，指称语义就是把程序的语法结构映射为
抽象的值，如数值、布尔值和函数等。为了简化计算，指称语义的计算也是归约到计算基本
语法单元的值。很多时候，指称语义并不能计算出抽象值，而是给出一些等式。简而言之，
指称语义可视为一个输入，输出对的集合，通常用简洁高效的 Lambda 表达式来表示。有关
指称语义的介绍，可以参考文献[6, 7]。

公理语义（Axiomatic Semantics）。公理语义通常是指把基本语句和谓词关联起来，谓
词刻画了语句执行前和执行后的状态，常用的是 Hoare 逻辑。于是，一条语句执行后的状态，
就可以看作是谓词演算后得出来的后果 (Consequence)。因此，公理语义常用于程序验证，
特别是定理证明。有关公理语义，可以阅读文献[8, 9]。

代数语义（**Algebraic Semantics**）。在公理语义里，我们用谓词表示程序的状态。而谓词实际上是描述满足某些性质的对象的集合。从代数的角度看，集合和运算就构成了一种代数。相对于逻辑演算，集合上的代数运算可操作性更强。有关程序的代数语义的介绍，可阅读文献[10]。

2.1.3 静态程序分析简介

静态程序分析（简称静态分析）是程序分析的重要组成部分，可在不执行程序的情况下发现它们的一些性质。这些性质，有时也叫目标属性，可以是语法上的一些模式，也可以是语义上的一些属性。前者称为基于语法的静态扫描，后者称为基于语义的程序分析。由于不需要执行程序，编译器利用静态分析发现代码中的常量传播、公共子表达式和定义–使用链等一些性质，用于改进生成代码的质量。

程序的表示分为语法和语义，我们也可以从这两个层面来分析程序。语法上的分析，主要是扫描特定的模式，速度很快，可以检测大规模程序。因为不考虑语义，基于语法的分析漏报率和误报率都比较高。所以在实际应用中，一些代码规则主要用于描述编码的规范性和可读性，而非代码的正确性。这种情况下，语义分析发现不了问题，在 AST 上匹配规则模式更好。语义分析主要用来检查程序是否具有某些属性，如正确性或者是否有空指针解引用等。由于需要计算程序状态，典型的做法是使用数据流分析或者基于抽象解释理论来计算。

基于语义的静态分析方法，主要有以下几种。

数据流分析。通过程序状态信息途中的传播，数据流分析计算每条语句在执行时可能出现的状态。为了计算可能的程序状态，经典数据流分析理论[11]用半格（Semi-lattice）$< L, \sqcup >$ 来抽象表示状态集合。基于格 L，每个初等块被表示成转移函数（Transfer Function），赋值语句被表示成等式，有时被放宽为不等式。对于分支语句，其后继初等块（汇聚点）用来计算程序状态的最小上界；对于循环语句，条件判断语句的程序状态需计算循环体中语句的不动点（Fixed Point），通常需要使用加宽算子（Widening Operator）来加速计算。如果 L 是有限高度，循环不动点用 $\sqcup$ 也可以计算。为了保证收敛，数据流分析的转移函数通常基于一种单调（Monotone）的计算框架。Reps 等人[12,13]提出了 IFDS/IDE（Interprocedural Finite Distributive Subset/Interprocedural Distributive Environment）数据流分析框架，把一些数据流分析问题转换为图可达问题。数据流分析，根据数据流动的方向，可分为前向分析和后向分析。静态分析的目标性质，决定了分析的方向，例如，用前向分析计算可达定义，用后向分析计算活跃变量。

基于约束的分析。程序的控制信息，决定程序状态的传播。收集和分析控制条件，称为控制流分析。在过程内，控制由条件语句表示，是一种约束，所以控制流分析是一种基于约束的分析。甚至，我们可以为控制流上的每个基本块生成约束。给定性质，如果约束关系存在解，则性质可满足。基于约束的分析，常用来寻找程序中的不变量，以此验证程序是否满足某些性质。与数据流分析相比，基于约束求解的分析，以目标为导向，不需要引入拓宽算子来计算循环，是一种更加高效的分析方法。为了获得更加精确的解，基于约束的分析和数据流分析可以一起使用。Gulwani 等人[14]提出了一种基于约束的分析技术，可以在线性算术抽象域上分析程序验证、最弱前置条件和最强后置条件等经典问题。

类型系统和效果。一般来说，程序设计语言都是类型系统，C 语言中基本数据类型有 char、short、int、long、float 和 double 等，复杂数据类型则可以归约到基本类型；函数的类型有很多，表示输入类型到输出类型的一个映射；面向对象程序设计语言中的对象类型，则可以归约到变量和函数的类型。类型实际上是一种约束，既表示了表达式（包括函数计算后的效果），也制约了它们的使用位置。类型系统的核心是类型推断，是分析动态语言的基础。类型系统常用于副作用分析、异常处理分析和区域分析。一些语言，如 C/C++，支持类型的转换，因此类型信息可用来检查基于新类型的计算是否违反原类型的约束。

抽象解释。Patrick Cousot[15]提出一种可靠抽象表示程序语义的理论，为程序分析的设计和构建提供了一个通用框架。抽象解释的核心就是针对目标性质构建抽象域，本质就是对程序语义的合适抽象，需要权衡分析精度和计算复杂性。抽象解释通过在抽象域上计算程序的不动点来表示程序抽象语义，和数据流分析一样，求解不动点也需要加宽算子。抽象解释在抽象域和具体域之间建立的映射满足伽罗华连接（Galois Connection），抽象域上计算得出的性质在具体域上也成立，这从理论上保证了程序分析的可靠性和可终止性。实际上，数据流分析、基于约束的分析和类型系统都可以用抽象解释来表示。换言之，抽象解释是一种更加通用的理论。文献[16]从工程实践角度深入浅出地介绍了如何基于抽象解释理论设计和实现特定的静态分析工具。好的抽象域是基于抽象解释分析的基础，构建抽象域的理论散见于研究文献中。分析工具常用的抽象域，包括符号抽象域、区间抽象域、八边形（Octagon）和多面体（Polyhedra），计算代价一般因表示精度的提高而增加，甚至是指数规模的变化。

除了这四种，还有很多程序分析的方法。但莱斯（Rice）定理指出，图灵机可计算的程序具有的任何非平凡的性质都不可判定。因此，程序分析没有多项式时间的算法，只能近似求解。抽象解释为了证明程序的正确性，采用过近似（Over-approximation）的策略，计算包含所有真实程序行为的集合。显然，如果近似集合没有错误，真实程序行为必然没有错误。作为一种证明系统，程序分析方法也具有可靠性（Soundness）和完备性（Completeness）。可靠性保证分析方法识别的程序一定具有目标性质；完备性保证分析方法能够识别所有具有目标性质的程序。从行为收集角度看，收集所有程序行为是完备性；收集正确的程序行为则是可靠性。

应用代码越来越复杂，通常被分解为多个源文件；函数用于封装一些能力，在多处被调用；函数间的关系也错综复杂。静态分析必须支持模块化分析或过程间分析。在实践中，衡量程序分析方法的好坏有两个主要的指标：

- 分析精度（Precision），分析方法给出结果的可靠性，是影响用户使用的决定性因素；
- 分析规模（Scalability），分析方法能检查的代码规模，是衡量工具实用化的一个重要指标。

这两个指标通常是矛盾的，很难做到又快又好。在很多时候，程序分析方法就是在精度和规模之间权衡，或由用户根据需求选择。常用的选择条件有：

- 是否流敏感，计算状态时是否考虑语句的执行顺序；

- 是否上下文敏感，分析函数调用时是否使用函数参数在调用点的值；
- 是否路径敏感，分析时是否考虑具体的执行路径；
- 是否域敏感，计算状态时是否考虑自定义变量的类型构成。

通常，不敏感的策略会加快分析速度，但降低了精度；敏感的策略则会提高精度，增加分析代价。具体运用时，我们需根据分析目标灵活选择。

静态程序分析常用于发现代码中的缺陷，适用于商业和开源软件；还有一些开源框架，可以用来构建自己的静态分析工具。可靠的静态分析一旦发现程序的错误，除非我们能验证该错误为真，否则不能断言程序不正确。因为，报告的错误可能是过近似引入的状态所致，而这个状态根本不是程序的行为。符号执行（Symbolic Execution）[17]常用来构造错误用例，可以看作是一种路径敏感的基于约束的分析方法。用抽象的符号来代替具体的值，构造到达程序点的约束关系——分支和循环条件，求解约束条件来证明可达性。过近似引入大量的误报，消除误报又需要代价，导致静态分析工具的使用率不高。谷歌[18]和脸书[19]（现为 Meta）总结了开发中使用静态分析工具的经验和教训：正确地看待和使用静态分析工具，构建静态分析工具生态，才能提高软件的质量。

在实践中，因为分析精度和分析速度的约束，静态分析通常与测试和动态分析相结合，取长补短，在一定的代价下给出更加精确的分析结果。因为人工智能技术的发展，静态分析也引入了很多机器学习和深度学习的方法，进一步提高分析的精度和自动化程度。

2.2　动态程序分析

动态程序分析（简称动态分析）是一种通过执行目标程序来分析计算机软件的方法，与静态分析相对应，动态分析具有如下特点：

- 实时性：可以实时捕获和监控程序的行为和状态；
- 可交互性：可以与程序进行实时的交互和干预；
- 检测难以发现的问题：可以帮助人们检测一些静态分析难以察觉的问题，如内存泄露、资源泄露、并发问题等[20]。

动态分析的核心思想是通过执行程序并监视其行为来获得信息[21]。这种分析方法可以用于多个目的，如调试程序[22]、性能优化[23]、不变量发现[24]、安全分析[25]和错误检测[26]等。

2.2.1　Tracing 和 Profiling

软件系统是复杂的，有很多组件和复杂的交互界面。因此了解系统执行情况并确定关键问题特别重要，而 Tracing 和 Profiling 作为基本和常用的解决方法[27]，通过记录程序在执行时的关键事件和状态信息，帮助开发人员理解和分析程序的执行过程和行为。

　　Tracing 是指在程序执行期间追踪和记录程序执行的路径、函数调用关系和变量的值等信息。Tracing 可以通过不同的方式实现，例如，在程序中插入代码或使用专门的 Tracing 工具[25]。Tracing 的目的是收集程序执行过程中的关键信息，以便在需要时进行分析和调试。通过分析 Tracing 信息，开发人员可以了解程序的执行情况，追踪问题发生的原因，并找到解决问题的线索。

　　Profiling 与 Tracing 类似，但更强调获取与程序性能相关的详细信息，用于评估程序的性能瓶颈和资源利用情况[28]。它通过在程序执行时收集性能数据，如函数执行时间、内存使用情况和函数调用次数等，来确定程序中消耗时间和资源较多的部分[29]。

　　虽然 Tracing 和 Profiling 是非常有价值的技术，但依然存在一些缺点[20]：

- 性能开销，需要插入额外的代码或使用专门的工具来收集数据；
- 数据过载，Tracing 和 Profiling 可能生成大量的信息，尤其是对于复杂的大型程序；
- 隐私和安全问题，可能会收集包含敏感信息的数据，如用户输入、网络请求等；
- 采样误差，可能无法完全准确地捕捉到程序的整个执行过程，从而引入采样误差。

　　故在使用这些工具时，需要权衡利弊，并根据具体情况选择合适的分析方法和工具。

　　例如，Cachegrind 是基于 Valgrind（用于构建动态分析工具的代码插桩框架）构建的一种高精度 Profiler。Cachegrind 已成功地应用于 C、C++、Rust 和汇编语言编写的程序，它可以收集精确且可重复使用的分析数据，合并并比较来自不同运行环境的数据。如图 2-8 与图 2-9（来自官网的示例）所示，Cachegrind 收集了 C 语言示例程序的程序级/函数级的指令计数信息。

```
1   --------------------------------------------------------------------------------
2   -- Summary
3   --------------------------------------------------------------------------------
4   Ir_____
5   8,195,070 (100.0%)  PROGRAM TOTALS
```

图 2-8　程序级的指令计数信息

```
1   --------------------------------------------------------------------------------
2   -- File:function summary
3   --------------------------------------------------------------------------------
4    Ir_____   file:function
5
6   < 3,078,746 (37.6%, 37.6%)   /home/njn/grind/ws1/cachegrind/concord.c:
7     1,630,232 (19.9%)          get_word
8       630,918  (7.7%)          hash
9       461,095  (5.6%)          insert
10      130,560  (1.6%)          add_existing
11       91,014  (1.1%)          init_hash_table
12       88,056  (1.1%)          create
```

图 2-9　函数级的指令计数信息

```
13        46,676   (0.6%)              new_word_node
14
15  <  1,746,038  (21.3%, 58.9%)   ./malloc/./malloc/malloc.c:
16     1,285,938  (15.7%)             _int_malloc
17       458,225  (5.6%)           malloc
18
19  <  1,107,550  (13.5%, 72.4%)   ./libio/./libio/getc.c:getc
20
21  <    521,228  (6.4%, 85.5%)    ./ctype/../include/ctype.h:
22       260,616  (3.2%)              __ctype_tolower_loc
23       260,612  (3.2%)              __ctype_b_loc
24
25  <    468,163  (5.7%, 91.2%)    ???:
26       468,151  (5.7%)              ???
```

图 2-9　函数级的指令计数信息（续）

又如，Pin 是一个常用的 Tracing 工具，由 Intel 公司开发，支持 Android、Linux、Windows 等操作系统。它提供了丰富的 API，并抽象了底层的指令集特性，允许将诸如寄存器内容之类的上下文信息作为参数传递给注入的代码。Pin 会自动保存和恢复被注入代码覆盖的寄存器，以便应用程序继续工作。动态分析工具开发人员可以基于 Pin 来开发符合自身需求的 Tracing 工具。比如，打印每条指令的地址，这样有助于程序员理解程序的控制流以便于调试。图 2-10 是一段来自官网的 Pin 示例。

```
1   $ ../../../pin -t obj-intel64/itrace.so -- /bin/ls
2   Makefile          atrace.o      imageload.out   itrace        proccount
3   Makefile.example  imageload     inscount0       itrace.o      proccount.o
4   atrace            imageload.o   inscount0.o     itrace.out
5   $ head itrace.out
6   0x40001e90
7   0x40001e91
8   0x40001ee4
9   0x40001ee5
10  0x40001ee7
11  0x40001ee8
12  0x40001ee9
13  0x40001eea
14  0x40001ef0
15  0x40001ee0
16  $
```

图 2-10　Pin 示例

2.2.2　动态切片

动态切片（Dynamic Slicing）是一种关键的动态分析技术，用于在程序执行过程中提取与特定程序行为相关的代码片段[30]。它通过跟踪程序的执行路径和数据依赖关系，找出对程序输出产生影响的关键语句集合，从而帮助开发人员更好地理解程序行为、调试代码和定位错误[31]。不同的切片算法和工具可能会有细微的差别，但总体思路是类似的，下面是动态切片的关键步骤：

- **定义切片准则**：开发人员首先需要明确切片准则，即确定需要关注的程序行为。准则可以包括特定的输入、触发条件、变量的值等。切片准则应该能够精确定位到程序中某个特定的执行点。
- **执行程序**：程序被执行，并且记录执行过程中的关键信息，如变量的值、函数调用、条件分支等。
- **构建依赖关系图**：通过分析程序执行过程中的数据依赖关系，构建依赖关系图。依赖关系图描述了程序中不同语句之间的数据依赖关系，即哪些语句的执行结果会影响到其他语句。
- **提取切片**：根据切片准则和依赖关系图，提取与切片准则相关的代码片段。这些代码片段包含了对程序输出产生影响的关键语句集合，即动态切片。

然而，动态切片也存在一些限制和挑战。首先，动态切片的提取过程需要记录程序的执行路径和数据依赖关系，这可能会引入一定的运行时开销。其次，动态切片的精确性可能受到程序执行路径的覆盖程度和数据依赖分析的准确性的影响。在复杂程序中，动态切片可能会变得庞大且难以理解。但总体而言，动态切片是一种有用的动态分析技术，可以帮助开发人员更好地理解程序行为并快速定位问题。它在程序调试和错误修复过程中发挥着重要作用，提高了开发效率和代码质量。

JavaSlicer 是一个开源的动态切片工具，由德国萨尔州立大学开发。JavaSlicer 能够输出 Java 程序的执行路径，然后离线计算动态切片，其由以下五个模块构成：Tracer 是一个 Java Agent，能够产生 Java 程序执行的路径文件 tracefile，这个路径文件是字节码文件，包含了加载的类及每个线程的执行路径；TraceReader 包含所有需要打开的类并处理路径文件 tracefile，提供向前和向后的迭代器；Core 是切片组件的核心部分，它用 TraceReader 来处理路径文件，然后计算出执行过程中所有的动态依赖；Common 包含其他组件所使用的类；Jung 组件一般负责将动态切片可视化（仅适用于较简单的图）。

2.2.3　动态符号执行

动态符号执行（Dynamic Symbolic Execution）是一种动态分析技术，用于系统和软件的安全性分析、错误检测和测试生成[32]。它是符号执行优化过程中出现的一种新技术，用于缓解传统静态符号执行中的误报率高、效率低等问题[33]。

动态符号执行的主要思想是在程序执行过程中，使用具体的数值作为输入，而不是作为符号。在程序实际执行路径的基础上，用符号执行技术对路径进行分析，提取路径的约束表达式，然后根据收集到的符号约束条件，按照一定的路径选择策略（深度优先或广度优先），对其中的某个约束条件进行取反，构造出一条新的可行的路径约束。使用约束求解器求解出新约束集合对应的具体输入，并使用符号执行引擎对新输入值进行新一轮的分析。

动态符号执行的优点在于能够探索程序的不同执行路径，包括边界条件、异常情况和隐含的错误，并且缓解了传统符号执行中的路径爆炸问题。它可以帮助人们发现程序中的安全漏洞、内存错误、异常处理问题等。然而，动态符号执行在实际应用中也存在一些挑战，如无法避免路径爆炸问题（即执行路径的组合爆炸）、约束求解的效率和精确性，以及处理复杂的系统和程序的困难。

KLEE 是建立在 LLVM 编译器基础上的符号虚拟机。KLEE 作为符号执行工具，能够对各种与环境有密集交互的程序，自动生成实现路径高覆盖率的测试用例。此外，KLEE 还可以作为一个 Bug 查找工具，为开发人员自动发现被忽视的 Bug。图 2-11 是一个使用 KLEE 来检测程序代码的样例（来自 KLEE 官网），分别检测了缓冲区溢出、释放空指针等错误并自动生成了 6 个触发这些错误的测试用例，结果如图 2-12 所示。

```
1    void free_then_set_null(int *p) {
2      assert(p != NULL);
3      free(p);                 // problem: free nullptr
4    p = NULL;
5    }
6
7    int padd(int *p, int arr[], int i) {
8      if (arr == NULL) {
9        return -1;
10     }
11     *p = *p + arr[i];        // out of bound pointer
12     return 0;
13   }
```

图 2-11　KLEE 检测程序代码

```
KLEE: ERROR: src/symbolic.c:50: memory error: out of bound pointer
KLEE: NOTE: now ignoring this error at this location
KLEE: ERROR: src/symbolic.c:38: ASSERTION FAIL: p != NULL
KLEE: NOTE: now ignoring this error at this location
KLEE: ERROR: src/symbolic.c:39: memory error: invalid pointer: free
KLEE: NOTE: now ignoring this error at this location
KLEE: ERROR: src/symbolic.c:39: free of global
KLEE: NOTE: now ignoring this error at this location
KLEE: ERROR: src/symbolic.c:39: free of alloca
KLEE: NOTE: now ignoring this error at this location

KLEE: done: total instructions = 48
KLEE: done: completed paths = 1
KLEE: done: partially completed paths = 24
KLEE: done: generated tests = 6
```

图 2-12　KLEE 检测输出结果

QSYM 则是一个快速的动态符号执行引擎，用以支持混合模糊测试。其关键思想在于使用动态二进制码翻译，将符号执行与具体执行紧密集成，从而实现更精细、更快的指令级符号仿真。

2.3　代码克隆检测

代码克隆（Code Clone）是指不同软件之间或者同一软件不同部分之间存在的相同或相似的代码片段。代码克隆产生的原因多种多样。其中一些是开发人员通过代码复制粘贴的方式实现新功能造成的，复制的来源既包括开源代码托管平台（如 GitHub、Gitee、GitLink）或在线问答网站（如 Stack Overflow）等网络资源平台，又包括企业内已有的遗留项目。此外，还有一些代码克隆并不是开发人员刻意引入的，而是由于偶然的原因（如采用了相似的编程模式或者按照相似的思路实现了常用的算法）引入的。

代码克隆被认为是一种典型的代码异味，可能带来缺陷传播及同步维护负担（如某一段代码修改后其他相似的代码副本也要找出来一一修改），同时还可能会对软件的整体架构带来不利影响并蕴含知识产权等方面的风险。因此，即使无法完全消除代码克隆（事实上一些代码克隆有其存在的合理性），也需要对软件项目中存在的代码克隆及其发展变化过程保持洞察。因此，代码克隆检测成为一种重要的软件分析技术。本节将在解释代码克隆相关概念的基础上，介绍代码克隆检测的总体流程和方法。

2.3.1　代码克隆相关概念

在介绍代码克隆检测方法之前，首先来介绍一下代码克隆的一些相关概念。
- **克隆对**（Clone Pair）：两段相同或相似的代码可以称为一个克隆对。
- **克隆实例**（Clone Instance）：克隆对中的每个成员都称为一个克隆实例，也称克隆片段（Clone Fragment），简称克隆。
- **克隆组**（Clone Group）：两段及两段以上相似或相同的代码构成一个克隆组，也称克隆类（Clone Class）。一个克隆组中的任何两段代码都是一个克隆对。

图 2-13 描述了克隆对、克隆实例及克隆组这三个概念之间的关系。

需要注意的是，代码克隆不仅存在于片段级别上（即一个函数或方法内的一部分代码），还可以存在于更高的粒度和抽象层次上。一般而言，代码克隆的粒度从小到大通常可以分为以下几个层次。
- **片段级或块级**：代码克隆实例属于一个函数或方法的一部分。其中，片段级往往指没有特定语法边界的连续代码，而块级一般指具有明确语法边界（如由 begin/end、{}等符号围住的部分）的整块代码。

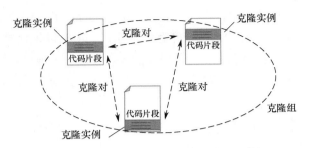

图 2-13　克隆对、克隆实例及克隆组的关系

- **方法或函数级**：代码克隆实例是一个完整的方法或函数。对于传统的面向对象和面向过程编程语言而言，方法或函数通常具有清晰的边界且能够完成相对独立的功能。但随着函数式语言的兴起及 Lambda 表达式等新型函数式语法的引入，函数边界的界定与传统语言开始有所差别，需要根据实际需求来确定一个合适的粒度。

- **类或文件级**：代码克隆实例是一个完整的类或文件。在实际应用中，由于确定精确的类边界往往需要用到语法分析，而文件的边界则很容易获取，因此，在一些对精确度要求不高的检测场景中，面向对象语言的类级克隆检测往往会用文件级的检测来替代。

- **组件级**：代码克隆实例是一个完整的软件组件（如一个代码包或文件目录）。这种大粒度的代码克隆一般是由于代码复制粘贴产生的，例如，将一个组件复制到另一个项目中略加修改后使用。

同属一个克隆组的代码克隆实例之间相似性有高有低，根据其相似程度可以将其分为以下四种类型[34]：

- **I 型克隆**（Type-1 Clones）：除了注释和空白字符（如空格、换行）外完全相同的代码片段，有时也称为精确克隆（Exact Clone）。

- **II 型克隆**（Type-2 Clones）：在 I 型克隆的基础上引入了变量、常量等标识符上的差异，但代码没有增删，有时也称为参数化克隆（Parameterized Clone）。这种克隆实例与源代码在功能上完全相同，只是可能在代码的阅读和理解方面带来一些差异。

- **III 型克隆**（Type-3 Clones）：在 II 型克隆的基础上，引入了一些代码的增加、删除或修改，有时也称为间隙克隆（Gapped Clone）。

- **IV 型克隆**（Type-4 Clones）：代码功能相似但文本或语法并不相似的代码片段，也称为功能克隆（Functional Clone）。这类代码克隆从代码本身看与源代码并不相似，往往体现了开发人员实现相似功能的不同思路和方式。

以上四种代码克隆中，前三种都存在明显的文本或语法相似性，因此称为语法克隆。而 IV 型克隆并不具备文本或语法相似性，只是实现了相似的功能，因此称为语义克隆。

根据同一克隆组内代码克隆实例的分布范围，又可将代码克隆分为项目内克隆和跨项目克隆，这两种代码克隆所蕴含的价值和管理模式并不相同。其中，项目内克隆可以作为潜在的项目内通用功能进行提取，须注意其对项目整体软件架构的影响；项目间克隆则可能是潜在的特定领域或跨领域的通用功能实现，可以作为通用组件（作为第二方或第三方件）抽取的候选，同时考虑是否可以按照软件产品线开发的思想进行参考架构的抽取。需要注意的是，项目的含义在不同企业软件开发体系中可能有所不同，一般可以指代单个代码仓，但企业中通常用来指代具有特定业务价值和范围的代码仓的集合（即一个项目可能包含多个代码仓）。为了不产生歧义，本节中的项目内克隆和跨项目克隆分别指代仓内克隆和跨仓克隆。

2.3.2　代码克隆检测的总体流程

当前存在多种不同的代码克隆检测方法，其检测原理及所使用的技术各不相同，但总体流程一般可以分为预处理、代码转换、代码匹配、后处理四个阶段。如前所述，代码克隆存在于不同的粒度和抽象层次上，对于细粒度的代码克隆（如代码片段及方法/函数级别）我们一般可以直接进行检测，而对于大粒度的代码克隆（如类及组件级别）我们可以在更细粒度的代码克隆检测结果基础上通过聚合分析来进行识别。

1．预处理

预处理阶段的目的是根据代码克隆检测的需要对代码内容进行处理，去除不需要的部分，仅保留与克隆检测相关的部分。例如，当仅关注代码实现逻辑而不关注代码注释时，通常会在预处理阶段中将空格、注释等内容移除。此外，预处理阶段还可能需要对代码文件进行解析、分割和组织，从而得到待分析的代码单元。例如，进行方法/函数或片段级代码克隆检测时，首先需要从代码文件中解析出方法/函数，然后根据需要将解析得到的方法/函数放置在指定的目录下，以便后续处理。

2．代码转换

代码转换阶段根据代码克隆检测算法的需要将预处理得到的代码单元转换为某种中间表示形式，从而便于进行代码相似性比较。不同的代码克隆检测方法所采取的代码表示及相应的代码转换方法各不相同，如原始文本、符号（Tokens）、抽象语法树（AST）、程序依赖图（PDG）等，也有一些方法综合应用多种代码表示进行检测。

3．代码匹配

代码匹配阶段对每个待分析的代码单元与其他代码单元进行比较和匹配，从而发现相同或相似的克隆实例（即克隆对）。这一阶段是代码克隆检测的关键，具体的匹配方式与代码转换阶段所采用的代码表示方式密切相关。例如，如果采用原始文本作为代码的表示方式，那么代码匹配就需要在文本串上进行（如寻找最大公共子串）；如果采用抽象语法树作为代码表示方式，则往往会考虑基于子树的匹配方法。

4．后处理

后处理阶段在代码匹配阶段发现的代码克隆对的基础上，通过结果过滤、聚合、信息补全、格式化等方法，整理和得到最终的代码克隆检测输出结果。首先，需要根据代码克隆检测方法的特点对检测结果进行过滤，从而排除一些无意义或不准确的结果。例如，有些检测方法会输出差异显著过大的克隆对，此时需要通过启发式规则对这些结果进行过滤。其次，如果检测方法直接返回的是代码克隆对，那么需要通过对相关的克隆对进行聚合从而得到相应的克隆组。此外，一些代码克隆检测方法所输出的代码克隆实例位置仅包含所在文件及其起止行号，因此还需要通过分析得到对应的类/文件及方法/函数信息。最后，为了便于后续的代码克隆信息分析与使用，还可能需要根据接口标准对代码克隆检测结果进行整理，从而以特定的格式输出或传输给使用方。

2.3.3　代码克隆检测方法

代码克隆检测是在源代码中寻找相同或相似代码片段的过程。当前已有多种不同的代码克隆检测方法，这些方法采用了不同的代码表示和代码匹配方法，最终实现的代码克隆检测结果准确性和性能也各不相同。下面介绍几种常用的代码克隆检测方法，分别是基于文本的代码克隆检测、基于符号化处理（Tokenlization）的代码克隆检测、基于抽象语法树和程序依赖图的代码克隆检测、基于哈希值的代码克隆检测、基于中间语言表示的代码克隆检测。

1.　基于文本的代码克隆检测

基于文本的代码克隆检测方法将代码视为文本进行克隆检测，一个代表性的工具是duploc[35]。这种方法通常通过在文本中寻找最大公共子串的方式来发现相似或相同的代码片段，因此可以较高的准确性检测片段级别上的 I 型克隆。然而，这种检测方法没有对代码中的标识符进行归一化，也没有对代码差异部分进行特殊处理，因此通常难以识别 II 型和 III 型克隆，即无法发现存在一定差异（存在标识符修改或代码行增删改）的代码克隆。这种检测方法不需要对代码进行语法分析，因此往往速度较快且具有良好的多语言支持能力。

除了直接进行文本比较，还有一些代码克隆检测方法先对代码进行语法分析和处理然后再进行文本比较。例如，NICAD[36]首先对代码进行语法分析，然后按照代码行进行文本编码和比较，从而可以获得具有一定相似度的片段级克隆，因此具有检测 III 型克隆的能力。该方法检测具有一定差异的近似克隆时效果很好，但由于需要执行代码语法解析及最大公共子串匹配等内存消耗较大的操作，因此难以支持大规模（如上亿行代码规模）的代码克隆检测。

基于词袋的代码克隆检测是基于文本的代码克隆检测方法的一种变体。这种方法将代码单元中的代码文本拆分为词，并将给定代码单元（如函数）中的所有词表示为一个词袋（Bag of Words），然后基于这种词袋表示计算不同代码单元之间的相似性，从而发现克隆对。两个词袋之间的相似度计算通常可以采用 Jaccard 距离，即两个词袋交集中词的数量与两个词袋并集中词的数量的比值。为了提升检测的准确度和效率，也有一些研究进一步考虑了词频及其他启发式规则[37]。尽管将代码转换为词袋表示后丢失了代码语法结构和语句顺序信息，但在实际代码数据上的实验结果表明，基于词袋的方法能够较好地支持大规模克隆检测，并且支持 I 型、II 型和 III 型克隆检测[37]。

2．基于符号化处理的代码克隆检测

基于符号化处理的代码克隆检测方法首先对代码进行句法解析，从而将代码转化为一个符号串（String of Tokens），然后在此基础上发现相似或相同的代码片段，一个代表性的工具是 CCFinder[38]。这种方法所采用的代码符号化表示中的符号通常对应到程序设计语言中的终结符，例如，关键字"if"直接映射为一个特殊符号。对于代码中标识符字串（如方法/函数名、变量名、常量、方法或函数调用等），可以根据需要选择将其转化为统一的占位符或者保留原始文本。例如，对变量名、常量进行归一化处理（如统一转化为特殊符号"$"），因此即使标识符发生了修改，这类克隆检测方法仍然可以识别出相应的代码克隆。因此，这类方法不仅可以识别出 I 型克隆，而且还可以识别出 II 型克隆。

然而，正因为忽略了标识符的差异性，基于符号化处理的代码克隆检测方法在模式化的代码片段上往往会出现一些误报。例如，图 2-14 中第一段代码用于进行类的初始化，第二段代码用于进行数据序列化的数据发送，如果对这两段代码中所有标识符（包括方法调用中的对象名、方法名和参数等）进行完全归一化，那么它们将会被检测为代码克隆对，但实际上这两段代码所实现的功能完全不同。为解决这一问题，可以根据不同类型的代码标识符选择性地进行符号化处理。例如，针对 API 调用中的类名和方法名可以不进行符号化处理，从而保留其原始的调用信息。此外，还可以根据标识符的长度、首尾子串等特点将标识符散列到某个符号空间（比如一个 4 位二进制码的符号空间可以表达 16 个不同的符号），从而优化对标识符修改变化的差异容忍度和敏感度。

```
1       function config(PropertyFile prop) {
2         ......
3          prop.setValue("ip", "127.0.0.1");
4          prop.setValue("port", 1499);
5          prop.setValue("databasename", "business");
6          prop.setValue("stacksize", 2048);
7          prop.setValue("abortonerror", 1);
8         ......
9        }
10
11      function ignition(CommChannel channel) {
12        ......
13         channel.send("address", "127.0.0.1");
14         channel.send("id", 12);
15         channel.send("name", "Alice");
16         channel.send("age", 30);
17         channel.send("amount", 20);
18        ......
19       }
```

图 2-14　符号化后完全相同但功能不同的代码片段示例

在对符号化处理之后的代码单元进行相似性匹配时，可以通过识别不同符号串中重复出现的子串来发现相似代码，通常可以采用后缀树算法。图 2-15 给出了字符串 BANANA$（$表示字符串结束符）的一种后缀树表示。可以看到，以字符串中每个字符为首字符，该字符后的所有字符构成一个后缀字符串，根据这些字符串头部的最大公共子串构建一棵树，这样任意长度的公共子串就可以通过遍历这棵树获得。最早采用后缀树进行重复代码检测的工作可以追溯到 20 世纪 90 年代[39]。

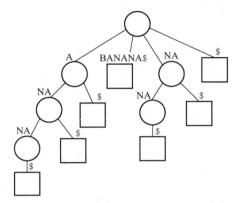

图 2-15 字符串 BANANA$的后缀树表示示例

基于后缀树的代码克隆检测方法在支持超大规模（如数亿到数十亿行代码）代码克隆检测时可能会遇到性能不足的问题，该检测方法还可以通过选择适当的数据结构和算法来进一步优化。例如，SAGA[40]利用后缀数组对符号串进行编码，同时选择适合并行加速的数据结构对后缀数组的构造及同一函数中多个克隆片段的合并进行加速，因此能够将克隆检测的效率提高数十倍，同时还可以检测出片段级的 III 型克隆。

3. 基于抽象语法树和程序依赖图的代码克隆检测

基于文本或符号化处理的代码克隆检测缺少对代码本身语法结构及语义特征的表示，因此在检测具有一定文本差异的代码克隆时，往往效果欠佳。事实上，与文本内容相比，一段程序的语法结构及语句之间的控制流/数据流依赖关系更能体现程序的功能语义。因此，一个自然想法就是通过程序分析技术将代码转化为抽象语法树（AST）或者程序依赖图（PDG）等形式，然后基于这种树或者图进行代码克隆检测。这种基于树或者图的表示可以充分表达代码的语法结构（如条件分支、循环等）及变量和语句之间的控制流/数据流关系。将代码转化为树或者图的表示后，需要通过子树匹配、子图相似度计算等方式进行代码克隆识别，还可以使用程序切片等技术进行优化[41]。

基于抽象语法树和程序依赖图的代码克隆检测方法可以较为准确地识别具有一定差异但功能相似的代码克隆，但其不足之处在于要求对代码进行较为精确的语法及控制流/数据流分析，与此同时，匹配算法较为复杂。因此，这种方法的总体检测性能远低于基于文本和基于符号化处理的方法，难以被直接应用于大规模代码克隆检测。

4. 基于哈希值的代码克隆检测

实现大规模代码克隆检测的一种简便方法是利用某种哈希算法计算每个代码单元的哈希值，然后通过比较哈希值来发现相同或相似的代码单元。传统的哈希算法对于输入内容的变化非常敏感，一个微小的变化都会带来哈希值的巨大差异，因此只能识别完全相同的代码单元而无法发现相似的代码单元。局部敏感哈希（Locality-Sensitive Hash，LSH）算法将相似的输入内容转化为相似的 LSH 编码，从而可以通过计算两个 LSH 编码之间的汉明距离（Hamming Distance）来判断两个输入串是否相似。通过这种方式，局部敏感哈希算法可以识别相似但不完全相同的代码单元。需要注意的是，LSH 编码的粒度十分灵活，可以是整个文件或方法/函数，也可以是一个代码块、代码行或语法树节点，适用的范围很广。感兴趣的读者可以参阅相关文献[41, 42]。

由于可以事先计算好代码单元的哈希值并通过哈希值比较实现克隆检测，所以基于哈希值的代码克隆检测方法效率高，可以应用于大规模代码克隆检测。其不足之处主要在于需要事先确定代码克隆检测的粒度，如以代码文件、方法/函数或事先划定的代码块为单位，不支持不确定长度的局部代码克隆检测。与之相比，基于符号化处理和后缀树匹配的代码克隆检测方法可以支持不确定长度的局部代码克隆检测。

5. 基于中间语言表示的代码克隆检测

许多编程语言都允许使用不同的方式实现相同的功能操作，由此造成代码表达上的差异。为了消除这种差异同时便于克隆检测方法进行识别，可以考虑将代码转换为中间语言表示后再进行克隆检测。如图 2-16 所示，将一段 C 语言代码转换为基于 LLVM 的中间表示之后，代码结构更加规范了。例如，用 C 语言表示的"return a+b"语句需要对"a+b"进行临时运算并返回运算结果；而在基于 LLVM 的中间表示中，这个过程被显式表达出来了，从而使得相同的代码逻辑可以通过统一的方式来表达，有助于识别语法有差异但功能相似的代码克隆。

C 语言表示	基于 LLVM 的中间表示
1 `unsigned add(unsigned a, unsigned b) {` 2 `  return a+b;` 3 `}`	1 `define i32 @add(i32 %a, i32 %b) {` 2 `entry:` 3 `  %tmp1 = add i32 %a, %b` 4 `  ret i32 %tmp1` 5 `}`

图 2-16　C 语言代码转换为基于 LLVM 的中间表示的示例

以上代码克隆检测方法各自都有一些优缺点，需要根据实际选择或综合多种方法进行应用。当前，人工智能特别是深度学习和大模型技术的发展也给代码克隆检测带来了新的机会。已经有一些研究工作尝试使用深度学习或大模型技术来实现代码克隆检测[43, 44]，取得了很好的效果，特别是在代码语义克隆检测[45]上。然而，在实际应用特别是面向大规模开源或企业软件项目开展代码克隆检测时，还需要特别考虑方法的前提假设及性能问题。例如，一些基于深度学习和大模型的方法需要针对给定的一对代码片段进行克隆检测和判断，在分析性能上难以适应大规模代码克隆检测的需要；同时也要求事先划定好代码克隆的粒度（如完整的方法/函数或者事先划定的代码块），无法支持不确定长度的片段级代码克隆检测。

2.4　代码差异分析

在软件演化过程中，理解和分析代码差异是一个至关重要的问题。例如，开发人员在代码审查过程中需要花费大量的时间来理解代码变更，从而提高软件质量；开发人员在代码合并过程中需要深入理解代码变更来解决合并冲突，从而避免不必要的问题；开发人员在回归测试过程中需要借助代码变更的知识来选择测试用例，从而以较小的测试代价找到回归缺陷。目前的代码差异分析主要有两种：基于文本的差异分析和基于语法树的差异分析。

2.4.1　基于文本的差异分析

基于文本的差异分析技术将代码视为两段文本，通过比较这两段文本之间的差异，揭示它们之间的相似性和差异性。最长公共子序列（LCS）算法是一种常见的差异分析算法，其核心思想是寻找两个字符串之间的最长公共子序列，从而发现它们之间的相似性和差异性。具体的实现方式可以采用动态规划（DP）算法或递归算法，以便实现高效的分析。另一种常见的差异分析算法是基于编辑距离的算法。这种算法通过计算两段文本之间的编辑距离来找到它们的差异。常见的编辑距离包括 Levenshtein 距离和 Damerau-Levenshtein 距离，它们通过衡量插入、删除和替换等编辑操作的数量，来度量两段文本之间的相似度。基于哈希值匹配的文本差异分析算法通过将两段文本分别转换为哈希值，并比较这些哈希值之间的相似性来实现。这种算法的优势在于能够快速地生成哈希值，并通过比较哈希值来快速判断文本的相似性。基于 *n*-gram 的文本差异分析算法则通过将两段文本切分成多个 *n*-gram 组件，比较它们之间的差异性。这种方法在考虑文本局部结构时表现出色，能够较好地捕捉到细粒度的变更信息。

作为开发人员，最熟悉的代码差异分析方法是使用 Git 中的 *git diff* 命令，它可以查看代码修改前后的对比结果。在 Git 中，差异比较与展示的最小单位是行，因为代码修改涉及的改动一般较多，以行为单位显示出来的效果，美观且容易阅读。图 2-17 展示了 Git 上的代码差异分析结果。可以看到，Git 把差异都标识出来了，而位置、内容相同的部分没有标识。因此可以通过最长公共子序列算法来找到最长的公共子序列部分，作为公共的、未发生改变的部分；而剩下的就是改变的部分，应该标识出来。

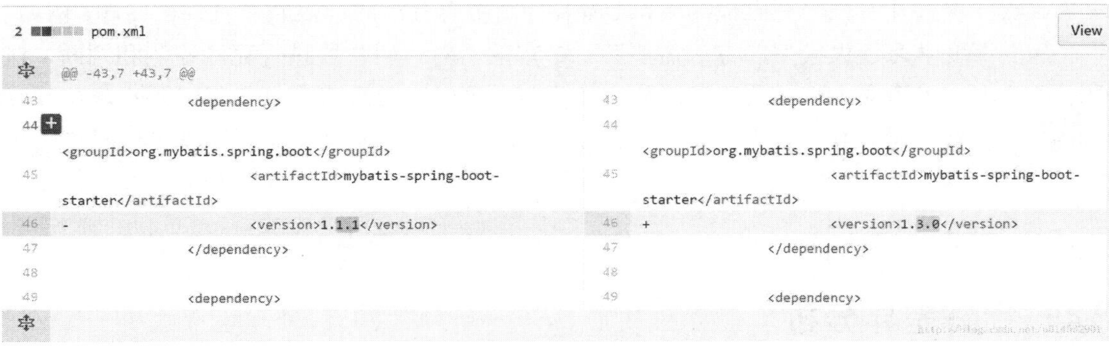

图 2-17　Git 上的代码差异分析结果

Git 差异比较算法的本质是对比两个序列，并通过使用删除和插入等一系列有序操作来实现从第一个序列到第二个序列的转换。如果删除和插入在同一范围内发生，则可以将子序列标记为更改。在 Git 中，有四种差异比较算法，分别是 Myers、Minimal、Patience 和 Histogram，用于获取位于两个不同代码提交中的相同文件的差异。其中，Minimal 和 Histogram 算法分别是 Myers 和 Patience 算法的改进版本。

Myers 算法可以追溯到 1986 年，尤金·迈尔斯（Eugene Myers）[59]将代码差异建模为寻找两个序列的最长公共子序列和找到将一个序列转换为另一个的最短编辑脚本的问题。Myers 证明了这些问题等同于在一个"编辑图"上找到最短路径。他的算法改进了流行的 diff 工具，得到了将一个文件转换为另一个文件所需的最小行删除和插入集合。为了形成编辑图，Myers 沿 x 轴从左到右排列源序列，沿 y 轴从上到下排列目标序列，并在它们之间投影水平和垂直边的正交网格。从左上方开始寻找，沿着图的边缘移动到顶点的每个步骤对应于源序列上的一个编辑指令。水平移动表示从源元素中删除；垂直移动表示插入目标元素。当源和目标序列的元素等效时，允许对角线移动。Myers 提出了一种广度优先搜索的类型，在 $O(ND)$ 的空间和时间内（或者使用一种改进的方法，在 $O(N)$ 的空间和 $O(M\lg N+D^2)$ 的时间内）找到最短遍历，其中 D 是最小编辑脚本的大小。

然而，基于文本的差异分析也存在一些局限性，在一定程度上影响了其在某些情境下的准确性和可靠性。首先，基于文本的差异分析在处理语义信息时存在一定的局限性。其次，对于代码的复杂结构和高级语言特性，基于文本的差异分析工具也存在一定的局限性。最后，基于文本的差异分析在处理代码变更的语境时容易受到局部优化的影响。

2.4.2　基于语法树的差异分析

为了更好地处理代码变更、弥补基于文本的差异分析存在的局限性，越来越多的研究和工具将目光投向了基于语法树的差异分析。与基于文本的差异分析不同，基于语法树的差异分析将代码视为抽象语法树（AST）。AST 可以被视为源代码的抽象映射，树的节点表示源代码中的语法单元，如表达式、语句、函数定义等，而树的边则表示这些语法单元之间的关系，AST 捕捉了程序的基本结构和语法元素，并以树的形式展现出来。这种抽象性使得 AST 能够忽略源代码中的一些细节，如具体的标点符号和格式，专注于程序的语法和语义。通过遍历 AST，编译器或解释器能够执行各种静态分析和转换，以便最终生成可执行代码或程序。

相较于基于文本的差异分析，基于 AST 的差异分析算法具有多种显著的优势。首先，它在理解代码语义方面更为出色，因为 AST 提供了对代码结构的层次化抽象。这种层次结构反映了代码元素之间的关系，如表达式、语句和函数定义，使得 AST 更能深入理解代码的实际含义。其次，基于 AST 的差异分析算法能够更准确地捕捉代码的变化，尤其是涉及代码结构调整的情况。由于 AST 以树形结构呈现，它能够清晰地反映代码结构的变化，从而更精准地识别变更的本质。但是，基于 AST 的差异分析算法对于代码风格的变化不敏感。无论采用何种风格编写代码，都不会对 AST 造成影响，因为 AST 关注的是代码的结构和逻辑，而非表面上的文本形式。这种对语义的深刻理解、对结构调整的准确捕捉及对代码风格的鲁棒性，使得基于 AST 的差异分析算法展现出更为优越的性能。

Sudarshan S. Chawathe 等人[46]提出在层次结构上检测和表示数据变更，将层次结构变更分析问题定义为查找将一棵数据树转换为另一棵数据树的"最小编辑脚本成本"的问题，并提出了计算该编辑脚本的高效算法。后续诸多基于 AST 的差异分析均基于此思想和算法来实现，例如，Beat Fluri 等人[47]改进了 Chawathe 等人的算法，提出了用于提取细粒度代码差异的树差异算法。

生成编辑脚本算法的核心在于相同节点映射的构建。在映射构建方面，Jean-Rémy Falleri 等人[48]引入了一种算法来解决 AST 的映射问题，即在 AST 粒度上计算编辑脚本，包括增加、删除、修改、移动等操作，并提出了相关的代码差异分析工具 GumTree。该映射方法源自现实中开发人员阅读代码差异的方式：在现实工作中，开发人员首先会尝试搜索最大的未修改代码块，然后推断可以映射在一起的代码容器。最后，查看每个容器中剩余部分的精确差异。因此，Jean-Rémy Falleri 等人将这种推断映射关系的思考方式转变成了一个两步的算法。第一步是自顶向下搜索：从 AST 的叶子节点开始，寻找高度递减的同构子树的贪婪自顶向下算法，在这些同构子树的节点之间建立映射。该映射关系称为锚点映射。第二步是自底向上搜索：在进行自顶向下搜索后，如果这些节点的后代（包括节点的子代，以及它们的子代等）包含大量共同的锚点，就会对其中两个节点建立匹配映射，该映射关系称为容器映射。当两个节点匹配成功时，会继续应用一个最优算法，在它们的后代之间搜索额外的映射，这种映射称为恢复映射。通过以上算法可以有效地找到同构子树及它们后代的映射关系，为编辑脚本的生成提供基础信息。为了更加准确地生成编辑脚本，特别是针对识别移动操作的问题，Georg Dotzler 等人[49]提出了一种基于 GumTree 的 AST 差异分析算法——MTDIFF，以缩短生成的编辑脚本，并提出了五个通用优化方式：

- **相同子树优化**：在 AST 差异分析算法的第一阶段之前，将两棵 AST 中相同的子树对应起来，减少不必要的编辑操作。
- **最长公共子序列优化**：在 AST 差异分析算法的第一阶段之后，将两棵 AST 展平为序列，然后寻找其中未匹配的节点。如果它们有相同的标签，就将它们加入映射，从而减少删除和插入操作。

- **未匹配叶子节点优化**：在 AST 差异分析算法的第一阶段之后，检查所有未匹配的叶子节点，如果它们有相同的标签和值，或者有相同的标签和位置，就将它们加入映射，从而减少删除和插入操作。

- **内部节点优化**：在 AST 差异分析算法的第一阶段之后，检查所有已匹配的内部节点，如果它们的子节点中有多个未匹配的，就尝试寻找一个更合适的匹配节点，从而减少移动操作。

- **叶子节点移动优化**：在 AST 差异分析算法的第一阶段之后，检查所有已匹配的叶子节点，如果它们的值不同，就尝试寻找一个更合适的匹配节点，从而减少更新操作。

在 GumTree 的基础上，Yoshiki Higo 等人[50]提出了一种基于抽象语法树的编辑脚本生成技术，考虑将复制粘贴操作作为一种编辑操作，从而生成更简单、更易于理解的编辑脚本。Yoshiki Higo 等人主要在两方面进行了改进：一是在自顶向下的映射生成过程中，找出可能由复制粘贴操作产生的子树候选；二是在生成编辑脚本的过程中，增加识别复制粘贴操作的逻辑，并用一个复制粘贴操作替代一系列的插入动作。这种技术能够生成更简单、更易于理解的编辑脚本，特别是在代码变更涉及复制粘贴操作的情况下。此外，这种技术还提供了一种可视化编辑脚本的方法，帮助用户更好地理解代码变更。虽然在生成时间上，这种技术比现有的技术稍微慢一些，但仍然在可接受的范围内。

基于语法树的代码差异分析方法虽然提供了比较精确的代码差异，但是因为粒度太细，而且相关的编辑操作往往分散在编辑脚本的不同地方，所以开发人员无法直接从编辑操作中理解代码差异。此外，这种方法没有考虑代码差异之间的关联关系（如对一个方法签名的变更会引起所有该方法调用的变更）。然而，这种关系对于代码差异的分析和理解是非常重要的（如互相关联的代码差异需要在代码审查或者代码合并过程中放在一起考虑）。为了提高在代码审查和软件合并等任务中代码变化分析和理解的效率和准确性，Kaifeng Huang 等人[51]提出了一种代码差异分析算法——ClDiff，可以生成简洁的链接代码差异，其粒度介于现有的代码差异和代码变更摘要方法之间。该算法不仅能够生成 Statement 或者 Declaration 级别的高层代码差异，而且能够刻画这些代码差异之间的关联关系。总体而言，ClDiff 的实现主要包含三个步骤：首先是"预处理"，将变更前后的代码源文件转换成 AST，并通过哈希值比较去除没有发生变化的 Declaration 节点，从而提高后续代码差异分析的效率；其次是"简洁代码差异的生成"，利用 GumTree 生成细粒度的代码差异（即树节点的编辑操作序列），并对序列中的编辑操作在 Statement 或者 Declaration 级别上进行聚合和归纳，从而生成更简洁的代码差异（如增加一个条件判断的代码块）；最后是"简洁代码差异的关联"，利用启发式方法在生成的代码差异之间建立五种预定义的关联关系（如三个新增的条件判断代码块是一样的）。

在实际应用中，基于 AST 的差异分析为开发人员提供了更高层次的代码变更理解，它不会像基于文本的差异分析一样受限于文本内容的变动，反而更专注于内容中存在的层次结构和逻辑关系，对语义的关注度较高，避免分析中出现一些没有实际参考意义的差异信息。

通过建立同构子树的映射关系，它能够更准确地追踪代码演化，生成更具有语义的编辑脚本，从而为代码重构、合并等任务提供更有力的支持。

2.5　代码演化分析

在软件开发和维护的过程中，一次代码提交可能修改多处代码。一般而言，在同一次代码提交中发生的多处代码修改，称为代码共变（Co-Change）。偶尔的代码共变并没有严格的意义，例如，有些不规范的提交会将多个不同目的的代码修改糅合在一起，这样的代码共变对于软件分析并没有什么价值。但如果有些代码经常性地发生共变，那么往往预示着这些代码之间存在某种关联，这种关联可能是直接的或显式的（如函数调用），也可能是间接的或隐式的（如共同依赖于同一个数据结构或某种约定）。因此，代码共变分析的目的是在代码的历史修改中，挖掘出经常发生共变的代码单元，为开发人员理解软件组成单元之间的逻辑关系，优化软件设计质量提供支撑。

2.5.1　代码共变的识别

代码提交是软件开发和维护的基本操作。现代版本控制系统（Version Control Systems，VCS），如 Git，允许开发人员在一次提交中修改多处代码，以实现某个功能或修复某个缺陷。

要识别代码共变，理论上只要在 VCS 中提取每次提交时是否有多处代码修改即可。例如，对每次提交，Git 都会记录发生修改的代码文件、位置，如果涉及多处，就可看成出现了代码共变。然而，在开发实践中，并非所有开发人员都严格遵循代码提交规范。一方面，有些提交混杂着服务于多个目的的代码修改，导致单次提交中出现多处修改，另一方面，有些同一功能或同一修复的代码修改，会分散到不同的提交中。因此，代码共变识别通常需要在代码的维护历史中，挖掘出经常性的、对理解代码单元之间相互关联有意义的共变，而滤除那些偶然的、由于不规范的代码提交而产生的共变。我们将前者称为有意义的代码共变，后者称为无意义的代码共变。

有意义的代码共变是指在同一次代码提交中发生的多处代码修改，这些代码修改之间存在某种逻辑关系，如函数调用、数据依赖、设计模式等。这种逻辑关系可能是直接的或显式的，也可能是间接的或隐式的。例如，图 2-18 中，类 A 和类 B 是一个有意义的代码共变例子，它们实现了同一个接口。在四次提交中，这两个类多次发生相同的代码类型变更（图中用椭圆形与三角形表示），因此它们之间存在一个隐式的逻辑关系。

无意义的代码共变是指在同一次代码提交中发生的多处代码修改，这些代码修改之间不存在任何逻辑关系，而是由于开发人员的不规范操作或其他原因造成的。例如，图 2-18 中，类 B 和类 X 是一个无意义的代码共变的例子，它们没有任何逻辑关系，但是它们在同一次提交中发生了共变。这是因为开发人员在这次提交中完成了两个不同的任务，导致了无关的代码修改。

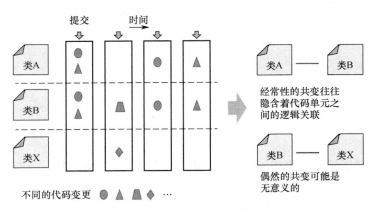

图 2-18　代码共变示意

　　为了识别有意义的代码共变，我们需要从代码的历史修改中，挖掘出经常发生的共变代码单元，即那些在多次代码提交中都发生了共变的代码单元，比如类、方法等。这些共变代码单元往往反映了软件的逻辑结构，对于理解软件的组织和设计有重要的意义。有多种技术可以用来识别有意义的共变代码单元，例如：

- **基于关联规则的技术**：利用关联规则挖掘算法，从代码提交中提取出频繁的代码修改项集，然后根据支持度和置信度等指标，生成关联规则，表示两个或多个代码修改项之间的共变关系[52, 53]。关联规则的结果可以反映代码修改项之间的频繁性和相关性。
- **基于变更模式的技术**：利用变更模式挖掘算法，从代码提交中提取出具有特定结构或语义的共变代码单元，即变更模式[54]。变更模式是一种描述代码修改之间的依赖关系的图形结构，它由节点和边组成，节点表示代码单元，边表示依赖关系。变更模式可以反映代码修改之间的逻辑关系以及代码的结构特征。
- **基于聚类的技术**：利用聚类算法，将代码提交中的代码单元分组，使得同一组内的代码单元之间的相似度高，不同组之间的相似度低。相似度可以根据代码单元的语法、语义、结构等特征来计算。聚类的结果可以反映代码单元之间的逻辑关系以及代码的模块化程度。
- **基于主题模型的技术**：利用主题模型，将代码提交中的代码单元映射到一个潜在的主题空间，每个主题代表了一种潜在的逻辑关系[55]。主题模型可以从代码提交中自动学习主题的分布以及每个代码单元在每个主题下的概率。主题模型的结果可以反映代码单元之间的隐含关系以及代码的语义一致性。
- **基于机器学习或深度学习的方法**：利用机器学习或深度学习算法，从代码提交中提取出有意义的特征，如代码单元的语法、语义、结构、上下文等，然后利用这些特征来训练一个分类器或一个聚类器，从而识别出有意义的共变代码单元[56]。机器学习或深度学习算法可以自动地从数据中学习有用的知识，而不需要人为地定义规则或模式。

2.5.2　代码共变识别的挑战及解决方案

代码共变识别的技术虽然有很多，但是它们都面临着一些挑战，这些挑战会影响代码共变识别的准确性和效率。下面我们介绍一些常见的挑战以及可能的解决方案。

- **提交不规范带来的无意义或无价值的共变**：如前所述，有些代码提交可能包含了多个不同目的的代码修改，这样的代码提交会导致无意义或无价值的共变，从而干扰代码共变识别的结果。为了解决这个问题，我们需要对代码提交进行预处理，将它们分割成更小的、更有意义的代码提交，以提高代码共变的质量。有多种方法可以用来分割代码提交，例如基于依赖的方法[57]，即根据代码修改之间的依赖关系，判断是否包含多个不同目的的代码修改。如果代码修改之间没有或仅有很弱的依赖关系，说明这是一个不规范的代码提交，应该进行分割。分割的方法是按照代码修改之间的依赖关系，将代码修改划分为不同的连通分量，每个连通分量对应一个子提交。

- **共变代码的跨提交追踪问题**：代码的修改会导致代码的变化，如增加、删除、重命名、移动等，这些变化会影响代码共变识别的结果，因为它会使得不同版本的代码难以进行匹配。为了解决这个问题，我们需要对代码的修改进行跟踪，对不同版本的代码进行对齐，以保持代码的一致性。有多种方法可以用来跟踪代码的修改，例如，基于差异的方法：利用代码的差异，即代码修改的具体内容，来判断不同版本的代码是否匹配；基于标识符的方法：利用代码的标识符，即代码中的变量、函数、类等的名称，来判断不同版本的代码是否匹配；基于语义的方法：利用代码的语义，即代码的功能、行为、逻辑等，来判断不同版本的代码是否匹配。

- **共变的时间差问题**：有些代码共变可能不是在同一次代码提交中发生的，而是在不同的时间点发生的，这种时间点之间的时间差称为共变的时间差。共变的时间差会导致代码共变识别的结果不完整，因为它会忽略那些跨越多次代码提交的共变代码单元。为了解决这个问题，我们需要对代码提交进行后处理，将它们合并成更大的、更完整的代码提交，以增加代码共变的覆盖率。有多种方法可以用来合并代码提交，如基于时间窗口的方法[58]，即利用代码提交的时间戳，来判断代码提交是否可以合并。如果两次相邻的代码提交的时间戳之差小于一个给定的阈值，那么很可能这两次代码提交是相关的，就可以进行合并。合并的方法是将两次代码提交中的代码修改合并成一次新的代码提交，每次新的代码提交包含两次代码提交中的所有代码修改。

2.5.3　代码共变分析的应用

代码共变分析的目的是在代码的历史修改中，挖掘出经常发生的共变代码单元，为开发人员理解软件组成单元之间的逻辑关系，优化软件设计质量提供支撑。代码共变分析的结果可以应用于多方面。

- **发现设计问题**：代码共变分析可以帮助开发人员发现软件中存在的设计问题，如模块化不足、耦合过高、职责不清等[53]。这些设计问题会导致软件的可维护性、可扩展性、可重用性下降，增加软件的复杂度和风险。通过代码共变分析，开发人员可以识别那些经常发生共变的代码单元，分析它们之间的逻辑关系，判断它们是否符合软件的设计原则和模式，如果不符合，就可以进行重构或重设计，以提高软件的设计质量。

- **修改传播分析**：代码共变分析可以帮助开发人员分析软件中的修改传播，即当一个代码单元被修改时，需要同时修改的其他代码单元[53,58]。修改传播是软件维护的重要问题，因为它会影响软件的正确性、一致性、完整性等质量属性，增加软件的维护成本和错误率。通过代码共变分析，开发人员可以预测那些可能受到修改影响的代码单元，提前进行测试和验证，以减少修改传播的负面影响。

- **代码复用推荐**：代码共变分析可以帮助开发人员推荐可复用的代码单元，即那些在多个软件项目中都发生了共变的代码单元[54]。这些代码单元往往具有较高的通用性和可移植性，对于提高软件的开发效率和质量有积极的作用。通过代码共变分析，开发人员可以从代码库中检索出那些与当前开发任务相关的共变代码单元，评估它们的复用价值和适应性，选择合适的代码单元进行复用或修改，以减少重复的开发工作。

- **软件的演化分析**：代码共变分析可以帮助开发人员分析软件的演化，即软件在不同版本之间的变化情况。软件的演化是软件工程的重要问题，因为它会反映软件的发展历程、变化趋势、演化规律等，对于理解软件的本质和特征，预测软件的未来发展，制定软件的演化策略等有重要的意义。通过代码共变分析，开发人员可以从代码的历史修改中，提取软件的演化特征，如演化模式、演化因素、演化度量等，以揭示软件的演化过程和演化机制。

- **软件的演化度量**：代码共变分析可以帮助开发人员度量软件的演化，即软件在不同版本之间的变化程度。软件的演化度量是软件工程的重要问题，因为它可以用来评估软件的演化质量、演化效率、演化复杂度等，对于监控软件的演化状态，诊断软件的演化问题，改进软件的演化过程等有重要的作用。通过代码共变分析，开发人员可以从代码的历史修改中，计算出软件的演化度量，如演化速度、演化范围、演化稳定性、演化一致性等，以量化软件的演化性能和演化效果。

2.6　小结

软件分析技术是一组关键工具和方法的集合，用于检查、评估和改进软件系统。它包括静态程序分析、动态程序分析、代码克隆检测、代码差异分析、代码演化分析等方面。静态程序分析通过对源代码的检查，发现潜在问题和错误，提高代码质量和可维护性。动态程序分析通过执行程序、观察行为和性能，提供实时的数据和反馈，用于调试和优化。代码克隆检测帮助人们识别相似的代码片段，减少代码重复和改善代码复杂性。代码演化分析关注代码的变化和演化过程，包括功能添加、缺陷修复和代码重构等。这些技术的综合应用有助于降低软件供应链风险、提高软件质量、增强安全性，并支持软件系统的持续改进。

参 考 文 献

[1] MITCHELL J C. Concepts in Programming Languages[M]. Cambridge: Cambridge University Press, 2002.

[2] TURI D, PLOTIKIN G D. Towards a Mathematical Operational Semantics[C]// Proceedings of 12th Annual IEEE Symposium on Logic in Computer Science (LICS). Warsaw, Poland, IEEE, 1999: 280-291.

[3] SCOTT D S, STATMAN R. Toward a mathematical semantics for computer languages[C]// Proceedings of the Symposium on Computers and Automata. New York, NY, USA, 1971: .

[4] NIELSON H R, NIELSON F. Semantics with Applications: An Appetizer[M]. London: Springer London, 2007.

[5] HARPER R. Practical Foundations for Programming Languages[M]. Cambridge: Cambridge University Press, 2007.

[6] STOY J E. Denotational Semantics: The Scott-Strachey Approach to Programming Language Theory[M]. Cambridge: MIT Press, 1977.

[7] ALLISON L. A practical introduction to denotational semantics[M]. Cambridge University Press. New York, NY, USA. 1986.

[8] APPEL A W, DOCKINS R, HOBOR A, et al. Program Logics for Certified Compilers[M]. Cambridge: Cambridge University Press, 2014.

[9] HUTH M R A, RYAN M D. Logic in Computer Science: Modelling and Reasoning About Systems[M]. Cambridge: Cambridge University Press, 2004.

[10] MANES E G, ARBIB M A. Algebraic approaches to program semantics[M]. Springer-Verlag, 1986.

[11] AHO A V, LAM M S, SETHI R, et al. Compilers: Principles, Techniques, and Tools (2nd Edition)[M]. Addison-Wesley Longman Publishing Co. Inc. 2006.

[12] REPS T ,HORITZ S, SAGIV M. Precise interprocedural dataflow analysis via graph reachability[C]//Acm Sigplan-sigact Symposium on Principles of Programming Languages. San Francisco, CA, USA, 1995: 49-61.

[13] REPS T. Program analysis via graph reachability[J]. Information & Software Technology, 1998, 40(11-12):701-726.

[14] GULWANI S, SRIVASTAVA S, VENKATESAN A R. Program analysis as constraint solving[J]. ACM SIGPLAN Notices, 2008: 281-292.

[15] COUSOT P, COUTSOT R. Abstract Interpretation: A Unified Lattice Model for Static Analysis of Programs by Construction or Approximation of Fixpoints[C]. //Proceedings of the 4th ACM SIGACT-SIGPLAN symposium on Principles of programming languages. ACM, 1977: 238-252.

[16] Rival X, YI K. Introduction to Static Analysis[M]. MIT Press, 2020.

[17] BALDONI R, COPPA E, DANIELE C, et al. A Survey of Symbolic Execution Techniques[J]. Acm Computing Surveys, 2016, 51(3): 50: 1-39.

[18] SADOWSKI C, AFTANDILIAN E, EAGLE A, et al. Lessons from building static analysis tools at Google[J]. Communications of the Acm, 2018, 61(4): 58-66.

[19] DISTEFANO D, FAHNDRICH M, LOGOZZO F, et al. Scaling static analyses at Facebook[J]. Communications of the ACM, 2019, 62(8):62-70.

[20] MOCK M. Dynamic Analysis from the Bottom Up[C]// ICSE 2003 Workshop on Dynamic Analysis. Oregon, Portland, MIT, 2003: 1-6.

[21] BALL T. The concept of dynamic analysis[J]. ACM SIGSOFT Software Engineering - ESEC/FSE'99, Lecture Notes in Computer Science (LNCS), 1999, 1687: 216-234.

[22] PAUW W D, JENSEN E, MITCHELL N, et al. Visualizing the Execution of Java Programs[J]. Software Visualization, International Seminar Dagstuhl Castle, Lecture Notes in Computer Science (LNCS). Berlin, Heidelberg, 2001, 2269: 151-162.

[23] DELLA T L, PRADEL M, GROSS T R. Performance problems you can fix: a dynamic analysis of memoization opportunities[J]. ACM SIGPLAN Notices, 2015, 50(10):607-622.

[24] IMLEMENTATION D. Dynamically Discovering Likely Program Invariants[J]. IEEE Transactions on Software Engineering, 2000, 27(2):99-123.

[25] DUFOUR B, HENDREN L J, VERBRUGGE C. *J: a tool for dynamic analysis of Java programs[C]// Companion of the 18th Annual ACM SIGPLAN Conference on Object-Oriented Programming, Systems, Languages, and Applications (OOPSLA), Anaheim, CA, USA, ACM, 2003: 306-307.

[26] CHO D W, KIM H S, OH S. A new approach to detecting memory access errors in C programs[C]//IEEE/ACIS International Conference on Computer & Information Science. Melbourne, VIC, Australia, IEEE, 2007: 885-890.

[27] BALL T, LARUS J R. Efficient path profiling[C]//Proceedings of the 29th Annual ACM/IEEE International Symposium on Microarchitecture. USA, ACM, 1996: 46-57.

[28] PEARCE D J, WEBSTER M, BERRY R, et al. Profiling with AspectJ[J]. Software: Practice and Experience, 2010, 37(7):747-777.

[29] SINGH P. Design and validation of dynamic metrics for object-oriented software systems[D]. Amritsar: Guru Nanak Dev University, 2009.

[30] AGRAWAL H, DEMILLO R A, SPAFFORD E H. Debugging with dynamic slicing and backtracking[J]. Software: Practice and Experience, 2010, 23(6):589-616.

[31] ZHANG X, GUPTA N, GUPTA R. A study of effectiveness of dynamic slicing in locating real faults[J]. Empirical Software Engineering, 2007, 12(2): 143-160.

[32] CHEN T, ZHANG X S, GUO S Z, et al. State of the art: Dynamic symbolic execution for automated test generation[J]. Future Generation Computer Systems, 2013, 29(7): 1758-1773.

[33] NARSRE R. Time- and space-efficient flow-sensitive points-to analysis[J]. ACM Transactions on Architecture and Code Optimization (TACO), 2013, 10(4):1-27.

[34] ROY C K, CORDY J R, A survey on software clone detection research[TR], School of Computing Technical Report, 2007-541, Queen's University, vol. 115, 2007.

[35] DUCASSE S, RIEGER M, DEMEYER S. A language independent approach for detecting duplicated code[C]// 1999 International Conference on Software Maintenance (ICSM 1999), Oxford, England, UK, IEEE, 1999: 109-119.

[36] ROY C K, CORDY J R. NICAD: Accurate detection of near-miss intentional clones using flexible pretty-printing and code normalization[C]//Proceedings of the 16th IEEE International Conference on Program Comprehension, Amsterdam, The Netherlands, IEEE Computer Society, 2008: 172-181.

[37] SAINANI H, SAINI V, SVAJLENKO J, et al. Scaling code clone detection to big-code[C]//Proceedings of the 38th International Conference on Software Engineering (ICSE 2016), Austin, TX, USA, ACM, 2016: 1157-1168.

[38] KAMIYA T, KUSUMOTO S, INOUE K. CCFinder: a multilinguistic token-based code clone detection system for large scale source code[J]. IEEE Transactions on Software Engineering, 2002, 28(7): 654-670.

[39] BAKER B S. A program for identifying duplicated code[J]// Computer Science and Statistics: Proceedings of the 24th Symposium on the Interface, 1992, 24: 49-57.

[40] LI G, WU Y, ROY C K, et al. SAGA: Efficient and Large-Scale Detection of Near-Miss Clones with GPU Acceleration[C]// 27th IEEE International Conference on Software Analysis, Evolution and Reengineering (SANER 2020), London, ON, Canada, IEEE, 2020: 272-283

[41] RATTAN D, BHATIA R K, SINGH M. Software clone detection: A systematic review[J] Information & Software Technology, 2013, 55(7): 1165-1199.

[42] UDDIN M S, ROY C K, SCHNEIDER K A, et al. On the Effectiveness of Simhash for Detecting Near-Miss Clones in Large Scale Software Systems[C]// 18th Working Conference on Reverse Engineering (WCRE 2011), Limerick, Ireland, IEEE Computer Society, 2011: 13-22.

[43] LI L, FENG H, ZHUANG W et al. CCLearner: A deep learning-based clone detection approach[C]// IEEE International Conference on Software Maintenance and Evolution (ICSME 2017) Shanghai, China, IEEE Computer Society, 2017: 249-260.

[44] ZHAO G, HUANG J. Deepsim: deep learning code functional similarity[C]// Proceedings of the 2018 {ACM} Joint Meeting on European Software Engineering Conference and Symposium on the Foundations of Software Engineering (ESEC/FSE 2018), Lake Buena Vista, FL, USA, ACM, 2018: 141-151.

[45] WEI H, LI M. Supervised deep features for software functional clone detection by exploiting lexical and syntactical information in source code[C]// International Joint Conference on Artificial Intelligence (IJCAI 2017), Melbourne, Australia, ijcai.org, 2017: 3034-3040.

[46] CHAWATHE S S, RAJARAMAN A, GARCIA-MOLINA H, et al. Change detection in hierarchically structured information[J]. ACM SIGMOD Record, 1996, 25(2): 493-504.

[47] FLURI B, WURSCH M, PINZGER M, et al. Change distilling: Tree differencing for fine-grained source code change extraction[J]. IEEE Transactions on software engineering, 2007, 33(11): 725-743.

[48] FALLERI J R, MORANDAT F, BLANC X, et al. Fine-grained and accurate source code differencing[C]// Proceedings of the 29th ACM/IEEE international conference on Automated software engineering. 2014: 313-324.

[49] DOTZLER G, PHILIPPSEN M. Move-optimized source code tree differencing[C]// IEEE/ACM International Conference on Automated Software Engineering. USA, IEEE, 2016:660-671.

[50] HIGO Y, OHTTANI A, KUSUMOTO S. Generating simpler AST edit scripts by considering copy-and-

paste[C]//IEEE/ACM International Conference on Automated Software Engineering. Urbana, IL, USA, IEEE Press, 2017:532-542.

[51] HUANG K, CHEN B, PENG X, et al. ClDiff: generating concise linked code differences[C]// Proceedings of the 33rd ACM/IEEE International Conference on Automated Software Engineering. New York, NY, USA, ACM, 2018:679-690.

[52] ZIMMERMANN T, ZELLER A, WEISSGERBER P, et al. Mining version histories to guide software changes[J]. IEEE Transactions on software engineering, 2005, 31(6): 429-445.

[53] ZHOU D, Wu Y, Xiao L, et al. Understanding evolutionary coupling by fine-grained co-change relationship analysis[C]//2019 IEEE/ACM 27th International Conference on Program Comprehension (ICPC). IEEE, 2019: 271-282.

[54] YING A T T, Murphy G C, Ng R T, et al. Predicting source code changes by mining change history[J]. IEEE transactions on Software Engineering, 2004, 30(9): 574-586.

[55] BAVOTA G, OLIVETO R, GETHERS M, et al. Methodbook: Recommending move method refactorings via relational topic models[J]. IEEE Transactions on Software Engineering, 2013, 40(7): 671-694.

[56] JIANG Z, ZHONG H, MENG N. Investigating and recommending co-changed entities for JavaScript programs[J]. Journal of Systems and Software, 2021, 180: 111027.

[57] WANG M, LIN Z, ZOU Y, et al. Cora: Decomposing and describing tangled code changes for reviewer[C]//2019 34th IEEE/ACM International Conference on Automated Software Engineering (ASE). San Diego, CA, USA, IEEE, 2019: 1050-1061.

[58] ZHOU D, WU Y, PENG X, et al. Revealing code change propagation channels by evolution history mining[J]. Journal of Systems and Software, 2024, 208: 111912.

[59] MYERS E W. An O (ND) difference algorithm and its variations[J]. Algorithmica, 1986, 1(1): 251-266.

第**3**章

软件缺陷分析

软件开发过程复杂，通常经历需求分析、软件设计、代码实现和测试等过程，并最终在生产环境中部署运行。任何一个环节的错误都有可能导致软件运行不正确。本章关注代码实现层面的缺陷，首先介绍基于静态分析的缺陷分析技术，然后介绍基于深度学习和大模型的缺陷分析技术，最后介绍缺陷案例挖掘与分析技术。

3.1 基于静态分析的缺陷分析

静态分析是程序分析的主要方法之一，可以在不执行程序的情况下收集程序行为信息，然后基于程序行为分析程序的性质。因此，静态分析可用于判定程序是否满足某种性质，特别是检查代码是否存在特定的缺陷。

具有一定规模的软件一般都会进行模块划分，因为模块之间存在复杂的交互关系。在本节的讨论中，我们将分析对象限定为一个函数，并假定这个函数有准确的输入输出规范作为判定代码是否正确的依据。

3.1.1 程序的状态和语义

程序静态分析方法可以分为基于语法的分析方法和基于语义的分析方法。使用静态分析来检测程序缺陷时，基于语法的分析方法漏报和误报都较多，因此，本节我们只考虑基于语义的分析方法。在 2.1 节中，我们简要介绍了常用的程序语义表示方式和典型的静态分析方法。本节为了准确表示和分析程序的语义，我们先介绍程序状态和相关概念。

如图 3-1 所示的简单 C 语言程序，实现了用 abs 函数计算变量 x 的绝对值。该函数的语句并非按顺序逐句执行。编程语言通常支持分支和循环等控制结构，使得程序执行过程中的下一条语句存在多种选择。例如，对于图 3-1 中的程序，在执行完语句 2 之后，下一条执行语句由 x 的值决定，即如果 x<0，那么程序将执行语句 3；否则，将执行语句 4。若 x= −1，该函数首先执行语句 2。由于 if 的判断条件为 $x<0$，而且执行语句 2 前 x=−1，因此计算出来

的判断条件为真，执行语句 3。此外，判断条件并不修改变量的值，所以执行语句 2 时 x=−1。执行完语句 3 之后，x=1。

```
1 unsigned int abs(int x) {
2   if (x<0)
3     x = -x;
4   return x;
5 }
```

图 3-1　用 abs 函数计算变量 x 的绝对值程序示例

根据对图 3-1 程序示例的分析可以得出，程序的输入值一旦确定，程序执行的语句及其执行的顺序也是确定的。程序中变量的值决定了执行语句的结果以及下一条待执行的语句。程序变量的值存储在内存里，我们将它们表示为一个集合，称作内存状态。当前执行的那条语句，用语句之前的标号表示，称为程序点，类似于处理器中的特殊寄存器 PC（Program Counter）。因此，有序对（标号，内存状态）能够唯一刻画程序执行过程中的当前状态，即程序状态。

图 3-2 所示的 swap 函数可实现交换变量 x 和变量 y 的值的功能。

```
1 void swap(int &x, int &y) {
2   x = x + y;
3   y = x - y;
4   x = x - y;
5 }
```

图 3-2　交换变量 x 和变量 y 的值的函数

我们用标号 l_i 表示程序执行的第 i 条语句，p_i 表示执行语句前的内存状态，q_i 表示执行语句后的内存状态，那么一条语句的执行就可以用 $\{p_i\}l_i\{q_i\}$ 来表示。很多时候，内存状态 p_i 称为前置条件，q_i 称为后置条件。对于顺序执行的语句，如图 3-2 中的语句 2～语句 4，执行语句 2 后，接下来执行语句 3；语句 2 的后置条件成为语句 3 的前置条件。如果执行的是条件分支语句，将由条件表达式来选择下一条执行语句。由于执行的两条语句在代码中并不连续，我们用程序状态转移 $(l_i, p_i) \rightarrow (l_j, q_j)$ 来描述语句间的跳转，表示第 l_i 条语句在前置条件 p_i 下执行，内存状态变成 q_j 并跳转到语句 l_j。

给定初始状态，程序的一次执行可以表示为一个程序状态序列 $\{s_i=(l_i, p_i)\}*$。特别地，程序状态序列的第一个状态 s_0 称为初始状态，而程序状态序列的最后一个状态 s_n 称为终止状态。如果我们只关心执行结果，也就是内存状态的变化，那么程序状态序列可以简化为内存状态序列 $\{p_i\}*$。通常，给定初始状态，若程序状态序列有限，则程序会终止。有时候，程序会进入死循环，其状态序列是无限循环的，则程序不终止。从程序分析的角度看，程序不终止是一种不好的性质。在实际应用中，这种不终止的程序有很多，如操作系统和服务器进程。

特别地，我们把程序的一个状态序列，视为程序的一个特定行为（Behavior）。我们收集给定程序的所有状态序列，它们构成的集合就刻画了程序的行为。当然，这个集合可能是有限的，也可能是无限的。我们将在 3.1.2 小节中介绍如何分析这些状态序列。

3.1.2　抽象解释理论

很多缺陷会在程序的语法层面上呈现出一定的模式。基于此，一些检测方法利用这些模式来扫描目标程序，从而发现目标程序中的缺陷。由于只利用了程序的语法特性，这类检测方法的速度很快，但缺点是误报和漏报较多。

为了提高缺陷检测的准确率，一种基于程序数据流的分析方法被提出。这种方法不需要执行程序，其利用了程序语义，发现程序在执行时的一些特性。编译技术使用这种方法来发现代码翻译中的一些性质，如公共子表达式、定义–使用链和活跃变量等，从而生成优化的可执行程序代码。

这种分析方法有一个统一的框架，但针对特定性质的分析方法还需要根据特定性质来具体构造。1977 年，Cousot[1]提出了抽象解释（Abstract Interpretation），尝试建立一种程序分析的理论基础。经过研究人员近半个世纪的努力，抽象解释理论得到了扩充和完善[2, 3]，成为程序分析领域统一的理论基础[4]。Giacobazzi 和 Ranzato[5]介绍了抽象解释理论的发展历史，陈立前等人[6]介绍了抽象解释理论及其应用的最新进展。

抽象解释理论的目标是系统地计算出任意位置的程序状态。由于程序的表现形式都被程序设计语言的语法约束，因此我们定义一个简单的命令式语言 ToyC 来介绍抽象解释理论。

图 3-3 给出了 ToyC 的语法。它定义了整数类型的变量以及整数的一些二元运算；它还提供算术表达式之间的比较功能，比较结果是布尔值。

ToyC 具有 C 语言的一些典型特性，其支持指针类型、取变量地址的&运算符、分配内存的 malloc 操作。ToyC 还支持一些简单的语句：

- 赋值语句：把算术表达式计算出来的值，赋给左值变量。
- 分支语句：根据布尔表达式 B 的值，来确定是走 true 分支，还是走 false 分支。
- 循环语句：如果布尔表达式 B 的值为 true，则继续执行循环内的语句。
- skip 语句：空语句。结合分支语句和 skip 语句，可以实现只有 if 分支或者 else 分支的语句。
- 单参函数：定义只有一个参数的函数。

这里，表达式的求值没有副作用，只有赋值语句和间接赋值语句可修改变量的值，改变内存状态。布尔表达式的求值结果决定程序的执行路径。

为了用抽象解释理论来分析 ToyC 程序，我们定义下列符号用来表示程序的语义：

- 变量集合 X，由程序中出现的变量构成；
- 值域 V，表示变量取值范围，在 ToyC 中是整数集 Z；
- 内存状态集合 M，是从 X 到 V 的映射，$m(x)$表示从内存中读取 x 的值，$m[x \mapsto c]$表

示将内存中 x 的值更新为 c；

- 程序标号集合 L，$l \in L$ 指向特定的语句，也称为程序点；
- 程序状态集合 $S = L \times M$，是程序标号和内存状态的笛卡儿积，(l, m) 表示程序点 l 的内存状态。

```
n ∈ V                                    整数值
x ∈ X                                    程序变量
Aop := + | - | * | …                     算术二元运算
Bop := < | ≤ | == | …                    比较运算
E  :=                                    表达式
    | n                                  常量
    | x                                  变量
    | E Aop E                            二元运算
    | &x                                 取变量地址
    | malloc                             分配内存
    | *E                                 内存地址解引用
    | f                                  函数
B :=                                     布尔表达式
    | E Bop E                            比较运算
C :=                                     语句
    | skip                               跳过
    | C;C                                顺序语句
    | x = E                              赋值语句
    | *E = E                             间接赋值
    | if(B){C}else{C}                    条件分支
    | while(B){C}                        循环语句
    | E(E)                               函数调用
    | return                             函数返回
F := f(x) = C                            函数定义
P := F⁺ C                                程序
```

图 3-3　ToyC 的语法

　　基于这些符号，我们可以形式化地表示程序的执行。为了从语义上表示程序，抽象解释理论必须可以描述程序的每一次实际执行。因此，我们先分析程序的实际执行，并以它们为参照来判别抽象解释是否可靠。

　　我们用 $\llbracket E \rrbracket$ 来表示表达式 E 的语义计算。给定内存状态 $m \in M$，$\llbracket E \rrbracket(m)$ 表示在内存状态为 m 时，计算表达式 E 得到的值。对于图 3-2 所示的程序，我们有 $X = \{x, y\}$、$V = Z$、$L = \{1, 2, 3, 4, 5\}$，当 $l = 2$ 时，对应的程序语句是 "x = x + y"。给定初始状态 $m_0 = \{x \mapsto 0, y \mapsto 1\}$ 时，我们来观察程序在每条语句执行前和执行后的状态。对于程序状态 $(2, m_0)$，我们有 $\llbracket x + y \rrbracket(m_0) = 1$，赋值后有 $m[x \mapsto 1]$，得到内存状态 $m_1 = \{x \mapsto 1, y \mapsto 1\}$；对于程序状态 $(3, m_1)$，$\llbracket x - y \rrbracket(m_1) = 0$，赋值后有 $m[y \mapsto 0]$，得到内存状态 $m_2 = \{x \mapsto 1, y \mapsto 0\}$；类似地，执行语句 4，

得到终止状态 $m_3 = \{x \mapsto 1, y \mapsto 0\}$。

在特定程序点上，每个变量都存储具体的值，也称为具体元素（Concrete Element）。程序执行中出现的所有具体元素构成的集合，称为具体域（Concrete Domain）。内存状态可表示为程序变量的笛卡儿积，属于多个具体域的笛卡儿积。相应地，内存状态存储具体元素时也叫具体状态（Concrete State）。

给定内存状态集合 M，我们定义了 ToyC 基本语法单元的语义计算，但不包括地址运算和函数调用，因为这不影响我们对抽象解释理论的理解。令 $\mathcal{P}(M)$ 表示 M 的幂集，我们结构化地执行如图 3-4 所示的语义计算规则。其中，$F_B(M)$ 是过滤算子（Filter），可以根据语句中的条件 B 来选择满足要求的那些内存状态。

$$\llbracket E \rrbracket : M \to V$$
$$\llbracket n \rrbracket (m) = n$$
$$\llbracket x \rrbracket (m) = m(x)$$
$$\llbracket E_1 A_{\text{op}} E_2 \rrbracket (m) = A_{\text{op}}(\llbracket E_1 \rrbracket (m), \llbracket E_2 \rrbracket (m))$$

$$\llbracket B \rrbracket : M \to \{\text{true}, \text{false}\}$$
$$\llbracket E_1 B_{\text{op}} E_2 \rrbracket (m) = B_{\text{op}}(\llbracket E_1 \rrbracket (m), \llbracket E_2 \rrbracket (m))$$
$$F_B(M) = \{m \in M \mid \llbracket B \rrbracket (m) = \text{true}\}$$

$$\llbracket C \rrbracket_{\mathcal{P}} : \mathcal{P}(M) \to \mathcal{P}(M)$$
$$\llbracket \text{skip} \rrbracket_{\mathcal{P}} (M) = M$$
$$\llbracket C_1; C_2 \rrbracket_{\mathcal{P}} (M) = \llbracket C_2 \rrbracket_{\mathcal{P}} (\llbracket C_1 \rrbracket_{\mathcal{P}} (M))$$
$$\llbracket x = E \rrbracket_{\mathcal{P}} (M) = \{m[x \mapsto \llbracket E \rrbracket (m)] \mid m \in M\}$$
$$\llbracket \text{if}(B)\{C_1\}\text{else}\{C_2\} \rrbracket_{\mathcal{P}} (M) = \llbracket C_1 \rrbracket_{\mathcal{P}} (F_B(M)) \cup \llbracket C_2 \rrbracket_{\mathcal{P}} (F_{\neg B}(M))$$
$$\llbracket \text{while}(B)\{C\} \rrbracket_{\mathcal{P}} (M) = F_{\neg B}(\cup_{i \geqslant 0} (\llbracket C \rrbracket_{\mathcal{P}} \circ F_B)^i(M))$$

图 3-4　ToyC 的语义计算规则示例

分支语句的执行分两种情况。第一种情况是执行 if 分支，我们有 $\llbracket C_1 \rrbracket_{\mathcal{P}} (F_B(M))$；第二种情况是执行 else 分支，我们有 $\llbracket C_2 \rrbracket_{\mathcal{P}} (F_{\neg B}(M))$。显然，分支语句执行结束后的内存状态应该是两个分支分别执行后的状态的并集，因此有 $\llbracket C_1 \rrbracket_{\mathcal{P}} (F_B(M)) \cup \llbracket C_2 \rrbracket_{\mathcal{P}} (F_{\neg B}(M))$。

循环语句的执行比较复杂，可以归约为分支语句的多次执行。如果循环只执行了 i 次，说明前 i 次都执行了 if 分支，可以表示为 $(\llbracket C \rrbracket_{\mathcal{P}} \circ F_B)^i(M)$；接下来，则执行 else 分支，于是有 $M_i = F_{\neg B}((\llbracket C \rrbracket_{\mathcal{P}} \circ F_B)^i(M))$。实际上，循环的执行可以分解为只执行 $i = 0, 1, 2 \cdots$ 的集合。在循环执行结束后，类似于分支语句，我们需要把每次循环得到的状态求并集，于是有 $\llbracket \text{while}(B)\{C\} \rrbracket_{\mathcal{P}} (M) = F_{\neg B}(\cup_{i \geqslant 0} (\llbracket C \rrbracket_{\mathcal{P}} \circ F_B)^i(M))$。

我们前面给出了图 3-2 所示程序的一个具体状态序列，长度有限。如果程序中有循环或递归函数，那么其状态序列会变长，甚至变成无限长的序列。实际上，任何程序都是语法单元的有限序列，无限序列只是因为一些程序点反复出现二产生的。我们把一个程序点上出现的所有具体状态用集合表示，程序状态序列就变成了有限序列。

将一个程序用状态序列进行有限表示后，我们面临一个新问题，即程序点上的具体状态集合会很大，可能无限。图 3-2 中，变量 x 存储整数集 Z 中一个特定的值。由于 x 和 y 的值域都用整数表示，所以初始状态有 $2^{32} * 2^{32} = 2^{64}$ 个；如果 x 的定义域用实数表示，则初始状态有无穷多个。

我们需要借助抽象集合论表示无限集，通常用一些性质来描述元素，使得集合的表示有限。类似地，我们先定义程序状态的抽象，然后有限地抽象表示程序。

定义 3.1（抽象化） 程序的具体状态可用一些逻辑性质表示，记作抽象性质或者抽象元素，这些性质构成的集合 A 就是对程序状态的抽象化。抽象域是一些抽象元素构成的集合。

抽象解释用抽象元素来表示内存状态，称为抽象状态。给定一个抽象状态，为了评判其是否表示对应的具体状态，我们需要完成抽象化的逆过程，即具体化（Concretization）。

定义 3.2（具体化） 给定集合 A 中的一个抽象元素 a，我们可以找到满足性质 a 的具体状态集合，这个过程称为具体化，记作 $\gamma(a)$。

对于图 3-2 中的程序，x 和 y 的值都是 int 类型的整数，我们用符号 ⊤ 来表示所有的取值。如果一个程序点不可能被执行到，其对应的状态就是空集，我们用符号 ⊥ 来表示。

为了分析图 3-2 中的程序，我们用 x = N 表示 x < 0，x = P 表示 x > 0。此外，还有 x = 0。我们构造一个符号抽象域 sign={⊥, N, 0, P, ⊤}，其中 ⊤ 表示所有的取值，⊥ 表示空集。程序中的运算基于具体值，当变量的值属于抽象域之后，对应的运算需要重新定义。以表达式 x + y 为例：

● 当 x = P，y = P 时，x + y > 0，因此表达式 x + y = P；
● 当 x = N，y = N 时，x + y < 0，因此表达式 x + y = N；
● 当 x = N，y = P 或者 x = P，y = N 时，x + y 与 x、y 的具体取值有关，例如，在 x = –2 且 y = 1、x = 2 且 y = –1、x = –2 且 y = 2 的情况下，x + y 会得到 N、P 和 0 三种情况。这时我们用 ⊤ 表示表达式 x + y 的抽象域。

在图 3-1 中，x 可以取任意的整数，用 ⊤ 表示。执行 if 语句时，x 被分为了 N、P 和 0 三种情况。当 x = N 时，执行 x = –x 后，根据运算规则有 x = P。基于符号抽象域，我们可以证明 abs 函数确实实现了计算变量 x 的绝对值的功能。

在图 3-5 所示的程序中，add5 函数把参数 x 加上常量 5 并返回。假定 x 的取值范围为[–4, 5]。如果用符号抽象域来表示 x，我们有 x = ⊤。如果用具体值来计算，我们得到的返回结果可用区间[1,10]表示，在符号抽象域中是 P。这说明，如果用不精确的抽象域表示变量，那么计算结果也不会精确。

```
1 int add5(int x) {
2   x = x + 5;
3   return x;
4 }
```

图 3-5　用 add5 函数计算 x+5 的程序示例

我们设计一个新的抽象域 I = [l, h]，满足 l ≤ h，即用区间来表示变量的取值范围。由于整数的离散性，闭区间就可以满足我们的表示需求。由于值的表示发生了变化，所以我们需要重新定义一些运算。给定区间抽象域表示的变量 $x = [l_x, h_x]$，$y = [l_y, h_y]$，我们给出典型运算的定义：

- 加法：$x + y = [l_x + l_y, h_x + h_y]$；
- 减法：$x - y = [l_x - h_y, h_x - l_y]$；
- 乘法：乘法比较复杂，需要考虑边界符号不一样的情况。令 $l = \min\{ l_x * l_y, l_x * h_y, h_x * l_y, h_x * h_y \}$，$h = \max\{ l_x * l_y, l_x * h_y, h_x * l_y, h_x * h_y \}$，那么 $x * y = [l, h]$；
- 小于：$x < y$，当且仅当 $h_x < l_y$。

对于图 3-5 中的程序，如果使用区间抽象域，那么我们得到 x = [-4, 5] 和 5 = [5, 5]，根据加法规则，有 x = [1, 10]。将其变换到符号抽象域，有 x = P，而非之前的 x = ⊤。与符号域相比，区间域表示的信息更加精确。这个例子说明：基于精确的抽象域表示，计算结果更加精确。但区间抽象域比符号抽象域的计算更加复杂，精确性需要付出更多计算代价。

具体域表示程序执行时可取的值，而抽象域是对具体域的一种描述。对于赋值语句"x = x + 5"，如果 x = 1 或 10，那么在具体域上，有 x = {1, 10}；用区间抽象域表示，则有 x = [1, 10]。与符号抽象域类似，我们观察到，区间抽象域引入了具体域中没有出现的元素。为了保证分析的可靠性，即程序的行为要被完整地表示，抽象域必须能表示具体域中的所有值。

既然抽象域中的元素是对特定具体状态集合的一种近似，那么我们如何来确定哪种近似更好呢？令 S 是具体状态的集合，a 是抽象元素。我们给出最优抽象的定义。

定义 3.3（最优抽象） 给定具体状态的集合 S，抽象元素 a 是 S 的最优抽象，当且仅当满足下列条件：

- $S \subseteq \gamma(a)$；
- 如果 a′ 也满足 $S \subseteq \gamma(a')$，那么 $\gamma(a) \subseteq \gamma(a')$，即 a′ 是比 a 更粗糙的近似。

显然，如果 S 存在最优抽象 a，那么 a 唯一。特别地，我们用函数 α 表示 S 的最优抽象。

在抽象解释程序时，我们只能逐渐计算一个程序点 l 的状态集合，换言之，状态集合 S 在动态变化。为了比较不同时刻的状态集合，我们接下来严格定义具体域。

定义 3.4（具体域） 我们用 $(C, \subseteq)$ 表示具体域，集合 C 表示程序的真实行为，⊆ 是偏序关系。如果 $x, y \in C$ 且 $x \subseteq y$，那么 x 比 y 具有更强的性质，由行为 x 可以推测出行为 y。

类似地，我们来正式定义抽象域和抽象关系。

定义 3.5（抽象域和抽象关系） 我们用 $(A, \sqsubseteq)$ 表示抽象域，⊑ 是 A 上的偏序关系。$(A, \sqsubseteq)$ 是具体域 $(C, \subseteq)$ 的一个抽象，那么抽象关系 $\vDash \subseteq C \times A$ 满足

- 对任意的 $c \in C, a_0, a_1 \in A$，如果 $c \vDash a_0$ 且 $a_0 \sqsubseteq a_1$，那么有 $c \vDash a_1$；
- 对任意的 $c_0, c_1 \in C, a \in A$，如果 $c_1 \vDash a$ 且 $c_0 \subseteq c_1$，那么有 $c_0 \vDash a$。

构建抽象关系，一般来说就是找一个函数，把抽象元素映射到一个满足其性质的最大程序行为集上。

定义 3.6（具体化函数） 具体化函数或者具体化，是一个映射 $\gamma : A \rightarrow C$，对任意的 $a \in A$，

有 $\gamma(a) \vDash a$ 并且 $\gamma(a)$ 是 C 中满足 a 的最大的元素。

显然，具体化关系可以用具体化函数来表示，因此我们有下列等价关系

$$\forall c \in C, a \in A, c \vDash a \Leftrightarrow c \subseteq \gamma(a)$$

由于函数 γ 把抽象元素映射到一个满足性质的最大具体元素上，所以 γ 满足单调关系。换句话说，抽象元素越大，表示的具体状态就越多，我们对程序的刻画就越不精确。

因此，我们需要定义抽象化函数来把具体元素映射到一个能表示它的最小抽象元素上。

定义 3.7（抽象化函数） 对任意的 $c \in C$，c 有最优抽象的充要条件是：

● 存在一个抽象元素 a，满足 $c \subseteq \gamma(a)$；

● 如果有 a' 满足 $c \subseteq \gamma(a')$，那么 $a \sqsubseteq a'$。

此外，最优抽象的存在具有唯一性。

我们已经严格定义了具体域和抽象域，以及抽象关系和它们之间的转换函数，把具体域和抽象域紧密地关联在一起。但在分析图 3-1 和图 3-2 所示程序的语义时，我们看到，基于具体域的计算和基于抽象域的计算具有很大的不同。那么，基于抽象域的计算能够描述程序基于具体域计算的真实行为吗？要满足这种性质，需要抽象域和具体域之间满足伽罗华连接。

定义 3.8（伽罗华连接） 伽罗华连接（Galois Connection）要求具体化函数 γ 和抽象化函数 α 之间满足

$$\forall c \in C, a \in A \quad \alpha(c) \sqsubseteq a \Leftrightarrow c \subseteq \gamma(a)$$

我们通常用下列形式来表示

$$(C, \subseteq) \underset{\alpha}{\overset{\gamma}{\rightleftarrows}} (A, \sqsubseteq)$$

伽罗华连接具有程序分析所需要的一些重要性质，例如：

● 抽象化函数 α 和具体化函数 γ 都满足单调性，相互间可比较的元素映射后也可比较；

● $\forall c \in C, c \subseteq \gamma(\alpha(c))$，这表示具体元素抽象化再具体化后，会得到一个更弱的结果；

● $\forall a \in A, \alpha(\gamma(a)) \subseteq a$，这表示抽象元素具体化再抽象化后，会得到一个更强的结果。

这些性质，很容易从伽罗华连接的定义中导出。

有了伽罗华连接，我们在程序分析时，经常会交替使用抽象化函数和具体化函数。但很多时候，程序的具体状态并没有最优抽象。这意味着，程序分析的结果并不精确，需要我们在不同的目标之间进行权衡。

有了伽罗华连接，我们可以基于具体域、抽象域，以及它们之间的转换函数来求解表达式并执行各种语句。为了区别具体域和抽象域上计算的表示，我们用带#的运算符表示在抽象域上的计算，例如，$[\![E]\!]^{\#}$ 表示 E 的抽象解释。

ToyC 的抽象语义如图 3-6 所示，其中 $n^{\#}$ 表示常数在抽象域上的计算，具体形式与选择的抽象域有关。一个抽象元素可以表示多个具体元素，但它们在布尔条件 B 上的性质可能不同。因此，抽象过滤算子的计算借助了两个函数 α 和 γ，我们先进行具体化，再用具体化的过滤算子求出满足性质的抽象元素，最后进行抽象化。

$$[\![E]\!]^{\#} : A \rightarrow A$$

$$[\![n]\!]^{\#}(M^{\#}) = n^{\#}$$

$$[\![x]\!]^{\#}(M^{\#}) = M^{\#}(x)$$

$$[\![E_1 A_{op} E_2]\!]^{\#}(M^{\#}) = A_{op}^{\#}([\![E_1]\!]^{\#}(M^{\#}), [\![E_2]\!]^{\#}(M^{\#}))$$

$$[\![B]\!]^{\#} : M^{\#} \rightarrow \{\top, true, false, \bot\}$$

$$[\![E_1 B_{op} E_2]\!]^{\#}(M^{\#}) = B_{op}^{\#}([\![E_1]\!](M^{\#}), [\![E_2]\!](M^{\#}))$$

$$F_B^{\#}(M^{\#}) = \alpha(\{m \in \gamma(M^{\#}) | [\![B]\!](m) = true\})$$

$$[\![C]\!]_{\mathcal{P}}^{\#} : \mathcal{P}(M^{\#}) \rightarrow \mathcal{P}(M^{\#})$$

$$[\![\text{skip}]\!]_{\mathcal{P}}^{\#}(M^{\#}) = M^{\#}$$

$$[\![C_1 ; C_2]\!]_{\mathcal{P}}^{\#}(MM^{\#}) = [\![C_2]\!]_{\mathcal{P}}^{\#}([\![C_1]\!]_{\mathcal{P}}^{\#}(M^{\#}))$$

$$[\![x = E]\!]_{\mathcal{P}}^{\#}(M^{\#}) = M^{\#}[x \mapsto E^{\#}(M^{\#})]$$

$$[\![\text{if}(B)\{C_1\}\text{else}\{C_2\}]\!]_{\mathcal{P}}^{\#}(M^{\#}) = [\![C_1]\!]_{\mathcal{P}}^{\#}(F_B^{\#}(M^{\#})) \sqcup^{\#} [\![C_2]\!]_{\mathcal{P}}^{\#}(F_{\neg B}^{\#}(M^{\#}))$$

$$[\![\text{while}(B)\{C\}]\!]_{\mathcal{P}}^{\#}(M^{\#}) = F_{\neg B}^{\#}((\sqcup^{\#}_{i \geqslant 0} (C_{\mathcal{P}}^{\#} \circ F_B^{\#})^i (M^{\#}))$$

图 3-6　ToyC 的抽象语义

顺序执行的两条语句，相当于两个函数的抽象解释的复合。但这样的复合，并不是在任何条件下都成立的。若抽象域和具体域满足伽罗华连接，则由下面的复合近似定理来保证其成立。

定理 3.1（复合近似定理） 给定单调函数 $f_0, f_1 : \mathcal{P}(M) \rightarrow \mathcal{P}(M)$，如果 $f_0^{\#}, f_1^{\#} : A \rightarrow A$ 是 f_0, f_1 的抽象解释（上近似，Over-Approximation），且有 $f_0 \circ \gamma \sqsubseteq \gamma \circ f_0^{\#}$ 和 $f_1 \circ \gamma \sqsubseteq \gamma \circ f_1^{\#}$，那么 $f_0^{\#} \circ f_1^{\#}$ 也是 $f_0 \circ f_1$ 的抽象解释。

由于复合近似定理的存在，我们在抽象域上计算函数的复合时，就可以等价为计算两个抽象解释函数的复合，从而简化程序分析的过程。

处理分支语句时，在具体域上，我们简单地计算了两个分支上状态的并集；在抽象域上，假定 if 分支和 else 分支经过抽象解释，分别有抽象状态 a_l 和 a_r，因为抽象域 $(A, \sqsubseteq)$ 是一个偏序，$a_l \cup a_r$ 不一定存在，所以对 $(A, \sqsubseteq)$ 的构造提出了要求。从最优抽象的角度来看，我们要计算出包含 a_l 和 a_r 的最小上界 a，即 $a_l, a_r \sqsubseteq a$，这要求 $(A, \sqsubseteq)$ 至少是一个完备偏序（Complete Partial Order，CPO）。在图 3-6 中，$\sqcup^{\#}$ 就是求最小上界（Join）的算子。为了形式化地研究程序语义，Scott[7] 构建了数学基础——域论（Domain Theory），相关内容可以阅读专著[8]。

虽然循环可以看作是多个分支的并集，但分支的个数可以是无穷大的。因此在具体域上计算循环语句的语义时，我们也没有考虑其可计算性。令 $M_n = \cup_{i=0}^{n} M^i$，$\{M_n\}$ 则是一个单调序列。如果 $(C, \sqsubseteq)$ 中的集合 C 有限，那么经过有限次迭代，M_n 收敛到 C 的一个子集或其自身。但当 C 是无限集时，M_n 在有限步内并不能收敛。

如果不能在有限步内计算出程序的状态，我们就不可能去可靠地判定其是否具有某些性质。因此，我们引入了拓宽（Widening）算子，加速循环计算的收敛。

定义 3.9（Widening 算子） 给定抽象域 $(A, \sqsubseteq)$，Widening 算子 ∇ 代表一个二元运算，满足下列性质：

对任意的抽象元素 $a_0, a_1 \in A$，有

$$\gamma(a_0) \cup \gamma(a_1) \subseteq \gamma(a_0 \nabla a_1)$$

对于抽象元素序列 $\{a_n\}_{n \in N}$，计算新的序列 $\{a_n'\}_{n \in N}$，有

$$\begin{cases} a_0' = a_0 \\ a_{n+1}' = a_n' \nabla a_n \end{cases}$$

假定 Widening 算子 ∇ 可以加速计算的收敛，计算

$$M_{i+1}^{\#} = M_i^{\#} \nabla (\llbracket C \rrbracket_{\mathcal{P}}^{\#} \circ F_B^{\#})^{i+1}(M^{\#})$$

如果有 $M_{i+1}^{\#} \sqsubseteq M_i^{\#}$，即可断定循环计算收敛了，记作 $M_{\text{loop}}^{\#}$。显然，有

$$M_{\text{loop}}^{\#} = M^{\#} \sqcup^{\#} \llbracket C \rrbracket_{\mathcal{P}}^{\#} \circ F_B^{\#}(M_{\text{loop}}^{\#})$$

如果我们定义函数 $G : X \mapsto M^{\#} \sqcup^{\#} \llbracket C \rrbracket_{\mathcal{P}}^{\#} \circ F_B^{\#}(X)$，那么 $M_{\text{loop}}^{\#}$ 就是函数 G 的不动点，记作 $\text{lfp}\, G$。

因此，我们可以把循环的计算表示为

$$\llbracket \text{while}(B)\{C\} \rrbracket_{\mathcal{P}}^{\#}(M^{\#}) = F_{\neg B}^{\#}(\text{lfp}\, G)$$

3.1.3   基于抽象解释的程序分析

根据 Rice 定理，程序的任何非平凡语义性质都是不可判定的。因此，我们没有有效的精确算法。给定性质 P，我们基于 3.1.2 节的抽象解释理论，构造了一个分析程序 Analyzer_P。

如果 Analyzer_P 断言为真，即程序在抽象域上满足性质 P，Analyzer_P 表示的抽象行为是程序真实行为的上近似，那么子集必然也具有性质 P。如果程序并非所有抽象行为都满足性质 P，但由于采用了过近似，所以我们很难断定是否是因为过近似引入的并不存在的程序行为导致了误报。至于如何消除误报，不在这里讨论。

根据 3.1.2 节的抽象解释理论，Analyzer_P 对程序行为的近似是否精确，主要取决于程序的真实行为。另外，抽象分析是否可靠还需要根据具体域上的计算来做比较。

Analyzer_P 的实现可分为下面三个步骤：

- 首先，确定能够描述程序行为的具体语义，最好是可靠的形式化描述。一般来说，程序的语义要能够表征性质 P。在第 2 章中，我们介绍了常用的操作语义、指称语义和公理语义。但是，语义的具体表示形式，主要是由性质 P 来决定的。

- 其次，选择合适的抽象方式，定义一些分析中用到的逻辑谓词。一种比较理想的方式是，基于收集程序具体行为构造具体域，来找到最优近似，从而得到抽象域。我们可以只考虑如何来表示单个变量的值域，而不管变量之间的关系，但为了提高表

示的精度，抽象域要能够表示变量间的关系，如八边形或多面体等抽象域。一般来说，逻辑谓词的构造和抽象域的选择，也是由性质 P 来决定的。

- 最后，根据抽象域的表示，实现抽象域上的计算（包括最小上界、Widening 和比较等）及程序设计语言中的计算。实际上，就是为目标语言写一个基于特定抽象域的解释器，并求出每个程序点上的抽象状态。

在实现时，抽象域的构造不太可能一蹴而就，通常需要根据分析的效果进行调整。如果分析精度太低，那么需要选择表示能力更强的抽象域，而这会引入更高的计算代价。如果计算时间太长，那么需要考虑降低抽象域的精度，或者选择更加适合性质 P 的抽象域。当然，也有工作研究如何系统化地构造抽象域[9]，但其方法还没有达到实用化的要求。一种更常见的做法是构造一个抽象解释器 Analyze(P, A)，把性质 P 和抽象域 A 作为参数，从而根据分析效果来选择抽象域和性质 P 的表示。

抽象解释器的构造可以参照所分析的程序设计语言语法的结构化语义表示，快速地递归实现。对于循环和递归函数，我们需要求它们的不动点。在迭代的过程中，每个程序点收敛到不动点的速度不一样，我们通常采用 WorkList 算法[10]或者更加鲁棒的 Chaotic 算法[3]来实现。

在实际应用中，待分析的目标程序比较复杂，通常是以项目的形式来进行分析的。一个项目有很多个源文件，每个源文件有很多个函数，一个函数会调用多个函数，因此构成了复杂的调用图。处理函数调用的方法有很多，按照我们对精度分析的需求，常用的方法如下。

- 把函数当成外部输入。碰到函数调用时，我们只需要关心被调用的函数对当前环境造成的影响，即哪些变量的值被修改了。基于抽象解释理论，我们只需要把变量更新为能够包含真实状态的抽象元素即可，如 $\top$。显然，这种方法会引入大量非真实的程序行为。
- 利用被调用函数的语义摘要。通常采用自底向上的方式来生成函数摘要，例如，用指称语义来表示被分析的函数，或者简单地用(输入, 输出)来表示。一般来说，生成函数摘要时，我们假定函数的输入都是 $\top$。在具体的调用点上，根据调用点状态和摘要来计算函数的输出。
- 在线分析被调用函数。根据调用点的状态，我们给被调用函数的参数赋值，然后开始具体分析。这种上下文敏感的分析方法，精度很高，但会导致大量的计算开销，很难扩展到调用链比较长的复杂项目中。

在实际应用中，分析精度和分析速度是两个互相矛盾的目标，有不少工作讨论如何实现平衡，还有很多工作探讨如何有效利用更多的资源来改进这两个目标。

3.1.4　案例分析

很多程序设计语言（如 C/C++、Java 和 Python 等）都提供了通过内存地址或指针来访问对象的方法。本节主要介绍程序中因为地址访问而引起的缺陷，如空指针解引用、数组越界、资源泄露、释放后引用等。因为变量地址是程序执行时的信息，所以静态分析工具无法获取。如果地址指向的是复杂对象，如数组和数据结构，那么其就会给程序分析带来麻烦。

在图 3-8(a)所示的 C 语言程序中，数组 a 被声明为 char 类型的，指针 b 访问它时，把指向的对象当成了 int 类型的。因此，b[3]实际上访问的是以 a 为首地址，偏移为 12 的位置。这导致数组访问的位置超过了原本对象的范围，可能会引发"不可知"的错误。基于抽象解释的程序分析，在计算每个变量的抽象状态时，很难刻画这种数据类型的转换。

在图 3-8(b)所示的 C 语言程序中，语句 6 与语句 7 分别访问 a[6]与 a[-3]，如果只考虑对目标数组 a 的访问，那么这必然导致数组越界。但考察结构数组 arr 的内存，它们访问的还是 arr 数组内的元素。根据 C 语言中复杂数据结构的内存组织，可计算出语句 6 与语句 7 分别落在了 arr[1]与 arr[0]内。图 3-8(b)所示的程序并未访问数组外部的数据，这种写法虽然合法但并不安全。因此在访问复杂对象时，我们还需要考虑对象之间的从属关系。

```
1 void example1() {
2   char a[10];
3   int *b = (int *)a;
4   b[3] = 0;
5 }
```

(a) 示例 1

```
1 struct X {
2   int a[6];
3 };
4 void example2() {
5   X arr[3];
6   arr[0].a[6] = 1;
7   arr[1].a[-3] = 2;
8 }
```

(b) 示例 2

图 3-8　通过地址访问对象的示例

C/C++语言的内存访问最为灵活，可以建立数据对象的内存模型，描述对象的存储方式，试图刻画程序的数据访问。在基于抽象解释进行程序分析时，我们关心的是程序状态，即变量在某个程序点上的值。因此如果我们想要建模来表示地址类型数据访问的语义，需要解决下列问题：

- 首先，我们要解决&x 的语义表示。&x 的具体语义，即 x 的地址，在程序执行时完全可以确定。在静态分析时，虽然不知道变量的具体地址，但地址指向的对象是可以确定的。因此，我们完全可以用地址指向的对象来表示&x 的语义。

- 其次，我们要解决地址的有效范围问题，考察变量在内存中的分配。C 编译器在分配栈上变量存储空间时，通常按照声明顺序从低地址到高地址进行分配；Java 编译器从堆上分配空间，所以变量的地址没有固定的规则。一般而言，程序对象在内存空间中的地址并不遵循一致的规则，反而依赖编译器和具体的执行过程。但是，程序访问内存对象必须满足类型约束，体现出局部性。如果访问超出对象边界，访问语义的正确性就无法保证。因此，我们引入区域内存（Region Memory）的概念，任何对象 o 的有效地址范围都表示为[0, sizeof(o) − 1]，即对象从开始到结束的地址范围。

- 再次，我们要处理地址运算。程序访问的对象，其类型不是基本类型，就是基本类型的复合类型。所以，程序访问的对象都可以用类型来约束，而基本类型的长度都是确定的。任何类型的变量的开始地址都是 0，因此我们可以递归地计算对象内成员变量的相对地址。

● 最后，我们要处理类型的转换。对象在第一次声明时的类型为其固有属性。类型转换是对内存对象的重解释。访问对象时，应根据新类型来计算地址，但还要服从声明类型的存储组织约束。

令 E 是地址类型的表达式，那么 E 指向一个特定的变量。基于内存模型，我们补全 ToyC 的抽象语义，如图 3-9 所示。

$$\llbracket E \rrbracket^{\#} : X \to X$$
$$\llbracket \&x \rrbracket^{\#}(M^{\#}) = x$$
$$\llbracket \text{malloc}_i \rrbracket^{\#}(M^{\#}) = a_i$$
$$\llbracket *E \rrbracket^{\#}(M^{\#}) = M^{\#}(\llbracket E \rrbracket^{\#}(M^{\#}))$$
$$\llbracket *E_1 = E_2 \rrbracket^{\#}_{\mathcal{P}}(M^{\#}) = M^{\#}[*\llbracket E_1 \rrbracket^{\#}(M^{\#}) \mapsto \llbracket E_2 \rrbracket^{\#}(M^{\#})]$$

图 3-9　地址变量访问的抽象语义

在 ToyC 里，程序可以多次调用 malloc，我们根据调用点 i 来区分，表示为 malloc_i。由于 malloc 的作用是从堆上分配内存，所以我们用 a_i 来表示第 i 个匿名对象。

下面，我们用扩充的抽象解释以及地址变量语义的抽象表示，以别名分析为例介绍面向特定性质的基于抽象解释的静态分析技术，然后以空指针解引用、数组越界、资源泄露和释放后使用等缺陷为例介绍面向特定缺陷类型的静态分析技术。

1. 别名分析

如果程序设计语言支持引用，一个对象就可以通过多个变量来访问，那么这些指向同一对象的变量就构成了别名（Alias）。C/C++、Java 和 Python 等很多语言中都有别名问题。别名会导致一个对象可以通过多种途径来修改，给收集和分析程序的行为制造了麻烦，影响了程序分析的精度。

在分析程序时，我们为变量构建内存模型，以此记录地址变量指向的对象。根据抽象解释的语义，间接赋值语句改变的是被指向对象的值。如果我们再引用该变量，那么拿到的就是修改后的值。在抽象解释的扩展框架下，我们并不需要特别计算特定内存区域的别名。

在分支和循环结构中，一个地址变量可以在不同的执行路径中指向不同的对象。在汇聚点上，执行 Join 算子后，一个地址变量就可能指向多个不同对象。通过地址变量间接赋值时，抽象解释要更新所有被指向对象的值。从程序的具体语义看，这种情况不可能发生，也就是说，一个特定的执行序列，地址变量只能指向一个对象。因此，利用抽象解释再结合路径敏感分析，可以提高地址变量的分析精度。

2. 空指针解引用

我们先分析空指针访问的具体语义。程序访问地址变量时，如果变量指向合法的对象，即某个变量或者通过 malloc 分配的匿名对象，我们就能够拿到被访问对象的值；如果变量没有指向的对象，访问时就会出现问题。

从程序的具体语义来看，我们只需要关心地址变量是否指向某个对象。因此，我们可以构建地址抽象域 Addr = $\{\bot,0,1,\top\}$，其中 $\bot$ 表示地址变量未被初始化，0 表示空指针，1 表示非空指针，$\top$ 则表示 0 和 1 两种情况。

在构建程序的内存模型时，如果我们用 Addr 来表示地址变量的抽象值，那么判别空指针解引用的规则就很直接了。首先，我们扫描程序，找到访问地址变量的程序点。如果是基于 LLVM IR 来实现的，那么读内存就是 load 指令，写内存就是 store 指令，而地址变量就是指令中的源或者目标。然后，我们检查地址变量的值，如果是 0，那么一定会发生空指针解引用；如果是 $\top$，则可能发生；如果是 $\bot$，则代表地址变量未初始化。

分析实际程序时，地址变量的赋值很多时候由多个分支条件来确定，如果分析不够精确，就会引入很多误报。因此，空指针解引用的精度取决于抽象分析时其他依赖变量的分析精度。

在图 3-10 所示的例子中，在构建内存模型时，地址变量 j 指向了地址变量 i。如果 i 指向空，那么程序执行语句 6，根据内存模型，**j 访问的是空对象。如果 i 不为空，那么执行语句 4，这时由 i 的取值来决定访问的对象。

```
1 int testl(int *i){
2   int **j = &i;
3   if (i){
4     return **j;
5   }
    else {
6     return **j+1;
7   }
8 }
```

图 3-10　地址变量赋值的例子

在图 3-11 所示的例子中，charBad 函数是否有空指针解引用与参数 i 和 j 的指向有关。在 case_bad 函数中，c 和 d 是别名，即指向了相同的对象。基于扩展的抽象解释分析，c 和 d 通过同一条指向链指向了变量 a。如果用内联分析，那么语句 2 更新*i 后，会把 i 和 j 指向空对象，**j 自然地触发了空指针访问。在这个例子里，分析是否准确主要取决于过程间分析的策略。如果采用基于摘要的方式，那么就要考虑 i 和 j 是别名的情况。

3．数组越界

数组越界是 C/C++语言编写的程序中经常出现的错误。由于数组常用来存储外部输入，因此数组越界又称为"缓冲区溢出"。被人熟知的蠕虫病毒和很多互联网攻击，就是利用了缓冲区溢出。

我们通过下标来访问数组中的元素，这涉及地址或下标值的计算。我们先来考虑数组访问的具体语义。程序计算出来的地址值，只要不是 0 或者负值，便被认为是合法的地址值。

但在实际执行中，该地址可能是无效的，因为违反了操作系统的内存管理机制。因此，从地址值是否合法来判断数组越界不够准确。

```
1   int *charBad(char **i, char **j) {
2     *i = NULL;
3     printf("%d", **j);
4   }
5   void case_bad(){
6     char a = 0;
7     char *b = &a;
8     char **c = &b;
9     char **d = c;
10    charBad(c, d);
11  }
```

图 3-11　参数为别名的例子

构建内存模型时，我们用对象的类型来约束其内存中的组织。以图 3-12 所示的程序为例，对象 X 是一个有 10 个整数的数组，arr 是一个有 4 个 X 类型数据的数组。分析这段代码时，我们可以得到如图 3-13 所示的 bad 函数的内存模型，这里用 i32 表示 int 类型，从而直观地表示类型的长度。程序中的对象，可以分为全局、栈和堆等不同类型，标志是为了表示对象所处的位置。因为 arr 是一个复杂的数据结构，变量之间有从属关系，所以根据 bad 函数的内存模型，有 p.a[39]⊏p.a⊏p⊏arr。在计算缓冲区的访问地址时，如果下标指向的是缓冲区的元素，那么下标在后续的计算中必须被内存模型约束。

```
1   struct X {
2     int a[10];
3   }
4   void bad() {
5     X arr[4];
6     auto &p = arr[0];
7     p.a[39] = 0;
8     auto &q = arr[1];
9     q.a[-11] = 0;
10  }
```

图 3-12　数组越界的例子

当对象逐级嵌套时，越界检查就是一个递归的过程：

● 步骤 1：获取正在访问的内存对象的约束，如果访问的内存对象满足边界约束，那么结束检查；

● 步骤 2：向上追溯它的上级对象，并检查该对象。如果没有上级对象发生越界访问，那么结束检查；否则，执行步骤 1。

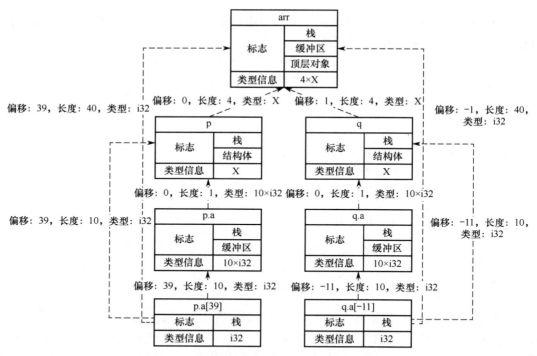

图 3-13　bad 函数的内存模型

图 3-14 给出了 bad 函数的检查过程。p.a[39]访问数组 p.a，类型和偏移的单位为 i32，偏移量 offsets 为 39，长度 length 为 10，有 offset≥length，即出现数组越界。p.a 指向的对象是 arr，计算 p.a[39]在 arr 中的偏移量，offset= $0\times10 + 39 = 39$，length=$4\times10 = 40$，有 offset<length，即没有出现数组越界。同理，q.a[−11]在 arr 上访问时，offset = $1 \times 10 + (−11) = −1$，length = $4 \times 10 = 40$，有 offset < 0，即出现下溢。

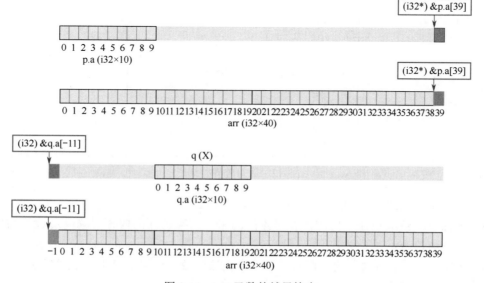

图 3-14　bad 函数的越界检查

4．资源泄露和释放后使用

程序执行时需要使用各种资源，如堆上的内存、文件和进程等。这些资源需要显式申请和释放，否则会导致资源耗尽，影响程序的执行。对于打开的文件和运行的进程等资源，系统需要分配内存记录其相关信息，实际上消耗的也是内存资源。系统会调用 close 和 wait 函数，目的是，请求操作系统释放对应的内存。

使用 C/C++ 语言编写应用程序时，开发人员需要管理堆上的内存对象。C 语言提供 malloc 和 free 函数分别用于申请和释放内存；C++ 语言提供 new 和 delete 函数管理内存。

程序中出现内存资源泄露的典型场景包括：

- 程序逻辑复杂，执行路径多，不同内存对象在不同路径上使用的策略各异；
- 内存对象在被调用函数中申请，通过返回值或参数传址的形式给调用者使用。

我们对内存对象 o 的生命周期建模，用布尔变量 o.state 来表示状态，1 表示活跃，0 表示消亡。显然，malloc/new 函数创建对象 o 并令 o.state=1，free/delete 函数销毁对象 o 并令 o.state=0。此外，程序必须用一个地址变量 p 来访问堆对象 o。显然，出现资源泄露的情况必须满足 o.state=1 且不存在 p 指向它。

别名让资源泄露的判别变得更复杂了。由于多个地址变量可以指向同一个内存对象 o，因此我们还需要跟踪地址变量是否活跃。我们使用集合抽象域描述一个地址变量可能指向的内存区域，例如，$ptr(p) = \{o_1, o_2\}$ 表示 p 指向两个堆对象 o_1 和 o_2；用区间抽象域描述一个堆对象的引用计数，例如，$rc(o_1) = [1,2]$ 表示 o_1 有 1 个或者 2 个引用。

图 3-15 给出了资源泄露的示例。

```
1   void intra_simple(){
2     FILE *f = fopen("text.txt", "r");
3     if(rand())
4       return; // leak
5     fclose(f);
6   }
```

图 3-15　资源泄露的示例

假设 fopen 函数打开的文件对象为 F，F 可以视为堆对象，那么执行语句 2，程序状态满足性质

$$ptr(f) = \{F\} \wedge rc(F) = [1,1] \wedge F.state = 1$$

执行语句 3 后，如果接下来执行语句 4，那么地址变量 f 被销毁，有

$$rc(\#F) = [0,0] \wedge F.state = 1$$

如果执行语句 5，有

$$ptr(f) = \{F\} \wedge rc(F) = [1,1] \wedge F.state = 0$$

最后，地址变量 f 被销毁，有

$$rc(F) = [0,0] \wedge F.state = 0$$

在函数的退出点，最终状态是上述状态的最小上界，即

$$rc(F) = [0,0] \wedge F.state = \top$$

此时，没有地址变量指向 F，并且 F.state 不为 0，故可能存在资源泄露。

在图 3-16 所示的程序中，我们也可以用抽象解释来计算内存对象的抽象值。use 函数让 x–>field 指向一个新的堆对象，但如果 x–>field 原本就指向一个堆对象，那么该操作可能会导致资源泄露。因此，资源泄露与否取决于 x–>field 指向堆对象的状态，即是否存在其他地址变量指向它。由于 use2 函数释放了 x–>field 指向的堆对象，该程序不会发生资源泄露。

```
1   struct node {
2     int *field;
3   }
4   void print(node *x){
5     printf("%d", *x->field);
6   }
7   void use(node *x,int n){
8     //if x->field holds some memory regions
9     //there may be a leakage
10    x->field =(int *)malloc(sizeof(int));
11    if(x->field == nullptr)
12      return;
13    *x->field = n;
14    print(x);
15  }
16
17  void use2(node *x,int n){
18    if(x->field != nullptr){
19      free(x->field);
20      x->field =(int *)malloc(sizeaf(int));
21    }
22    if(x->field == nullptr)
23      return;
24
25    *x->field =n;
26    print(x);
27  }
28
29  int main(){
30    node x, y;
31    y.field=(int *)malloc(sizeof(int));
32    use(&x, 10);   //ok
33    use(&y, 100);  //bad
34    use2(&x, 10);  //ok
35    use2(&y, 100); //ok
36    return 0;
37  }
```

图 3-16　内存的过程间使用示例

这个模型也可以用于检测释放后使用（Use-After-Free，UAF）问题。如果有 ptr(p)={o} 且 o.state=0，说明内存对象 o 已经被释放，解引用*p 访问的对象不确定，那么就会引起 UAF 问题。

在图 3-17 所示的程序中，执行语句 2 之后，假设 open 函数打开的文件对象为 f，那么执行语句 4，内存对象 f 被释放，有 $ptr(f) = \{F\} \wedge rc(F) = [1,1] \wedge F.state = 0$；再执行语句 5，我们访问的对象有 $F.state = 0$，说明 F 已经被释放，就出现了 UAF 问题。

```
1  void uaf(){
2    int f = open("text.txt", O_RDONLY,S_IRUSR);
3    if(rand())
4      close(f);
5    write(f, "Use after free!");
6  }
```

图 3-17　UAF 问题的示例

3.2　基于深度学习的缺陷分析

基于静态分析的缺陷分析需要人工地定义缺陷模式，代价一般较高。随着深度学习的发展，利用深度学习技术从大量的缺陷数据中自动学习缺陷代码的特征模式，为缺陷分析提供一种新的途径。基于深度学习的缺陷分析主要可以分为基于代码快照表示学习的缺陷检测和基于代码变更表示学习的缺陷检测两种技术。

3.2.1　基于代码快照表示学习的缺陷检测

基于代码快照表示学习的缺陷检测技术[11, 12, 13]是指在大量缺陷代码和缺陷修复代码的基础上，通过自动学习代码的语义和语法特征来有效地检测缺陷。现有的基于代码快照表示学习的缺陷检测技术主要存在两个问题。第一，除 Li 等人[12]和 Zhou 等人[13]提出的方法以外，其他方法都将源代码表示为 Token 序列或抽象语法树节点的平铺序列，这限制了深度学习模型学习具有数据依赖性和控制依赖性的代码语义和语法特征的能力，导致误报率高。第二，这些方法的代码快照表示学习仅仅将整个方法转换成一个向量表示，因此只适用于粗粒度的方法级缺陷检测，并不适用于细粒度的语句级缺陷检测，而且缺乏解释性。这两个问题使得基于代码快照表示学习的缺陷检测技术难以在实际中使用。

为了解决上述两个问题，Li 等人[14]提出了一种基于图的代码快照表示学习技术，在全面刻画代码中的数据依赖与控制依赖的基础上，实现语句级缺陷检测，如图 3-18 所示。

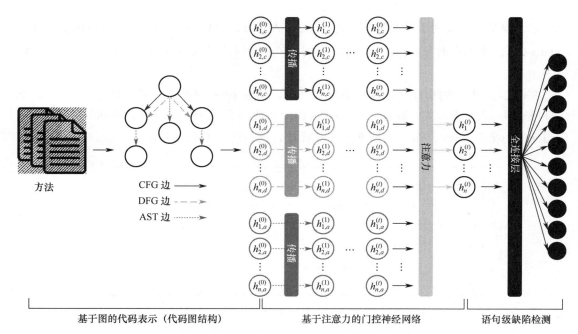

图 3-18　基于代码快照表示学习的语句级缺陷检测

　　具体而言，首先，该技术将一个方法转换成一个包含控制流图（CFG）、数据流图（DFG）和语句级别的抽象语法树（AST）信息的代码图结构，从而使语句之间的语义依赖性以及语法结构得到了全面的表示。同时，为了快速将方法转换成代码图结构，该技术实现了一种轻量级的分析方法，即在源代码级别上构造 CFG、DFG 信息且在语句级别上构建 AST 信息，无须像 Soot 或 Wala 工具那样需要完整的项目编译环境，便于分析大量的缺陷代码和缺陷修复代码数据。

　　其次，该技术提出了一个基于注意力的门控神经网络方法，在构建的代码图结构的基础上，使用一个三层的基于注意力的门控神经网络来更新和学习其所包含的图节点的特征向量。该网络模型中的每一层又可以分为两个模块，第一个模块由 GGNN 模型中的 GRU（门控循环单元）构成，主要用来传播和聚集一个点和其周围邻居节点的表示信息。由于所构建的代码图结构有三种类型的边（即 CFG 边、DFG 边、AST 边），而且 GRU 是根据边的类型来聚集一个点的邻居节点信息从而生成该节点的向量表示的，因此一个节点会有三种向量表示。第二个模块采用的是 GAT 模型中的注意力单元，其会根据节点之间的权重来融合一个节点的三种向量表示，以此生成该节点的最终向量表示，同时为了增强模型的可解释性，还将对得到的权重进行了可视化操作。在经过三层神经网络的学习与更新后，图中每个节点的向量表示都蕴含了语法和语义信息。

　　最后，该技术进行语句级缺陷检测，采用单层神经网络作为分类器来预测图中每个节点是否有缺陷。此外，在模型进行融合操作的同时，会得到每个节点和相邻节点之间的融合权重，利用这些权重可以解释说明本次缺陷检测所得到的结果。

3.2.2　基于代码变更表示学习的缺陷检测

缺陷修复是一种代码变更的过程。然而，由于缺陷数据相对少，基于代码快照表示学习的缺陷检测技术难以理解缺陷代码和缺陷修复代码的特征，导致检测准确率不高。因此，一种更好的方法[15]是，首先利用海量的开源项目中的代码变更数据来实现代码变更预训练模型，然后在预训练模型的基础上，利用少量缺陷代码和缺陷修复代码的数据，通过模型微调的方法学习到其特征知识，从而提高检测的准确率。

具体而言，首先，该方法采用基于程序切片的代码变更表示，综合考虑变更代码和未变更代码之间的控制或数据依赖，如图 3-19 所示。针对一次代码提交中发生的代码的变更，该方法先对变更前（或变更后）的方法生成程序依赖图（PDG），再根据删除（或添加）的代码对变更前（或变更后）方法的 PDG 进行前向和后向的数据流、控制流切片，进而将变更前（或变更后）方法表示为一种由一系列程序切片、控制流通路、标记符号组成的自上而下的层次化结构。其中，控制流通路来自程序切片，代码语句来自控制流通路，而标记符号来自代码语句。这种层次化的表示方法能够更好地刻画代码变更中的语义信息。

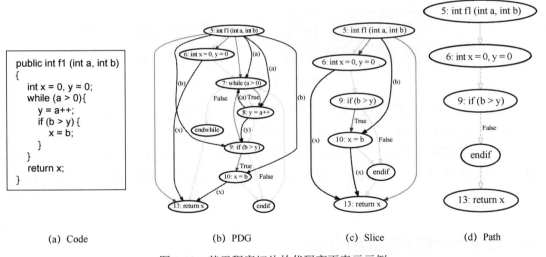

(a) Code　　　　　　(b) PDG　　　　　　(c) Slice　　　　　　(d) Path

图 3-19　基于程序切片的代码变更表示示例

其次，在这种代码变更表示的基础上，采用稀疏 Transformer 模型实现代码变更的预训练。该模型中的稀疏模式由代码变更表示中的层次结构知识来决定，并使用位置编码来考虑代码语句间和代码标记符号间的排序关系。如图 3-20 所示，R1 代表程序切片包含了控制流通路，R2 代表控制流通路包含了代码语句，R3 代表变更的代码语句之间的重要性，R4 和 R5 代表与变更的代码语句具有数据依赖的语句，R6 和 R7 代表与变更的代码语句具有控制依赖的语句，R8 代表代码语句包含了代码标记符号。因此，稀疏矩阵刻画了代码变更表示中不同层次结构之间的关系，以便我们更好地学习到代码变更的语义。在训练时，该方法使用了三个预训练任务来帮助预训练模型学习代码变更表示，即缺失节点预测、缺失边预测和代码变更翻译。缺失节点预测旨在更新代码变更表示中每个节点的表示，缺失边预测旨在将代码变更中不同层次结构之间的关联关系结合起来，而代码变更翻译旨在捕捉代码变更前到代码变更后的变更语义。

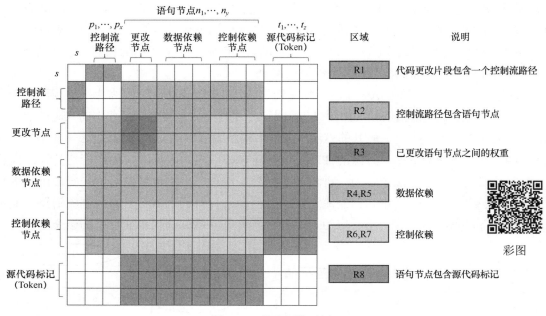

图 3-20　稀疏矩阵示例

最后，在代码变更预训练模型的基础上，采用模型微调的方式获得缺陷检测模型。该方法只需要少量的缺陷数据就可以完成缺陷代码和缺陷修复代码特征知识的学习。此外，由于该方法可以获得受缺陷影响的代码语句，而且代码变更表示学习方法细到了代码语句级别，因此，该方法可以实现代码行级的缺陷检测，比现有的方法级缺陷检测技术的粒度更细。

3.3　基于大模型的缺陷分析

随着大模型的发展，其较传统的深度学习模型具有更加突出的代码理解能力，因此大模型开始被应用于缺陷分析的各种场景，包括缺陷定位、缺陷检测、缺陷修复等。

3.3.1　基于大模型的缺陷定位

缺陷定位技术旨在确定测试所发现的缺陷在代码中的位置（如代码行）。现有的缺陷定位技术结合了静态和动态程序分析，以便计算代码行的缺陷可疑性。例如，基于频谱的缺陷定位（SBFL）方法对失败/通过的测试用例的代码行覆盖数据进行统计分析，以计算代码行的可疑性。SBFL 仅依赖于测试覆盖率，因此在面向与数值相关的缺陷时不太适用；它还对底层测试套件的属性非常敏感，如覆盖率和失败/通过的测试用例的数量。基于变异的缺陷定位（MBFL）通过分析测试用例的行为来定位缺陷，其使用变异分析来评估特定代码行对测试结果的具体影响。尽管 MBFL 方法有效，但它是计算密集型的方法，开销较大。基于机器/深度学习的故障定位（MLFL）利用机器/深度学习方法来测试或执行与代码行的缺陷可能相关联的特征。MLFL 技术从各种信息中检测出有缺陷的代码行，包括现有 SBFL 和 MBFL 技术的可疑性得分、缺陷倾向特征（如代码复杂度指标）等。这些方法展示了机器/深度学习模型在完成缺陷定位任务方面的潜力。除了传统的机器/深度学习方法，大模型也开始被应用于缺陷定位任务。

　　LLMAO[16]是一个基于大模型的缺陷定位方法。它在从左到右的语言模型上训练轻量级的双向适配器。这些适配器只关注相对较少的参数，可以在小规模真实缺陷数据集上进行有效训练，而无须更新大模型的大量参数。LLMAO 不需要执行或分析测试用例，也不需要检查测试用例上的程序行为，所以相对来说是轻量级的。通过在特定的缺陷数据集上进行微调，LLMAO 可以应用到不同编程语言的缺陷定位场景中。具体来说，LLMAO 在大模型的每个训练样本中提取每个换行符所标记的最终隐藏状态作为该代码行的标记（即其中每个标记代表一行代码）。LLMAO 基于每个标记的丰富学习表示，通过训练更多 Transformer 层，使模型能够在上下文的代码行表示之间交换信息，从而为每行代码生成一个新的、具有双向信息的表示。因此，可以说 LLMAO 训练了一个双向适配器，该适配器由一定数量的 Transformer 层组成，并遵循标准的 Transformer 编码器架构。

3.3.2　基于大模型的缺陷检测

　　基于大模型的缺陷检测技术是指，利用大模型的代码理解能力识别与特定缺陷相关的敏感操作，并在此基础上通过模式匹配来发现潜在缺陷。本节将以资源泄露缺陷为例，介绍基于大模型的缺陷检测技术。

　　资源泄露缺陷是一类具有严重危害的缺陷类型。传统的资源泄露分析方法依赖于预定义的资源获取和资源释放的 API 知识，因此使用固定规则进行检测。然而，传统的资源泄露分析方法有两个局限。第一，该方法的可达性验证分析可能会导致误报。具体而言，静态分析中针对资源可达性的条件分支需要进行特殊判断和分析，尤其是在资源泄露检测时，控制流路径内的资源可达性分析会显著影响误报率。在实际项目中，资源的可达性判断需要处理的情况更加复杂。传统的资源泄露分析方法不能解决在复杂可达性条件下的资源可达性判断问题，这将导致在某些情况下，其会误报实际无法访问的资源。第二，该方法所覆盖的获取资源和释放资源的 API 种类有限。尽管目前已有的检测工具（如 FindBugs、Infer）被广泛使用，但它们通常只针对一些常见的资源操作类型的检查。换言之，一些特定领域、项目自定义、少见的资源泄露缺陷无法被这些工具检测出来。因此，系统中存在的资源泄露风险无法得到全面地检测。相反地，对于大模型来说，其在预训练阶段接触过大量多样性代码和相关文档，大模型可以充当具有出色理解能力的广泛知识库，用来弥补传统方法依赖规则匹配的局限性。

InferROI[17]是一个基于大模型的资源泄露缺陷检测技术。与仅仅依靠匹配预定义的资源获取/资源释放 API 对空值进行检查不同，InferROI 利用大模型来结合资源管理知识和对代码上下文的理解，从而通过推断资源导向意图（包括资源获取、资源释放、资源可达性验证）来检测代码中的资源泄露缺陷。针对一个代码片段，InferROI 使用一个提示模板来指导大模型推断相关的资源获取、资源释放、资源可达性验证意图，从而消除对资源 API 配对的先验知识需求。通过汇总这些推断出的意图，InferROI 使用轻量级的静态分析算法从代码中提取控制流路径，从而实现资源泄露缺陷的检测。

InferROI 考虑了在单个控制流路径上的资源获取和释放，以便找到潜在的泄露缺陷。同时，InferROI 还考虑了资源在这些路径上的可达性对同一条件语句的其他分支的影响，从而减少了误报并提高了检测精度。

InferROI 的核心步骤是利用提示模板使大模型推断出当前代码片段中的资源导向意图。InferROI 参考了 OpenAI 的提示工程最佳实践，设计了包含三部分的提示，分别是：任务描述与指令、输出格式规范、代码占位符。

- 任务描述与指令介绍了任务背景并概述了需要由大模型执行的五个连续指令。前两个指令是引导指令，引导大模型以平滑的推理链从基本起点开始执行。在引导指令中，大模型被提示对涉及的对象执行类型推断，并确定哪些类型代表可泄露的资源。后三个指令要求大模型推断出三种类型的资源导向意图。在整个分析和推断过程中，大模型充分利用其丰富的背景知识来理解代码上下文并有效地执行指令。
- 输出格式规范旨在规范识别出意图的格式，以便后续解析大模型的输出。
- 代码占位符用来创建一个对大模型来说可作为特定提示的标记，从而提高生成代码的准确率。

3.3.3 基于大模型的缺陷修复

缺陷修复技术旨在自动地对包含缺陷的程序进行修改从而消除程序中的缺陷，提升开发人员的软件维护效率。缺陷修复通常分为以下三个阶段。

- **缺陷定位**：对包含缺陷的代码进行分析，找到可能出错的位置（如代码行）。
- **补丁生成**：在上述可能出错的位置上进行补丁生成，并通过程序归约（如测试用例）筛选符合条件的补丁（即似真补丁）。
- **补丁检查**：由于测试用例的充分性通常有限，通过测试用例验证的似真补丁也有可能是错误补丁，因此需要对上述似真补丁进行正确性检查从而得到正确补丁。

缺陷定位技术已经在 3.3.1 节进行了介绍，本节将介绍大模型在补丁生成及补丁检查上的应用。传统的补丁生成方法通常采用基于搜索、基于模板、基于约束等策略，对包含缺陷的程序进行自动修改从而生成补丁。随着深度学习的快速发展，基于深度学习的补丁生成方法也受到了广泛关注。目前主流的基于深度学习的补丁生成方法将补丁生成问题转换为从缺陷代码到修复代码的机器翻译问题，从而在大量缺陷修复历史数据上训练出不同结构的深度学习模型。最近，大模型的出现又为补丁生成带来了新的技术途径。

基于大模型的补丁生成基础方法。 由于大模型在大量开源代码上进行过预训练，因此即使在不进行进一步微调或者特殊处理的情况下，其生成补丁的正确性也都和在数据集上进行微调的小型模型相当，甚至更有竞争力。例如，在零样本的场景下，几种常见的基于大模型的补丁生成基础方法包括：仅给定上文让大模型做下文代码续写；让大模型重新生成整个函数；去掉出错行代码（但以注释形式在输入中给出），让大模型在上下文中间对出错行进行填空。这三种基础方法均取得了不错的补丁生成效果，甚至在有些案例上的效果超过了目前最好的微调小型模型。

AlphaRepair[18]是首个基于大模型的填空式补丁生成方法。AlphaRepair 的核心步骤是，对出错行进行基于不同规则的掩码操作，并通过让大模型补全掩码来生成补丁候选集合。具体而言，AlphaRepair 设计了三大类掩码策略，分别是：（1）完整掩码，即掩盖当前整行代码（缺陷代码行）、掩盖当前代码行的前一行代码、掩盖当前代码行的后一行代码。该策略的填空粒度最粗，通过让大模型直接重新编写整行代码来生成补丁；（2）部分掩码，即随机掩盖当前代码行中的部分代码 Token。该策略引入了随机性，使大模型能够考虑到各种不同的代码片段，从而增加了生成补丁的多样性；（3）模板掩码，即按照模板规则掩盖当前代码行中的部分代码，如掩盖函数调用中的函数名或者参数名、掩盖布尔表达式中的操作符或者变量名。该策略在保持一定随机性的基础上引导大模型按照一定的模板生成补丁，其对生成补丁的语法正确性有一定的保证。

这三种策略综合考虑了补丁生成的多样性和针对性，分别从不同角度引导大模型进行填空式的补丁生成。在补丁生成阶段，对于每个出错的候选代码位置，AlphaRepair 将依次应用上述的掩码策略生成多个候选补丁，并通过测试用例进行后续筛选和验证。AlphaRepair的修复效果超过了目前最好的微调小型模型，本书写作时，它在缺陷修复数据集 Defects4J上正确修复了 74 个缺陷（之前最好的补丁生成方法修复了该数据集上的 68 个缺陷）。

基于大模型微调的补丁生成方法。 为了进一步增强大模型在补丁生成任务上的能力，各种面向补丁生成的大模型微调方法被相继提出。其中，最直观的微调方法是，在缺陷修复数据集上对大模型进行微调，即将缺陷代码和相关信息作为模型训练的输入，将修复代码作为模型训练的输出。通过微调，大模型将进一步学习如何根据包含缺陷的上下文和其他信息生成正确的补丁。

FitRepair[19]使用了以下两种不同的大模型微调策略。

第一种是知识增强的微调策略。FitRepair 使用原始缺陷项目的源代码构建了一个与预训练任务相近的数据集，通过掩盖部分（50%）代码标记，使得大模型能够学习该项目特定的代码标记和编程风格知识。具体而言，FitRepair 先从包含缺陷的项目代码库中提取函数源代码，并应用掩码区间预测目标（Masked Span Prediction）训练 CodeT5 模型。通常，掩码区间预测目标只会遮盖原始代码标记中的一小部分（如 15%），但是有研究发现，通过增加掩码区间预测目标的预训练遮盖率，可以进一步提升大模型在下游任务上的性能，因此 FitRepair 在第一阶段采用了高达 50%的遮盖率，以便训练模型根据更少的上下文信息恢复更多被遮盖的代码片段，从而强制模型在有限的上下文信息中学习更多项目特定的知识。在这一阶段，FitRepair 利用知识增强微调来生成更多使用项目特定变量、方法调用和结构的代码。然而，无论是知识增强微调的 CodeT5 模型还是原始的 CodeT5 模型都存在相同的局限性，即其训练过程并非专门为修复而设计。原始的预训练和知识增强微调都使用掩码区间预测，该方法会遮盖多个不连续的代码标记范围。模型在训练期间的目标是，恢复所有被遮盖范围的原始标记。然而，填空式的补丁生成方法通常只会遮盖单个代码行或代码行的一部分，所以大模型只需要预测该单一范围的正确代码。为了缓解这个问题，FitRepair 提出了第二种策略。

第二种是面向修复的微调策略。FitRepair 使用原始缺陷项目来构建一个面向修复的数据集，数据集中的每个训练样本只遮盖了一个连续的代码序列，这使得经过微调的模型更加适合执行修复任务，即大模型只需要生成一个连续的代码序列。具体而言，FitRepair 先使用原始缺陷项目作为训练数据源。然后，在每个训练样本中，FitRepair 选择一行代码来进行遮盖，并使用单一标记遮盖这行代码。选定的代码行可被视为最终修复场景中的缺陷代码行。为了模拟基于模板的修复输入，FitRepair 随机选择一个修复模板（具体模板可以参考上文关于 AlphaRepair 的三大类掩码模板）。在这种微调策略中，FitRepair 的训练样本在设置上与模型执行的填空式自动程序修复任务非常相似。

上述两种微调策略的目标是，微调大模型，以便生成更多与项目特定、面向修复任务的补丁。这两种策略都使用了原始缺陷项目作为微调的数据集。然而，对于项目中特定的缺陷，其相关的修复代码元素（Fixing Ingredients）可能会因缺陷文件、缺陷位置和缺陷代码行的类型而大不相同。这些修复代码元素可能与当前缺陷位置相距较远，但大模型的输入上下文长度通常有限（如 CodeT5 的上下文窗口大小限制为 512 个 Token），因此无法将大规模的代码上下文全部作为大模型的输入。为此，FitRepair 提出一种新颖的提示策略，即相关标识符提示，旨在通过获取一系列与大模型以前未见过的相关/稀有的项目标识符来增强大模型生成正确补丁的能力。

具体而言，给定缺陷代码行信息，首先，FitRepair 提取包含缺陷的特定文件，并将其分割为各个代码行。由于修复缺陷所需的正确代码元素的很大一部分可以在同一文件中找到，因此 FitRepair 使用 Levenshtein 距离比率来衡量每行代码与缺陷代码行之间的相似度。假设有用的标识符可以从与缺陷代码行非常相似的行中获得，那么 FitRepair 根据字符串相似度分数从高到低的顺序对每行代码进行排名，就可以获取一份代码行的排名列表。FitRepair 进而从每行代码中提取标识符，获得一个带有排名的标识符列表。其次，FitRepair 进行过滤，先删除任何常见/简单的标识符，然后使用静态分析来删除在缺陷方法内无法访问的标识符。再次，FitRepair 为每个标识符提取有用的类型信息，以指示类型/返回类型以及它是否是方法调用或变量。最后，FitRepair 获得一个排名列表，其中包含来自同一文件中相似代码行的复杂标识符。根据排名列表，FitRepair 生成提示并指示大模型使用这些提取的标识符来生成补丁，例如，一条"/* 在下一行使用 {} */"的提示，{}是具体的修复代码元素。这个提示会附加在被遮盖的标记之前，使模型可以直接在生成补丁中使用其所提供的这些标识符信息。

基于大模型的对话式补丁生成方法。经过指令微调的大模型在各种下游任务中具有良好的泛化能力，因此大模型被广泛应用在对话系统（如 ChatGPT）中。此外，大模型也展现了一定的自我批判和自我改进的能力，在对话上下文中可对问题的回答进行进一步精化。基于此，基于大模型的对话式补丁生成方法被提出。该方法以多轮次对话的形式，不断让大模型根据上一轮生成补丁的执行结果（测试用例执行情况）进一步生成质量更高的补丁。与单轮次的补丁生成方法相比，多轮次的补丁生成方法可以有效地利用补丁的动态执行信息作为反馈，从而进一步激发大模型生成高质量补丁的能力。这种对话式补丁生成方法是一种可拓展性比较高的方法，因此，更多相关的静态分析信息，甚至开发人员的反馈信息也可以加入迭代式过程中。

ChatRepair[20]是基于 ChatGPT 的对话式补丁生成方法，它整合了多维度的反馈信息从而迭代地向大模型提出查询并生成补丁。与现有直接利用缺陷代码的基于大模型的补丁生成技术不同，ChatRepair 还考虑了有价值的测试失败信息，以在生成补丁时进一步协助大模型。此外，与基于大模型的补丁生成技术连续从相同提示中采样不同，ChatRepair 跟踪对话历史并通过提示从以前失败和成功的修复尝试中学到更多知识。通过这种方式，ChatRepair 既可以避免以前的失败修复，又可以建立在以前的成功修复上，以实现更高效的补丁生成方法。

具体而言，ChatRepair 的输入包括初始提示、测试失败原始信息、测试用例集合、大模型（如 GPT-4）、可信的修复程序生成提示，以及最大对话长度和最大尝试次数两个超参数；其最终的输出包括一个可信的候选补丁列表以及 ChatGPT API 访问的总成本。最大尝试次数是 ChatRepair 的一个停止准则，如果其尝试修复一个缺陷所使用的最大尝试次数（对 ChatGPT 的查询次数）已经用完，那么修复过程就会停止，该限制是为了控制调用大模型的成本（考虑到大模型的性能不可控和随机）；而最大对话长度则进一步限制了生成补丁时涉及的历史最大量文本。ChatRepair 在缺陷修复数据集 Defects4J 上成功修复了 114 个缺陷，不仅超过了基本的 ChatGPT 的修复能力（80 个），而且超过了其他基于大模型的补丁生成方法。

基于大模型的补丁检查。尽管基于测试的补丁验证已被证明在实际系统中是可行的，但它存在测试过拟合问题，即通过所有测试的补丁不一定总是在语义上等同于相应的开发人员写的正确补丁。这是因为软件测试很难覆盖实际系统所有可能的程序行为。因此，在实际的缺陷修复过程中，仍然需要开发人员手动检查所生成的似真补丁，以找到最终正确的补丁。然而，鉴于潜在的似真补丁数量众多以及实际系统代码的复杂性，人工手动检查非常具有挑战性且会耗费大量时间。为减轻开发人员的负担，研究人员提出了多种技术来自动地检查补丁的正确性。传统的补丁正确性检查方法包括基于静态特性和规则的方法、基于动态信息分析的方法。随着深度学习的发展，研究人员也提出了数据驱动的补丁正确性检查方法。其中，基于大模型的补丁正确性检查方法展现出了较大的潜力和发展前景。目前，该方法主要利用大模型对候选补丁进行代码向量表示或对候选补丁的生成概率进行计算，并基于此判定似真补丁和正确补丁。

Tian 等人[21]提出了基于嵌入表示（Embedding）的补丁正确性检查方法。该方法使用预训练语言模型 CodeBERT 对每个候选补丁进行向量表示，并在历史的正确和错误补丁数据集上训练出了一个二分类器。基于嵌入表示的补丁正确性检查方法是一个较为通用的框架，可以与不同的大模型相结合（利用不同大模型所返回的嵌入表示）。此外，可利用 AlphaRepair[18]为每个候选补丁生成一个准确的分数，以便更有效地对候选补丁进行排名。对于每个候选补丁，AlphaRepair 遮盖其中每个 Token，然后查询 CodeBERT 以获取该标记的条件概率。对于所有其他先前遮盖的 Token 位置应用相同的过程计算联合分数。联合分数可以理解为生成序列的条件概率（在给定前后上下文的情况下，根据 CodeBERT 生成该补丁的可能性是多少）。由于 AlphaRepair 考虑了多种掩码策略（完整掩码、部分掩码和模板掩码），因此在计算候选补丁联合分数时，AlphaRepair 会将上述联合分数除以待生成的 Token 数量，以便考虑 Token 数量差异为联合分数带来的偏差。

3.4　缺陷案例挖掘与分析

在企业开发实践中，软件缺陷案例的收集和整理是从历史中总结经验的重要途径。缺陷案例的挖掘与分析为企业开展案例化的缺陷管理、积累缺陷修复经验、防止类似缺陷的反复引入等提供了一种新的技术思路。广义上，“缺陷库”是系统化的企业缺陷表示、案例收集和管理机制，而并非局限于 Bugzilla 式的缺陷追踪系统。缺陷案例挖掘与分析不仅包括对缺陷本身的描述和状态跟踪，还包括与缺陷引入和修复相关的代码分析与整理。

3.4.1　缺陷库概述

企业级缺陷库是软件缺陷案例的集合，这些缺陷案例可能来自不同的项目、不同的开发阶段或不同的开发团队。这些缺陷案例通常包括缺陷描述、缺陷严重性、缺陷发现和修复时间、缺陷原因、缺陷相关的测试用例、缺陷修复代码块、缺陷引入代码块等信息。缺陷库的主要目的是提供一个丰富的、结构化的数据源，以便研究人员和开发人员能够从中挖掘有价值的信息，进而改进软件的质量和开发过程。例如，一个包含了缺陷引入代码块和缺陷修复代码块的缺陷库，可以用于挖掘缺陷模式及修复模式，以便在项目开发、发布阶段进行实时的缺陷检测和缺陷自动修复；一个包含测试用例的缺陷库，可以用于挖掘测试用例生成和回归测试选择的经验、知识，以便在测试阶段及时发现隐藏的缺陷；一个包含了缺陷发现和修复时间的缺陷库，可用于挖掘缺陷生命周期的管理知识，有助于管理者对相关项目策略的制定；一个包含了缺陷原因的缺陷库，对于理解和分析软件开发过程中的常见缺陷问题特别有

价值，通过分析缺陷原因，开发团队可以更深入地理解造成缺陷的根本原因，从而采取预防
措施，减少未来项目中类似缺陷的发生。

缺陷库不仅是一个静态的数据集合，还是一个不断更新和演进的系统，随着新的缺陷被
发现和修复，缺陷库会不断扩充和更新。大规模的缺陷库还常被用于机器学习和数据挖掘等
领域，以训练模型识别缺陷模式，提高软件质量保证的自动化水平。

在学术界，研究人员通过收集开源项目的真实缺陷及其修复模式构建了多个缺陷库，如
Siemens Benchmark[22]、Corebench[23]、BugJS[24]、DbgBench[25]、Defects4J[26]等。这些缺陷库
中的缺陷大多来自开源项目，而来自企业项目的缺陷相对较少，缺乏企业真实缺陷案例的代
表性。此外，这些缺陷库需要人工参与构建，很大程度上限制了缺陷库的规模，导致我们难
以采用数据驱动的方法挖掘缺陷发生和修复的深层规律。为了能够构建更大规模的缺陷库，
提升缺陷挖掘的效率，业界主要采用两种缺陷案例收集方式。

- **基于提交消息分析的缺陷案例收集**。在代码库版本控制系统中，利用提交消息中的
  特定关键字（如"fix""repair"）或模式（如以"BUG:"开头，关联缺陷追踪系统
  中的缺陷编号），从历史代码提交中获取与缺陷修复相关的代码提交（Bug-Fixing
  Commit，BFC），并将 BFC 中修改前和修改后的代码片段分别作为缺陷代码片段和
  修复代码片段。
- **基于自动化测试的缺陷案例收集**。通过提交消息中的特定关键字或模式过滤历史代
  码提交中的 BFC，然后通过执行 BFC 修改前后的代码来确定该 BFC 的真实性，即
  经过该 BFC 对代码的修改，是否使修改前失败的测试用例在修改后通过。由此，通
  过动态和静态分析技术定位代码中的缺陷代码段和修复代码段。

基于提交消息分析的缺陷案例收集是传统的缺陷库构建方法，该方法不仅无法确认 BFC
的真实性，而且 BFC 中可能存在大量的噪声数据（与修复无关的修改，如重构、新增功能
等），导致基于该数据集进行数据驱动的下游任务模型在实践中表现不佳。因此，本书将主
要介绍基于自动化测试的缺陷案例收集。

3.4.2　基于自动化测试的缺陷案例收集

基于自动化测试的缺陷案例收集的核心思想是，通过执行测试用例并根据测试结果来验
证 BFC 的真实性。该方法将基于提交消息分析收集到的 BFC 作为潜在 BFC（Potential
Bug-Fixing Commit，PBFC），即该代码提交可能修复了一个缺陷。为了验证修复缺陷的真实
性，需要在 BFC 前后版本中执行与缺陷相关的测试用例。图 3-21 展示了基于自动化测试的
缺陷案例收集的基本流程，主要包括以下五个步骤。

- **步骤 1：查找潜在 BFC**。在版本控制系统中，根据代码提交消息，通过关键字匹配、
  模式匹配和内容分析等方式，查找可能修复缺陷的提交，即潜在 BFC（PBFC）。
- **步骤 2：查找与修复缺陷相关的测试用例**。修复缺陷后，开发人员会创建新的测试
  用例来验证修复代码是否有效。因此，需要找到能验证缺陷被修复的测试用例。

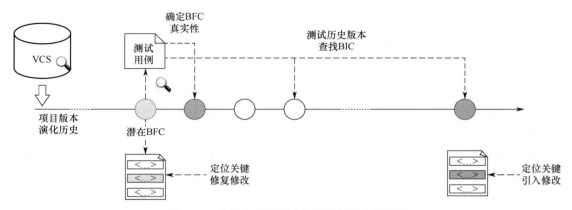

图 3-21   基于自动化测试的缺陷案例收集流程

- **步骤 3：确定 BFC 的真实性**。通常，根据测试用例在潜在 BFC 提交前后的测试结果，可以确定 BFC 的真实性。若在 BFC 提交之后，代码快照版本能够通过测试，但在 BFC 提交之前，代码快照版本不能通过测试，则认为该 BFC 是真实的。
- **步骤 4：寻找缺陷引入的提交**（Bug-Inducing Commit，BIC）。将测试用例向代码演化的早期版本迁移并执行测试用例。由于在缺陷修复前，代码是存在该缺陷的，因此，相应的测试用例都会失败。基于此，将该测试用例向更早的版本进行迁移，测试用例也应当失败，直到找到一个版本使得测试通过或者直到不存在被测试的代码为止。这个步骤相当于带着测试用例在项目版本演化历史中"旅行"，旅行的终点就是测试通过或被测代码不存在，从而也就证明了在该版本之后引入了该缺陷提交，即找到了 BIC。
- **步骤 5：定位关键修改**。由于一次代码提交中可能混杂着不同目的的代码修改，因此，在收集缺陷案例时，需要从该次提交的所有代码修改中定位出一个修复或引入缺陷的最小修改集合，以进一步用于缺陷相关知识的整理。在此步骤中，可以通过动态分析和静态分析结合来确定 BFC 和 BIC 中的关键修改，即缺陷案例的缺陷修复代码块和缺陷引入代码块。

上述步骤中的技术难点主要体现在以下三方面。

第一，测试用例搜索。为潜在 BFC 搜索测试用例的难点在于，如何确定测试用例与缺陷的相关性。首先，需要在代码中找到可能与缺陷相关的测试用例候选集。通常有四种不同方式来确定与缺陷相关的测试用例候选集[27]：

- 在潜在 BFC 中修改或者增加的测试用例。这些测试用例随着缺陷修改的代码一起提交，因此与缺陷通常具有较高的相关性。
- 在潜在 BFC 后 n 次代码提交中修改或增加的测试用例。这些测试用例可能是开发人员为复现和修复缺陷所补充的测试用例，因此也与缺陷有一定的相关性。
- 潜在 BFC 关联缺陷报告的文本中提及的提交所增加或者修改的测试用例。这些测试用例由于在缺陷描述中被明确提到，因此与缺陷有一定的相关性。
- 潜在 BFC 前后项目版本中都存在的测试用例。这些测试用例在缺陷修复前后都存在，因此也可能与缺陷存在联系。

　　这四种方式涉及的测试用例范围逐步扩大，会导致后续的测试成本也逐渐增加。在实际使用时，需要根据性能、准确性等实际情况，选择合适的测试用例候选集确定方式。

　　其次，在确定测试用例候选集后，可以通过执行测试用例来确定 BFC 的真实性。具体而言，对选定的测试用例，在潜在 BFC 前的版本和潜在 BFC 后的版本中分别执行测试用例，若在潜在 BFC 前的版本中测试失败但在潜在 BFC 后的版本中测试成功，则表明该测试用例确实验证了缺陷的修复动作，即确认了该 BFC 的真实性且测试用例与该缺陷相关。若没有满足上述条件的测试用例，则无法确认 BFC 的真实性，那么该潜在 BFC 应被舍弃。

　　第二，BIC 搜索。在确认了 BFC 及其所关联的测试用例后，为了更完整地记录该缺陷的引入情况，需要以 BFC 为起点，在更早的代码提交中搜索 BIC。该过程的难点是，如何降低搜索成本以及如何在项目版本演化历史中向更早的版本迁移测试用例。

　　一方面，为了降低搜索成本，需要尽快找到测试成功和测试失败的"分界线"。以代码版本管理工具 Git 为例，它提供了一种基于测试反馈的二分查找法 git-bisect，其能够自动以二分法选择历史提交。如果历史提交中的一个版本测试失败，则朝更远的历史继续进行二分查找；若测试通过，则朝更近的历史继续进行二分查找，直到找到一个版本测试成功且其紧接的下一个版本测试失败为止。在这种情况下，可以确定这次提交为真实的 BIC 并意味着缺陷由回归查找的结果引入。

　　在实际应用中，可能发生某个版本无法编译的情况。对此，现有研究[28]考虑到不可编译版本的连续性，使用指数振荡跳跃方法确定项目版本演化历史上无法编译、无法测试的版本区间边界，并根据边界进一步调整搜索范围。图 3-22 展示了该方法的一个示例。在该示例中，二分查找法发现在历史提交版本 V 上无法编译，则分别向更远（"–"）和更近（"+"）的方向以 2 的指数为步长跳跃，寻找一个可以编译的历史提交版本，并确定无法编译版本的区域边界。找到后，该方法将往反方向继续跳跃以缩小边界范围。最终在项目版本演化历史上不断来回振荡，确定最小的无法编译区间范围。该方法将演化历史分割为多个可编译区间，并在这些可编译区间上继续查找。

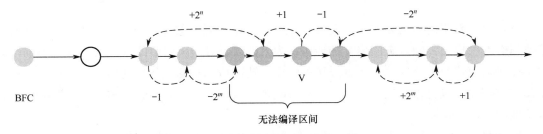

图 3-22　指数振荡跳跃方法示例

　　该方法最终会返回一个测试失败版本，而在这之前的项目版本，都无法编译。这种情况意味着缺陷可能由某个首次添加的功能特性引入，即 BIC 同时也是特性引入提交（Feature-Introduction Commit，FIC）。为了判定 BIC 是否与 FIC 相同，该方法进一步使用基于 TF-IDF 的信息检索变体技术及静态分析技术，分析 BFC 中被测试的核心代码，并追溯其提交前是否存在，以做最终判定。

另一方面，为了实现向更早的版本迁移测试用例，需要相应的测试用例迁移技术。该技术主要包括两个核心步骤：一是确定需要迁移的测试用例所依赖的代码元素；二是调整迁移后的代码，以适应历史项目版本的代码上下文。在确定需要迁移的测试用例所依赖的代码元素时，首先在 BFC 后的项目版本中为测试用例构建函数调用图，并记录调用函数的集合，执行测试用例，并记录测试用例所覆盖的代码元素集合，再求交集。然后，使用代码差异分析技术（如 CLDiff[29]）将交集中的代码元素与历史上一个给定的待测试版本 Vt 进行差异分析，标记相对 Vt 增加或者修改的代码元素。最后，将修复修改外的代码元素增量迁移到 Vt 并尝试编译。在迁移过程中，如果发生编译失败，那么需要使用基于规则的代码转换技术，将迁移代码转换为适配历史项目版本的上下文（如 JDK、API 版本）的代码。例如，对于 Java 代码而言，不同的 JDK 版本可能造成无法编译的问题，因此需要对相应 JDK 版本不支持的语法结构进行改写，如将 JDK 8 中 Lambda 表达式中的迭代写法转换为 JDK 7 中的普通 For 循环。

第三，定位关键修改（步骤 5）。 定位关键修改需要排除 BFC 和 BIC 中与缺陷修复或引入无关的修改，并保证 BFC 和 BIC 依然可以修复和引入缺陷，其通常包含以下过程：

- 使用静态分析技术（如 RefactoringMiner[30]）检测并排除 BFC 和 BIC 中的代码重构修改。
- 排除不会被测试覆盖的代码修改。
- 检测剩余代码修改中的依赖关系，对修改的代码根据依赖关系进行分组。
- 对剩余代码修改使用 Delta-Debugging[31]技术，定位最小化的缺陷引入和修复修改。
- 对无法使用 Delta-Debugging 技术的案例（BIC=FIC 的案例），在 BIC 后的项目版本中使用数据流、控制流分析技术定位直接导致测试失败的代码修改。

3.4.3　缺陷案例分类与利用

缺陷案例收集的目的是进一步对历史上产生的缺陷及其修复进行分析，进而从历史上总结缺陷引入的提交并吸取缺陷修复的经验。为此，需要对缺陷库中的缺陷案例进行整理，尝试挖掘缺陷模式及修复模式，从而帮助我们提升缺陷检测和修复代码的能力。缺陷模式和修复模式挖掘通常包含以下三个步骤：构建缺陷-修复对（Bug-Fix Pair，BFP）、度量 BFP 相似度及聚类、模式识别及提取。

构建缺陷-修复对。 BFP 由缺陷库中每个缺陷案例的缺陷代码块及修复代码块组成。由于一般的缺陷库通常不具备 BIC，所以常用的方法是将缺陷案例中 BFC 前后的代码分别作为缺陷代码块和修复代码块。对于具备 BIC 的缺陷库，可以将 BIC 后的代码作为缺陷代码块。使用 BIC 构建的 BFP 通常具有更高的准确性；而仅使用 BFC 构建的 BFP 比较容易获得，但只适用于简单的缺陷模式，若缺陷引入与缺陷修复之间存在一定的时间差，则这类 BFP 将无法被构建。

度量 BFP 相似度及聚类。现有方法通常通过以下特征来度量 BFP 相似度：（1）代码文本相似度，即直接考虑 BFP 代码文本之间的相似度；（2）语法结构相似度，如 BFP 代码的抽象语法树、数据流图之间的相似度；（3）API 使用序列相似度，即 BFP 中的 API 调用序列之间的相似度。这种 BFP 之间的相似度通常使用 Jaccard 相似系数、Levenshtein 距离等指标来度量。根据相似度度量结果，采用 k-means、层次聚类、DBSCAN 等聚类算法对相似的 BFP 进行聚类，从而识别出同类的缺陷及其修复案例。

模式识别及提取。针对聚类后的每个簇，通常需要结合静态分析和字符串匹配算法来挖掘类簇中具有共性的代码模式。例如，在阿里的实践[32]中，首先使用静态分析技术将代码文本序列分别标记为"符号"（Symbols）和"参数"（Parameters）。其中，"符号"表示与上下文无关的代码文本序列，而"参数"表示与特定上下文相关的代码文本序列（如变量名）。然后，使用递归最长公共子串（Recursive Longest Common Substring，RLCS）算法，检测 BFP 之间共同的代码序列，以此作为缺陷-修复模式。图 3-23 中展示了缺陷-修复模式提取的示例。其中，Patch1 和 Patch2 为同一簇中待提取模式的两个修复代码片段。sb、builder、token 等变量名被标记为"参数"，其他代码文本则被标记为"符号"。首先使用 RLCS 算法（步骤①）检测参数以外两段代码的最长公共子串；然后通过保留两段代码的公共部分（步骤②）将"参数"替换为可根据代码上下文选择的"参数"标记，便完成了缺陷修复模式的提取。

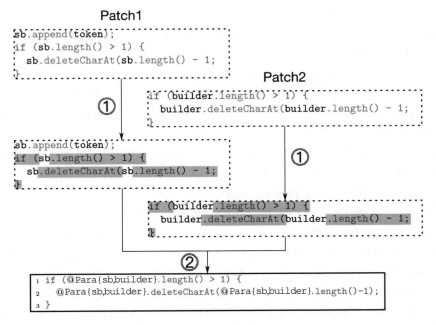

图 3-23　缺陷-修复模式提取的示例

缺陷模式可以通过同样的方式来挖掘。当有开发人员提交代码时，就可以使用缺陷模式库检测提交代码中是否存在缺陷，并根据缺陷模式推荐关联的修复模式。

3.5　小结

　　在软件项目中，不可避免地存在着缺陷。因此，我们需要了解缺陷分析的相关技术，包括基于静态分析的缺陷分析、基于深度学习的缺陷分析、基于大模型的缺陷分析，从而准确地定位、检测和修复软件项目中的缺陷。此外，随着缺陷库的有效构建，我们需要了解基于缺陷库的缺陷案例挖掘与分析，以帮助企业开展案例化缺陷管理，积累缺陷–修复经验，防止类似缺陷的反复引入。

参 考 文 献

[1]　COUSOT P, COUSOT R. Abstract interpretation: a unified lattice model for static analysis of programs by construction or approximation of fixpoints[C]//Proceedings of the 4th ACM SIGACT-SIGPLAN Symposium on Principles of Programming Languages. 1977: 238-252.

[2]　COUSOT P, HALBWACHS N. Automatic discovery of linear restraints among variables of a program[C]//Proceedings of the 5th ACM SIGACT-SIGPLAN Symposium on Principles of Programming Languages. 1978: 84-96.

[3]　COUSOT P. Principles of Abstract Interpretation[M]. MIT Press, 2021.

[4]　张健, 张超, 玄跻峰, 等. 程序分析研究进展[J]. 软件学报, 2018, 30(1): 80-109.

[5]　GIACOBAZZI R, RANZATO F. History of abstract interpretation[J]. IEEE Annals of the History of Computing, 2021, 44(2): 33-43.

[6]　陈立前, 范广生, 尹帮虎, 等. 抽象解释及其应用研究进展[J]. 计算机研究与发展, 2023, 60(2): 227-247.

[7]　SCOTT D S, STRACHEY C. Toward a mathematical semantics for computer languages[M]. Oxford: Oxford University Computing Laboratory, Programming Research Group, 1971.

[8]　STOLTENBERG-HANSEN V, LINDSTRÖM I, GRIFFOR E R. Mathematical theory of domains[M]. Cambridge University Press, 1994.

[9]　BRUNI R, GIACOBAZZI R, GORI R, et al. Abstract extensionality: on the properties of incomplete abstract interpretations[J]. Proceedings of the ACM on Programming Languages, 2019, 4(POPL): 1-28.

[10]　NIELSON F, NIELSON H R, HANKIN C. Principles of program analysis[M]. Springer, 2010.

[11]　PRADEL M, SEN K. Deepbugs: A learning approach to name-based bug detection[J]. Proceedings of the ACM on Programming Languages, 2018, 2(OOPSLA): 1-25.

[12]　LI Y, WANG S, NGUYEN T N, et al. Improving bug detection via context-based code representation learning and attention-based neural networks[J]. Proceedings of the ACM on Programming Languages, 2019, 3(OOPSLA): 1-30.

[13] ZHOU Y, LIU S, SIOW J, et al. Devign: effective vulnerability identification by learning comprehensive program semantics via graph neural networks[C]//Proceedings of the 33rd International Conference on Neural Information Processing Systems. 2019: 10197-10207.

[14] LI R, CHEN B, ZHANG F, et al. Detecting runtime exceptions by deep code representation learning with attention-based graph neural networks[C]//Proceedings of the 2022 IEEE International Conference on Software Analysis, Evolution and Reengineering. 2022: 373-384.

[15] ZHANG F, CHEN B, ZHAO Y, et al. Slice-Based Code Change Representation Learning[C]//Proceedings of the 2023 IEEE International Conference on Software Analysis, Evolution and Reengineering. 2023: 319-330.

[16] YANG A Z H, MARTINS R, GOUES C L, et al. Large Language Models for Test-Free Fault Localization[J/OL]. arXiv preprint arXiv:2310.01726, 2023.

[17] WANG C, LIU J, PENG X, et al. Boosting Static Resource Leak Detection via LLM-based Resource-Oriented Intention Inference[J/OL]. arXiv preprint arXiv:2311.04448, 2023.

[18] XIA C S, ZHANG L. Less training, more repairing please: revisiting automated program repair via zero-shot learning[C]//Proceedings of the 30th ACM Joint European Software Engineering Conference and Symposium on the Foundations of Software Engineering. 2022: 959-971.

[19] XIA C S, DING Y, ZHANG L. Revisiting the Plastic Surgery Hypothesis via Large Language Models[J/OL]. arXiv preprint arXiv:2303.10494, 2023.

[20] XIA C S, ZHANG L. Keep the Conversation Going: Fixing 162 out of 337 bugs for $0.42 each using ChatGPT[J/OL]. arXiv preprint arXiv:2304.00385, 2023.

[21] TIAN H, LIU K, KABORÉ A K, et al. Evaluating representation learning of code changes for predicting patch correctness in program repair[C]//Proceedings of the 35th IEEE/ACM International Conference on Automated Software Engineering. 2020: 981-992.

[22] HUTCHINS M, FOSTER H, GORADIA T, et al. Experiments on the effectiveness of dataflow-and control-flow-based test adequacy criteria[C]//Proceedings of 16th International Conference on Software Engineering. IEEE, 1994: 191-200.

[23] BÖHME M, ROYCHOUDHURY A. Corebench: Studying complexity of regression errors[C]//Proceedings of the 2014 International Symposium on Software Testing and Analysis. 2014: 105-115.

[24] GYIMESI P, VANCSICS B, STOCCO A, et al. Bugsjs: a Benchmark of JavaScript Bugs[C]//Proceedings of the 12th IEEE Conference on Software Testing, Validation and Verification. 2019: 90-101.

[25] BÖHME M, SOREMEKUN E O, CHATTOPADHYAY S, et al. Where is the bug and how is it fixed? an experiment with practitioners[C]//Proceedings of the 2017 11th Joint Meeting on Foundations of Software Engineering. 2017: 117-128.

[26] JUST R, JALALI D, ERNST M D. Defects4J: A database of existing faults to enable controlled testing studies for Java programs[C]//Proceedings of the 2014 international Symposium on Software Testing and Analysis. 2014: 437-440.

[27] SONG X, WU Y, CAO J, et al. BugMiner: Automating Precise Bug Dataset Construction by Code Evolution History Mining[C]//Proceedings of the 38th IEEE/ACM International Conference on Automated Software Engineering. 2023: 1919-1929.

[28] SONG X, LIN Y, NG S H, et al. RegMiner: towards constructing a large regression dataset from code evolution history[C]//Proceedings of the 31st ACM SIGSOFT International Symposium on Software Testing

and Analysis. 2022: 314-326.

[29] HUANG K, CHEN B, PENG X, et al. Cldiff: Generating Concise Linked Code Differences[C]//Proceedings of the 33rd ACM/IEEE International Conference on Automated Software Engineering. 2018: 679-690.

[30] TSANTALIS N, MANSOURI M, ESHKEVARI L M, et al. Accurate and efficient refactoring detection in commit history[C]//Proceedings of the 40th International Conference on Software Engineering. 2018: 483-494.

[31] MISHERGHI G, SU Z. HDD: hierarchical delta debugging[C]//Proceedings of the 28th International Conference on Software Engineering. 2006: 142-151.

[32] ZHANG X, ZHU C, LI Y, et al. Precfix: Large-scale patch recommendation by mining defect-patch pairs[C]//Proceedings of the ACM/IEEE 42nd International Conference on Software Engineering: Software Engineering in Practice. 2020: 41-50.

第 **4** 章

软件设计质量分析

本章先对软件设计质量分析的目标和方式进行概述，然后分别从模块级和架构级两个层次介绍软件设计质量分析方法，同时对软件设计异味检测方法进行介绍，最后针对当前云原生软件中普遍采用的微服务架构设计质量分析方法进行分析和探讨。

4.1 概述

软件设计一般被认为是从需求到实现的桥梁。从抽象的高层软件需求描述到最终的具体实现代码，软件设计在不同的抽象层次上扮演着从 "what" 到 "how" 转换的角色。在实践中，一般企业都会区分架构（体系结构）和模块两个层次上的软件设计。其中，软件架构设计关注软件的高层设计，包括高层模块划分及交互关系定义、模块接口及性能指标等外部属性定义和其他跨模块的全局设计约定等；软件模块设计则关注各个模块内部的详细设计，包括更细粒度上的子模块（包括类/文件）划分及交互关系定义、局部的算法和数据结构设计等。

软件质量是指软件满足指定需求的程度。一般而言，软件质量包括对功能性需求和非功能性需求的满足程度，而从质量要素关注者的角度又可以分为外部质量（外部客户和用户所关心的）和内部质量（软件开发和维护人员所关心的）。本章所讨论的软件设计质量属于非功能性质量和内部质量，这些质量属性直接影响软件开发与维护的难度和效率，并进一步对软件的外部质量造成间接影响（如一个模块化设计质量较差的软件很容易因为一处修改、四处传播而导致外部的功能性或非功能性缺陷。

本章将具体关注如何从可维护性、可修改性、可扩展性和可复用性等方面，对软件模块和软件架构进行设计质量分析，并为软件开发和设计人员提供技术与工具支持。

4.1.1 软件设计质量分析的目标

从软件开发维护角度而言，软件设计质量分析的总体目标是，使软件开发团队对当前实现所反映出来的架构级及模块级设计（如代码单元及其依赖关系）有所了解，同时及时发现不同层次（如架构级、模块级甚至更细粒度）、不同类型（如架构偏离高层设计意图、模块化程度差等）的设计质量问题，从而提升软件的可维护性、可修改性、可扩展性和可复用性。

可维护性是指，软件在部署后能被调整和维护的程度；可修改性是软件在最初部署期间及之后能被修改的程度；可扩展性是软件在其最初部署之后能够扩充、扩大的程度。可以看到，可维护性、可修改性和可扩展性都是从软件维护、修改、演化的角度而言的。所以软件设计的优劣，直接影响软件开发人员是否容易实现软件的演化。因此，我们在分析软件设计质量时，也会从软件维护、修改与演化的角度进行判断。

可复用性是指，软件能够被重复使用的程度。软件复用是提升软件开发效率的重要方式之一，软件可复用性不佳可能造成不必要的重复，进而影响软件维护和演化的容易程度。软件能够被复用，一定程度上得益于软件设计的良好封装。因此，易于被复用的软件往往是良好封装的模块，这个模块功能内聚，并且与外部有明确的接口，与外界的耦合清晰且容易管理。

4.1.2　软件设计质量分析的方式

质量管理元老 Deming 博士曾经指出："不能依靠检验来达到质量标准"[1]。其主要思想就是要在生产的过程中进行质量管理和保障。现代软件工程实践倡导"质量内建"，即通过合理的开发过程、良好的编程习惯及有效的开发工具来支持在开发过程中提升软件的质量。

软件设计质量分析的基本方法是，在软件开发过程中，对软件代码单元之间的依赖关系和维护历史进行持续分析，从而获得当前软件的设计情况和存在问题的方法。这种分析一般从软件代码快照和软件演化历史两方面开展。针对代码快照，可以获得软件设计质量的现状，包括设计相关的度量指标及各个代码单元之间的依赖情况；从演化历史的角度，则可获得有关软件设计对软件开发维护过程的影响的信息（如代码共变信息）及软件设计质量的变化情况（如度量指标的变化及代码单元依赖情况的变化）。

软件设计质量可从模块级和架构级两个不同的层次进行分析。在本章中，模块级软件设计质量分析主要以代码本身的各类度量为分析抓手。架构级软件设计质量分析则关注更高抽象层次、跨模块的设计结构。设计相关的度量主要集中在内聚度、耦合度和复杂度三方面。由于度量本身能通过明确的计算方法得到特定的数值，因此具有清晰简明的特点。但是，由于量化的本质，其在实践中往往被误用。关于设计度量及其使用，将在 4.2 节中阐述。

软件代码的依赖分析是通过程序分析手段，获取软件代码实体之间的依赖关系，并构建依赖拓扑图的过程。通过依赖分析，软件由以文本形式呈现的代码，转变为具有复杂拓扑结构的网络，这在一定程度上进行了抽象。对软件代码单元之间依赖拓扑的分析，通常能提供更好的解释性，因为所涉及的代码单元（上下文）可以从代码依赖拓扑图中标定出来。关于软件代码的依赖分析，我们将在 4.3 节中阐述。

软件演化分析是指通过代码提交历史分析其开发维护过程的方法。在当今软件开发中广泛使用的版本管理工具（如 Git）能完整记录开发的历史，这为软件演化分析提供了基础数据支撑。代码的修改历史从一个侧面客观反映了软件开发维护的过程。高质量的软件设计与优质的软件维护相辅相成：优秀的设计降低了维护的工作量，同时优秀的维护工作能持续优化软件的设计。关于如何从演化历史的角度分析软件设计质量，我们将在 4.4 节中阐述。

云原生微服务架构框架是一种专门为现代云计算环境设计的软件开发模式，其通过将复杂的系统分解为独立的模块，使开发团队能够专注于单个服务的开发和维护，减少了代码耦合，关于微服务架构设计质量分析方法，我们将在 4.5 节中阐述。

4.2　模块级软件设计质量分析

早在 20 世纪 70 年代，业界已经开展了软件度量的相关研究与实践。最早的度量从软件的代码行（LOC）开始，以此表示软件的规模。进而，基于程序中判断和分支结构的数量，McCabe 提出了圈复杂度，用于度量函数内部的逻辑复杂度。1977 年 Gilb 出版了《软件度量》一书，讨论了模块数等与软件设计相关的度量。1994 年，由 Chidamber 和 Kemerer 提出的 CK 度量指标集[2]针对面向对象软件给出了一些量化指标，并为业界所熟知。此后，针对代码的各类度量指标层出不穷，似乎可以用各种各样的指标来刻画软件代码的方方面面。

然而，指标并不是越多越好的。相反，过多的度量指标会给用户带来很大的困惑。首先，很多相似度量的细微差别，往往很难被准确利用。其次，一些度量指标的目的并不清楚，导致用户也不清楚各个指标该如何使用（比如，是越高越好，还是越低越好；是取值在某个特定范围内比较好，还是综合其他指标一起观察比较好）。因此，度量本身并不是问题，问题是用户获得了度量数据后，应如何来理解并全面解读这些数据。

为此，本节将讨论与代码内聚度、代码耦合度、代码复杂度及代码重复度相关的设计度量。

4.2.1　代码内聚度

代码内聚度通常用来评估模块内部各部分之间的关联程度。代码内聚度高，表示模块的功能较为集中，遵循单一职责原则（Single Responsibility Principle，SRP），即专注于"一件事"；代码内聚度低，则表示模块的功能较为分散。应当考虑对内聚度低的模块进行拆分，使得拆分后的每个子模块具有较高的内聚度。

尽管在学术界有多种角度来考察内聚度（如功能内聚、顺序内聚、过程内聚），但在实践中，内聚度通常是指功能内聚，即模块中的功能是否紧密相关，共同实现一个特定的任务或协同性功能。

对于面向对象程序而言，内聚度往往首先在类的层面上考虑。传统的类的内聚度度量一般判断类内的方法是否访问了公共的属性或者方法之间是否形成了相互依赖。其基本思路是，如果类内的方法使用的是类内的不同属性（方法之间很少共享属性），或者类内的方法各自执行且不需要相互配合，那么这个类的内聚度就相对较低。

对内聚度的度量有多种不同的方式，主要思路大多是通过对类或方法内部的数据访问或运行路径进行分析，从而识别出相关的代码集合，并将同一个类或方法内"不相关"的代码数量或比例作为度量的目标。"不相关"的代码数量越多或比例越高，则说明内聚度越低。

以 LCC（Loose Class Cohesion）为例，LCC 考察类中所有方法对，如果两个方法之间使用了同一个成员属性，则记录这个方法对为"直接连接"（Direct Connection）的；如果两个方法各自使用了一个变量，而这两个变量又被另一个方法使用，则记录这个方法对为"间接连接"（Indirect Connection）的；一个类的 LCC 则表示为直接连接和间接连接的方法对占总方法对的比例。

另一个示例是 LCOM4（Lack of Cohesion in Method）。对方法缺乏内聚度的度量（LCOM）曾经存在过多种计算方法，为了区分，学术界将它们进行了编号。LCOM4 被定义为一个类中"连接的组件"的个数。在一个类中，有调用关系的方法或访问同一个类成员变量的方法被视为一个"连接的组件"。LCOM4 作为众多内聚度度量方法中的一个，在度量类的内聚度方面较为直观也比较有效，因此使用较为广泛。

代码内聚度的计算在软件开发实践中具有一定的作用，但也存在一些问题。首先，现有的内聚度计算方法通常用到成员变量访问及代码切片计数等，因此往往只适用于类或方法级别，若要推广到更大的模块，则需要对现有的计算方法进行适当的调整。此外，类似于"连接的组件"这样的概念在更广的范围内可能并不适用（因为大量子模块之间的连接可能非常多，无法分离出完全独立的组件）。其次，目前内聚度度量的结果往往仅有一个数值，这对开发人员如何优化或者分解低内聚的组件，缺乏有效的指导。

因此，在软件开发过程中，开发人员更多地利用高内聚作为指导，对代码中不够内聚的模块（类、方法）进行重构拆分，从而在概念上提升代码内聚度。同样，一些能够支持代码内聚度计算的工具在给出相应的度量结果后，开发人员可利用该结果识别低内聚的模块，并以人工分析的方式进行重构。

4.2.2　代码耦合度

代码耦合度通常用来描述模块对其他模块的依赖程度。在面向对象程序中，可以对一个类度量其耦合度。例如，消息传递耦合数（Message Passing Coupling，MPC）是指一个类中的方法调用其他类的方法的次数，类的响应数（Responses for a Class，RFC）是指可能因响应该类接收到的消息而执行的方法的个数（包括继承的方法，但不包括覆盖的方法）。这类计算方法以单个类为度量对象，获取该类与其他类之间的依赖情况并进行量化，但无法具体到两个类之间或其他级别的两个代码单元（如 Java 中的包）之间的相互依赖程度。

为了对两个类之间的耦合情况进行量化，可以考虑类之间的依赖关系，并对每个类依赖对方的方法或属性的数量进行分析，形成面向两个类之间耦合情况的度量方法。例如，可以将两个类之间发生的调用总数进行累加，或者对两个类之间发生依赖关系的代码单元（方法或属性）占双方所包含代码单元总数的比例进行计算。同时，还可以考虑对两个类之间依赖关系的单向性进行分析，将单向耦合和双向耦合关系区分出来，并分析双向耦合的程度（两个类之间的循环依赖）。这类计算方法的优点在于，能较为细致地解释两个类之间如何形成了较高或者较低的耦合度，并且有助于开发人员发现不应该存在的依赖关系并尝试消除它们；缺点则在于计算的复杂度高，因为在所有类中计算两两之间的依赖关系往往需要较大的开销［复杂度是 $O(n^2)$ 级别的］。不过这种复杂度可以通过对代码分层分析进行适当的弥补。这涉及模块间设计质量分析，将在 4.3 节中进一步阐述。

4.2.3　代码复杂度

最基本的代码复杂度是通过在函数或方法的内部进行分析得到的。这是对函数或方法的局部设计的评估。

20 世纪 70 年代，McCabe 提出了圈复杂度的概念[3]。圈复杂度是计算一个函数或方法内线性无关的路径条数的指标，通常可以用逻辑判断的数量进行计算。如果将函数的执行表示为流程图，那么流程图将它所在的二维平面分割出的区域数也等于这个函数的圈复杂度。

圈复杂度由于计算方便被广泛用于函数级复杂度的计算上。经过业界的经验总结，我们一般认为，圈复杂度超过 15 的函数就过于复杂，难以维护和测试。尽管这个阈值（15）并非来自严格的数学计算，但很多代码分析工具都提供了类似的阈值作为高圈复杂度的界定标准。很多工具也允许用户对这个阈值进行自定义。

由于新的编程语言和语法结构的出现，传统的圈复杂度的计算方法受到了一些挑战。代表性的观点主要有以下两个。

第一，代码的嵌套结构往往比简单的并列或串行结构更难理解或测试。但在圈复杂度计算中，不同嵌套深度的分支或循环结构对圈复杂度数值的贡献是相同的。

第二，一些新的语法结构如 switch-case、try-catch-finally 等，在圈复杂度计算中会被赋予过高的数值，但在实际代码维护过程中，这些结构并非难以理解和测试。

为此，业界对圈复杂度进行了改进，提出了认知复杂度（Cognitive Complexity）[4]。认知复杂度是对圈复杂度的修正，通过增加一些规则提高深层嵌套的复杂度数值，降低特定语法结构的复杂度数值，从而让代码的复杂度计算更加符合人的理解和直观感受。该计算方法在代码质量分析工具 SonarQube 中得到了使用。

4.2.4　代码重复度

软件项目中的重复代码往往来自对代码进行"复制—粘贴—修改"的开发方式。重复代码也称为"代码克隆"。在软件开发实践中，重复代码的引入往往被认为是设计欠缺所导致的。重复代码被认为是一种典型的代码异味，特别是在同一套软件代码中，存在较多的重复代码往往意味着存在设计问题。当开发人员为了快速实现类似功能，在开发中缺乏抽象或者违反"单一职责"原则时，已有的代码通常会作为"参考"或"模板"被复制到其他位置，从而形成重复。根据现有文献，代码仓内的代码重复度一般在 20%～30%左右，而开源项目间的代码重复度则可高达 80%以上[5]。

代码重复度一般指重复代码规模占总代码规模的比例。在软件质量分析实践中，代码规模通常采用代码行计数，也可采用代码块（如函数、方法）、抽象语法树（AST）节点或子树、词法单元（Token）计数。采用代码行计数比较直观，并且可与其他代码重复检测方法进行转换，将其他的度量结果转换到代码行。

根据软件设计分析目的的不同，代码重复度可在不同的范围内进行度量。在代码仓内部，代码重复度通常能用于识别仓内代码在抽象设计方面的合理性。仓内的重复代码比例较高，则说明存在优化设计的可能。

代码仓之间的重复代码往往是指不同的代码仓存在公共特性，而这些代码又难以在仓之间进行调用。由于不同的代码仓往往涉及跨团队的软件开发，因此对于这种范围内的重复代码，一般需要在组织层面进行协调，对公共代码资产进行整理后在不同团队内推广应用。代码仓之间的重复代码越多，通常意味着这些代码仓之间的共性越强，因此对这种共性的抽象设计和因不同具体业务而带来的定制化开发需求，往往是在软件开发实践中是否要消除代码仓之间重复代码这一决策的两个重要权衡方面。

4.3　架构级软件设计质量分析

架构级软件设计质量分析是从宏观的视角分析软件系统中各个模块之间的关联与协同关系，进而对软件架构的质量现状进行评估，识别可能的架构漂移和架构异味。通过架构级软件设计质量分析，开发团队和开发管理人员能对软件的总体结构和主要模块之间的关系建立起高层认知，从而进一步聚焦于软件的整体设计质量，而非底层实现细节。

对软件进行架构级软件设计质量分析，存在不同的层次和粒度。本节将从架构复杂度分析、模块化、层次结构分析、软件实现与架构设计的一致性分析和基于变更传播的设计质量分析等方面，介绍架构级软件设计质量分析的方法。

4.3.1　架构复杂度分析

架构复杂度通常是软件人员对软件架构易理解性的一种直观感受，目前尚没有统一的度量方法。软件的复杂度被视为软件各个组成元素的数量、内部结构及它们之间相互依赖关系的数量和性质[6]。在架构层面，软件各个组成元素之间的相互依赖关系成为理解整个或者局部软件的重要抓手。

对于企业级复杂软件系统而言，架构复杂度往往从模块性、有序性和模式依从性三方面进行分析[7]。

● **模块性**：系统实现架构的各个组件是否具有高内聚，以及是否在其内部封装了行为并对外提供接口。

● **有序性**：系统实现架构中组件之间的关系是否能形成一个有向无环图。

● **模式依从性**：系统实现架构中是否能识别出预期的架构及其风格，并且能保持预期的架构约束。

目前，业界尚无通用的架构复杂度计算方法。

4.3.2　模块化

从软件实现的角度来看，代码的模块化显而易见。文件、文件夹或者类、包，这些概念似乎自然而然形成了软件的模块。然而，开发人员往往会发现，这些物理存储结构看上去是聚集在一起的代码单元的集合，如果考虑它们之间的各种依赖关系，则可能产生不一样的结果。一些物理上存储在一起的代码单元（如文件或类），相互之间的依赖却很少，而一些物理上并不靠近的代码单元，相互之间却有大量的依赖关系。因此，软件的模块化可以视为一种"视图"，即从哪个视角来观察系统，从而发现哪些代码单元具有封装性且对外具有相对明确的接口。作为开发人员熟知的软件架构"4+1"视图[8]的补充和细化，从软件开发和维护的角度来看，以下三种模块化视图对开发人员理解软件的实现架构具有重要价值。

● **物理视图**（包视图[9]）：根据代码单元所在的文件、文件夹或包来确定模块。通常，同一个包或者同一个文件夹被看成是一个模块，并且一个模块可以包含其他模块。

● **逻辑视图**（结构视图[9]）：根据代码单元之间依赖关系的紧密程度进行聚合，从而确定模块。通常，依赖紧密的代码单元被看成是一个模块。由于依赖关系的紧密程度的度量方式不同，且紧密程度有强有弱，因此模块也会有层次结构并且可能有不同的划分方式。

● **演化视图**：根据代码单元的演化耦合[10]进行聚合，将具有相对紧密共变关系的代码单元视为模块。代码单元之间的共变关系可以看成是一种隐式的依赖关系。与函数调用、类型引用等显式的依赖关系不同，这种隐式的依赖关系可以脱离于直接的依赖之外，从而使得代码单元形成一个不同于逻辑视图的呈现形式。

尽管以上三种模块化视图并非穷尽了所有模块化划分方式，但在大多数情况下，这些模块化视图都将有助于理解软件系统的结构和组成，识别可能的设计问题并提供相应的改进机会。模块化视图通常通过程序聚类技术获得，例如，将不同代码单元之间的依赖关系转换为距离，然后根据基于距离的算法进行聚类。最终将得到软件项目的所有代码单元的一种划分，每种划分包含若干代码单元，即该视图下的模块。

设计结构矩阵（DSM）[11, 12]是一种常用的模块化分析方法。针对软件系统而言，它通过一个矩阵记录软件项目中的每个代码单元（可以在不同粒度上，比如包或者文件）之间的关系，进而将关系密切的代码单元聚合为一个模块。DSM 的每行和每列都表示一个代码单元，当第 i 列的代码单元依赖第 j 行的代码单元时，对应的矩阵元素 (i, j) 就记录了相应的依赖关系（比如 1 表示存在依赖）。图 4-1(a) 给出了 4 个代码单元的依赖关系图，图 4-1(b) 给出了原始的 DSM，图 4-1(c) 给出了将代码单元根据依赖关系进行重新排序后的 DSM。可以看到，重新排序后的 DSM 中代码单元 A、C 之间的双向依赖使得 DSM 形成了一个 2×2 的方块，表示它们之间具有密切的关系，可以合并在一个模块中。在本例中，仅用"1"和"空"来表示是否存在依赖关系，但在实践中，也可以根据依赖关系的强弱或数量给出一个权重，并基于权重来计算代码单元之间的紧密程度。

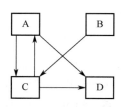  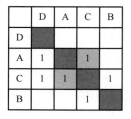

(a) 4 个代码单元的依赖关系图　　　　(b) 原始的 DSM　　　　(c) 重新排序后的 DSM

图 4-1　某系统的依赖关系图及对应的 DSM 示例

值得注意的是，尽管在 DSM 的原始设计中，矩阵的每个元素表示代码单元之间的依赖关系，如类型引用、函数调用或者属性访问，但也可以在矩阵中填入代码单元之间的其他关系，如演化耦合。因此，利用 DSM，不仅可以对软件系统生成模块化的逻辑视图，还可以生成模块化的演化视图，从而便于开发人员理解代码的总体结构及各部分之间的多种关联。

多种模块化视图体现了对同一个软件实现的不同视角。尽管这些视图可能并不一致，但它们之间的一致性及各种视图之间差异的稳定性，对于评估软件设计的合理性具有重要的参考价值。这种一致性本质上是对整个软件中所有代码单元的不同划分集合的差异性分析，可采用集合差异分析算法进行视图间的差异比较。一种常用的计算多元素聚类之间相似度的算法是 MoJoFM 算法[13]。给定两个划分集合 A 和 B，那么它们之间的相似度 MoJoFM(A,B) 可以用式（4-1）计算。

$$\text{MoJoFM}(A, B) = \left(1 - \frac{\text{mno}(A, B)}{\max(\text{mno}(\forall, B))}\right) \times 100\% \qquad (4\text{-}1)$$

其中，mno(A,B) 表示从划分集合 A 变化为划分集合 B 所需进行的"移动"和"合并"操作的最少步数，$\max(\text{mno}(\forall, B))$ 表示在所有的划分集合中，变化到 B 所需进行的"移动"和"合并"操作的最少步数的最大值。这样，任意两个划分集合之间的相似度就被归一化到 0～100% 的区间中。MoJoFM(A,B) 取值越大，则两个划分集合越相似，在不同的模块化视图场景下，也就代表两个模块化视图的一致性越高。

不同模块化视图一致性的高低在一定程度上体现了架构设计的复杂程度。越复杂的设计，不同模块化视图的一致性一般越低，因此开发人员通常需要在不同地方来维护具有多种相关性的代码模块；而不同模块化视图一致性高的系统，对于开发人员而言，则更容易理解和维护。有研究表明，可以通过监控不同模块化视图之间的偏离来分析软件的设计质量[9]。图 4-2 阐述了物理视图、逻辑视图、演化视图之间的一致性分析。

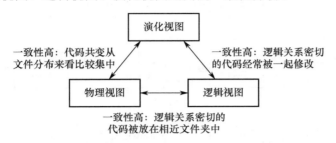

图 4-2　软件架构多种实现视图的一致性分析

对代码单元间的依赖分析不仅能帮助我们构建软件系统的模块化视图，还能建立起代码单元依赖关系的层次结构。下面，我们将进一步探讨如何实现对软件层次结构的分析。

4.3.3　层次结构分析

模块化描述了软件系统的功能如何封装，以及对外提供哪些接口；而层次化则表明模块之间依赖关系的次序，即软件系统的各个模块之间的依赖关系是否在总体上形成一种分层（Hierarchical）结构。

软件系统中模块的分层，一般是通过分析模块间的依赖关系来获得的，并且在可视化形式上，一般以上下分层的方式进行直观呈现[①]。在层次结构分析中，可以考虑多种依赖类型。以面向对象程序的类级依赖关系为例，主要考虑的依赖类型包括以下几类[14]。

- **类的引用**：如果类 A 中的任何部分直接引用类 B，如作为成员变量、参数或者局部变量，那么类 A 依赖类 B。
- **使用类的成员**：如果类 A 中的一个方法调用了类 B 中的函数或引用了类 B 中的变量，那么类 A 依赖类 B。
- **继承**：如果类（接口）A 是类（接口）B 的子类，那么类 A 依赖类 B。
- **实现**：如果类 A 实现了接口 B，那么类 A 依赖类 B。

以上四种依赖类型中，前两种（类的引用、使用类的成员）是典型的"自上而下"的依赖，即依赖方被视为较上层的结构，被依赖方被视为较下层的结构；后两种（继承、实现）在面向对象设计中是典型的"依赖反转"，即被依赖方被视为较上层的结构，而依赖方被视为较下层的结构。根据这个原则，更大粒度的代码模块之间也可以形成类似的上下层结构，为整个软件系统的层次化分析提供基础数据。

---

① 也有一些工具采用左右分层的方式，将"高层"的模块放在左侧，"低层"的模块放在右侧。上下分层和左右分层对于理解软件系统的层次结构本质上没有区别。

图 4-3(a)给出了一个迷宫游戏软件的代码单元依赖关系，图 4-3(b)给出了相应的 DSM 层次化分析[15]。

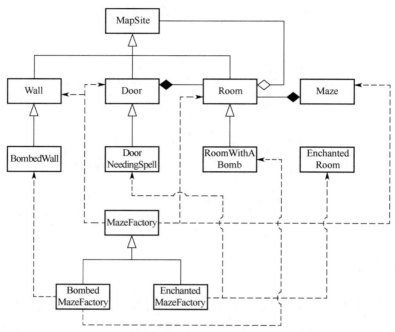

(a) 迷宫游戏软件的代码单元依赖关系

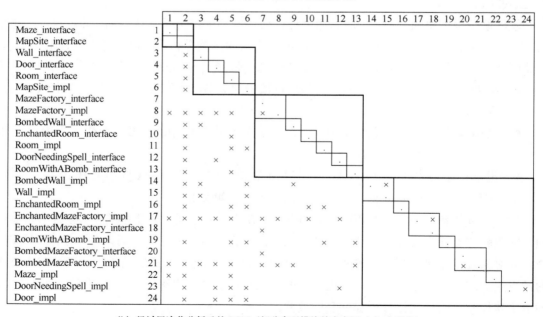

（b）经过层次化分析后的 DSM（部分实现模块并未在图（a）中画出）

图 4-3   迷宫游戏软件的代码单元依赖关系及经过层次化分析后的 DSM

从图 4-3（b）中可以看到，与之前将相互依赖的代码单元聚合为一个模块不同，在本例中，沿着矩阵对角线勾勒出的几个矩形框对应的代码单元之间并没有太多的依赖；相反，代码单元之间的依赖关系主要集中在 DSM 的左下部分并且体现出了层次化的特点。例如，模块 3 至模块 6（Wall_interface、Door_interface、Room_interface、MapSite_impl）均依赖于模块 2（MapSite_interface），而这四个模块之间并没有任何依赖关系；同时，这四个模块与模块 2 的关系主要是继承和实现的关系，因此它们在层次结构上位于模块 2 的下层。为了对软件的设计结构进行自动化分析，Wong 等人[15]提出了一种自动化的软件依赖结构聚类方法，即采用 Baldwin 和 Clark 的设计规则理论[16]，将代码单元或模块组织成设计规则层次结构 DRH（Design Rule Hierarchy）。图 4-3 所示的示例中，模块 1、模块 2、模块 3～模块 6、模块 7～模块 13、模块 14～模块 24 分别形成了各自的层次，而在每个层次中的代码单元或模块之间依赖关系很少，这不仅体现出该软件系统的层次化设计质量较高，也体现出了同一层内的代码模块。关于 DRH 的详情，有兴趣的读者可以参阅 Wong 等人的文献[15]。

在实际应用中，利用代码单元之间的依赖关系分析软件系统的层次结构时，可能受到循环依赖的影响，从而难以形成比较清晰的层次。循环依赖是指两个代码单元之间相互依赖的特殊情况。例如，若两个类相互持有对方类型的对象，则它们是相互依赖的。在更大粒度的代码单元上，例如包，如果内部类的职责安排不合理，那么也可能出现相互依赖的情况。

对于出现循环依赖的代码单元，一种简单的处理方式是将它们看成一个整体，不进行层次划分。但在实践中我们也发现，一些代码单元之间的循环依赖也有着明显的"单向性"，即尽管代码单元 A 和代码单元 B 相互依赖，但是能明显看到大部分的依赖是从 A 向 B 的，而从 B 向 A 的依赖则非常少。因此，可以进一步考虑两个代码单元之间依赖关系的总体趋势。若记从 A 向 B 的依赖的个数为 $D_{A \to B}$，从 B 向 A 的依赖的个数为 $D_{B \to A}$，那么可以定义依赖单向性度量：

$$U_{A \to B} = \frac{D_{A \to B} - D_{B \to A}}{D_{A \to B} + D_{B \to A}} \tag{4-2}$$

为了获得软件系统的层次结构，可对代码单元或模块根据依赖关系的方向进行拓扑排序；特别地，如果两个代码单元或模块之间的单向性度量高于预先指定的阈值，那么可将这两个代码单元或模块之间的依赖看成是单向的，并将较小的依赖关系作为逆向依赖进行处理。

4.3.4　软件实现与架构设计的一致性分析

由于软件架构设计的不可见性，使得软件系统的实现可能与架构设计产生偏差。软件实现与架构设计的一致性问题往往是软件开发和演化过程中导致软件质量退化的重要原因。如何建立起软件实现元素与架构设计元素之间的映射，并且通过这种映射进一步分析软件实现是否遵循原始的设计，对于保证软件设计质量具有重要作用。软件实现与架构设计的一致性分析，称为软件架构看护；从软件实现中提取出软件设计或架构，称为软件设计恢复。

Murphy 等人[17]在 2001 年提出了一种高层设计与实现一致性分析方法，名为 Reflexion。该方法通过将架构师设计的架构模型与从实现代码恢复得到的实现抽象模型进行映射，构建了一个"反思模型"（Reflexion Model），进而分析这个反思模型中架构约束在实现中的违反情况，以此来通知开发人员和架构师对实现代码或架构设计进行调整。具体地，将从代码中通过逆向工程恢复出来的依赖关系与开发人员预期架构中的模块依赖进行对比，进而识别出以下三种情况。

- **一致（Convergence）依赖**：系统实现中的依赖关系与高层设计依赖一致，表示实现符合设计预期。
- **不一致（Divergence）依赖**：系统实现中的依赖关系无法对应到高层设计依赖，即实现中出现了高层设计中没有出现的依赖。这种依赖可以是原本两个没有依赖关系的模块出现了依赖，也可以是原本虽然有单向依赖关系，但是实现中的依赖关系方向与设计中的依赖关系方向不同。
- **缺失（Absence）依赖**：高层设计中存在的依赖，在系统实现中没有找到。

后两种情况都是高层设计与系统实现不一致的情况，需要开发人员对实现或者设计进行调整。

本质上，反思模型是从高层设计模型的视角来总结软件系统的实现模型的，具有轻量、近似及可伸缩的特点[17]。但从实现方式上，构建实现到设计的映射仍然需要人工完成。例如，对于某系统高层设计中的 Memory 模块，可以用启发式规则将代码实现中名称符合通配符表达式 sparc/mem.*的所有文件夹作为该模块的实现，而对于高层设计中的 FileSystem 模块，则可以将名称符合表达式[un]fs 的所有文件夹作为该模块的实现。

然而，由于实现与设计之间存在固有的差异，因此并非所有的实现元素都能与设计元素实现一对一映射。事实上，反思模型中的依赖关系映射既可以建立在所有元素上，也可以建立在部分元素上。系统实现中的元素与高层设计中的元素不匹配时，并不一定表示实现或者设计出了问题，而有可能需要对系统实现元素的语义进行进一步的分析，从而确定如何进行依赖关系的映射。

以一个集成开发环境的程序设计与实现为例[17]：在高层设计中，描述了"程序编辑器"在发生保存操作时，要调用"编译器"对当前编辑的程序进行编译，因此"程序编辑器"通过发送编译消息给"编译器"实现对后者的依赖；但在系统实现时，开发人员为了将"程序编辑器"和"编译器"进行解耦，设计了一个"中介器"来完成对"程序编辑器"和"编译器"的交互，即"中介器"这个实现元素实现了高层设计中"程序编辑器"与"编译器"的依赖关系。此时进行依赖关系分析显然会发生依赖关系失配的问题。从实现上来说，实现对设计进行细化是正常的，但一致性的破坏会提示开发人员或设计人员重新审视设计与实现，这对于发现预期之外的架构漂移具有重要的作用。

4.3.5　基于变更传播的设计质量分析

除直接对软件设计模型、实现结构进行分析外,代码维护的过程也可用于对软件的设计质量进行分析。一般而言,开发人员在面对需求变更、缺陷修复、性能优化等开发维护任务时,需要对代码进行修改。在模块化的设计思想和高内聚、低耦合的设计原则指导下,好的设计应该能让针对单个维护任务的代码修改局部化,即只在一个局部范围内进行改动。在实际维护过程中,开发人员对一处代码的修改可能会由于函数调用、类继承结构、代码克隆或其他隐式的依赖关系,影响到其他的代码并导致这些代码也需要做相关的修改。这种对一处代码的修改可能波及软件中其他多处代码的现象,称为代码变更传播。在设计质量分析中,我们希望通过收集代码中变更传播的范围、途径和时序,来判断软件设计是否可以进一步优化[18]。

1. 变更传播的时间特点分析

变更传播从时间特点上来看,可分为共变(Co-Change)和延迟传播(Late Propagation)。共变是指在同一次提交中,对代码中的多处进行修改。由于共变是在一次提交中进行的,因此无法判断这种变更影响的先后关系。代码共变关系的检测,在本书 2.4 节中已有介绍。

延迟传播是指代码中有相关性的多个修改分布在多次提交中。这种情况一般是开发人员为了某个任务目标完成了某些代码修改并提交,但在一段时间内发现,该任务目标的代码修改还不完整(如遗漏了部分需要修改的地方,导致了 Bug),于是对代码进行了补充修改,并再次提交。于是,围绕同一个任务目标,出现了两处不同时间提交的修改,从而构成了延迟传播。延迟传播的检测相对困难,因为在实际开发实践中,往往很难界定哪些提交是围绕"同一个"任务目标的,并且在两次提交间隔的时间内,可能还穿插了其他的代码提交,使得识别"相关"代码变更变得更加困难。

为了识别在一段时间内的相关修改,一种常用的方式是将时间划分成固定长度的窗口,如几分钟、几小时或几天,然后将这个时间窗口在时间轴上按照预设的步长(小于窗口的长度)进行滑动。若同一位开发人员的多次提交落在一个滑动窗口内,则将它们都看成相关代码修改,若开发人员的多次提交共同出现在滑动窗口中,则按共同出现的次数进行计数,最终按照提交共同出现的次数,通过频繁项挖掘等算法来确定哪些代码提交具有关联。这在一定程度上解决了开发人员把相关任务分多次提交的问题,但滑动窗口的时间长度设置比较复杂。设置得太短,则无法体现延迟传播的特点;而设置得太长,则可能将大量任务目标并不相同的代码提交纳入进来,导致误报。为此,除考虑时间以外,还需要考虑空间传播的问题。

2. 变更传播的空间特点分析

实践表明,如果仅考虑代码提交的时间而不考虑变更传播的空间特点,那么很可能出现大量的误报,即提示有变更传播关系的代码之间,实际并没有直接联系,也不服务于同一个任务目标。为此,在分析变更传播时,通常需要考虑多种依赖关系来限制变更之间的相关性。需要注意的是,这里说的依赖关系不仅包括程序分析得到的函数调用、继承、类型引用等显式关系,还包括代码克隆等以其他形式出现的隐式关系。这些显式和隐式的依赖关系共同构成了变更传播的可能"通路"。

开展变更传播的空间特点分析时,须从给定的代码修改开始,沿着显式和隐式依赖关系向外寻找其他代码修改。给定一个向外跨越代码单元节点个数 N 作为阈值,若发生修改的代码单元到给定修改的代码单元之间的最短依赖路径不超过 N 跳,则该代码修改认为是与给定代码修改相关的。

这种基于空间的方法能在一定程度上限制代码修改的扩散范围,但如果考虑的显式或隐式依赖关系不全,则可能丢失一些潜在的相关修改。例如,如果网络传输消息体在接收和发送模块都遵循某个协议,但接收代码和发送代码之间没有任何关联(假设也没有检测出代码克隆),那么发送方式发生的变化(如消息头增加了一个标志位)就无法与接收方式发生的变化(如增加了新增标志位的处理逻辑)进行关联,从而产生漏报。因此,要更加准确地获得延迟传播的代码变更,需要综合考虑时间和空间两方面的特点,并从代码维护历史中进一步挖掘。

3. 变更传播通道的挖掘

代码变更传播在时间和空间上具有一定的特点。软件项目维护历史所记录的代码变更信息,给开发人员回顾代码变更传播的模式提供了数据基础。代码变更传播通道是指频繁出现具有相关性代码变更的代码单元及其相互之间的多种依赖关系所构成的路径[18]。这些路径上的代码单元之间的依赖关系形成了常见的代码变更传播模式,为软件维护及设计质量评估提供了参考。

代码变更传播通道挖掘技术,综合利用了代码变更的空间和时间特点,并将软件维护历史中一定时间和空间窗口内的多个变更通过相关代码之间的依赖关系连接起来,从而形成代码依赖关系网络中的一个子图。

4.4　软件设计异味检测

4.4.1　设计异味概述

异味(Bad Smell,也称为"坏味道")往往代表在软件开发中经常发生且欠佳的实践,这些实践可以是软件静态结构方面的,也可以是动态运行方面的。本节将只聚焦于软件静态结构方面的异味。根据所涉及的软件制品和抽象层次的不同,异味可以分为代码异味(实现异味)、模块级设计异味(微架构级异味)和架构异味[19, 20]。其中,代码异味主要是指代码具体实现方面的问题,如过长的方法、过多的参数等。尽管这类异味的根源也与软件设计有关（如过长的方法往往是由职责不单一造成的），但一般仍将代码异味和设计异味区分讨论。本节所讨论的设计异味主要是模块级设计异味和架构异味。

1. 模块级设计异味

模块级设计异味的产生通常是违背设计原则的结果。基本的设计原则包括抽象、封装、模块化和层次化。尽管这些设计原则原本是在对象模型[21]中提出的，但它们大多数都同时适用于面向对象和非面向对象两种情况。根据对这些设计原则的违反情况，可以对模块级设计异味进行分类。

需要注意的是，上述四个设计原则之间是存在关联的。例如，封装不足会导致模块化程度的降低，而层次化做得不好通常是抽象并没有做到位。为此，当我们对一个设计异味进行分类时，可能会追溯到其违反的多个设计原则。例如，一些数据或者方法在理想状况下应该被抽象为单一的模块，但实际上，由于职责划分不清或不合理，这些数据或方法被抽象到多个不同的模块中，导致模块之间的交互变得复杂。这种设计异味与抽象和模块化这两种设计原则都相关。其一方面可以看成抽象问题，即没有正确地对职责进行抽象，另一方面可以看成模块化问题，即相关的数据和操作没有按照局部性原则放到单一模块中。但从本质上来看，这种异味产生的直接原因是数据或操作的职责划分问题，即模块化问题，因此将其看成模块化问题比看成抽象问题更合适[19]。

明确设计异味的分类和直接原因，对于应对和消除这些异味具有重要意义。对模块化异味，应当重新考虑不同职责在模块间的分配；对层次化异味，需要考虑如何设定设计概念之间的层次关系；对于抽象异味，需要考虑以合理和有用的方式进行抽象；对于封装异味，需要考虑模块的内聚度和对外提供的接口。在识别并处理这些异味时，可以针对相关的模块、类及对应的数据、方法等，进行局部重构。

2. 架构异味

架构异味相比于模块级设计异味，更关注高抽象层次和全局性的架构问题。通常，架构异味反映的是系统组件及其相互交互中的结构问题[22]。架构异味同样也与违背设计原则有关，但由于架构异味的尺度可以更大，因此往往更难以单个设计原则进行分类。学术界对架构异味尚未有统一的分类方法。近年来，一些文献采用架构异味涉及的主要架构要素，将架构异味分为服务类、性能类、依赖类、包类、组件类及特定框架相关类（如 MVC）等[22]。尽管仍然存在一些难以被划分为上述类别的架构异味，但它们与层次化、抽象等基本设计原则的违反密切相关。

服务类架构异味主要是与服务化系统架构有关的异味，如低内聚的操作、服务链等。有些服务化系统采用非服务化系统的架构风格，尽管该架构风格本身也是常见的，但由于用在服务化系统中，则这种架构风格反而变成了异味。例如，管道过滤器模式在一些数据处理软件中常被使用，但这一模式被用在服务化系统中，则变为了架构异味。

性能类架构异味主要通过对采用这种反模式，可能给系统整体性能产生的负向效果进行分析，如单通道桥接、过度动态分配等。

依赖类架构异味主要对代码单元（类或者方法）之间的依赖关系进行分析。这是较为常见的一类架构异味。由于依赖关系在局部模块中也存在，因此这些架构异味可能在不同的粒度上都有相关体现。如集线器依赖、不稳定依赖、循环依赖等。

包类、组件类架构异味主要描述包或组件的设计、维护演化等方面的问题，如包循环、包过于复杂和包过小等。可以看到，在这一层面上，架构异味与某些设计异味具有很明显的相似点，而且通过局部设计优化有可能减轻这些架构问题。

还有特定框架相关类架构异味等一些其他种类的架构异味，这里不再一一列出，有兴趣的读者可以查阅相关文献[22]。

4.4.2　典型的设计异味

典型的上帝类（上帝模块）、循环依赖（循环包）、不稳定接口等设计异味由于与多条设计原则可能都有冲突，因此它们往往可以分别从架构异味和模块级设计异味两个层面来解读。下面，我们会对上述三个设计异味的检测技术和治理方式进行简要阐述。

1. 上帝类（God Class）

上帝类是指同时具有大量职责的类。在不同尺度上，类似的还有上帝对象（God Object）、上帝组件（God Component）等。上帝类常被归入代码异味，同时，相应的技术也被用来检测架构异味[22]。因此，上帝类通常被认为是典型的设计异味。

上帝类违背单一职责原则，因此往往难以理解和维护。从设计上来看，它不仅表明相应代码单元局部的设计结构存在问题，还表明该代码单元在整个系统中承担了过多的职责，因此系统总体架构设计可能也存在问题[23]。

上帝类的检测不仅要考虑内部信息的提取和度量指标的计算（如方法数、属性数、内部调用关系），还要通过分析其与其他代码单元的关联关系来考虑它在系统中扮演的角色。例如，首先通过构建软件系统代码单元之间的依赖关系图，对图中各个节点的重要程度进行建模，将在依赖拓扑结构上具有中心性的节点作为上帝类的候选特征；然后进一步对类内部的依赖关系图结构进行分析，利用社区发现等算法发现类内部的聚簇数量；最后结合类本身的度量数据进行评估，从而得到最终的上帝类检测结果[23]。该方法综合考虑了系统层面的依赖关系和类内部的依赖关系及度量数据，总体而言能更准确地对上帝类进行检测。

2. 循环依赖（Cyclic Dependency）

循环依赖是指代码单元之间存在直接或间接的相互依赖。这个设计异味体现了不清晰的代码层次化结构，导致相关代码往往需要共同修改，从而使得代码的理解和维护变得困难。常见的循环依赖检测技术首先获取代码单元之间的函数调用图，进而对该图进行环状结构检测，一旦检测到环，则发现有循环依赖。由于函数调用关系仅是代码单元依赖关系中的一种，因此将依赖关系进一步扩展到类型引用、继承、实现等关系时，同样可以得到更加完整的循环依赖异味。

需要注意的是，一些设计结构中天然带有循环依赖结构。例如，集合与集合元素作为两个不同的类，往往会相互持有对方（集合中持有集合元素的一个列表，同时每个集合元素中有一个类型为集合的属性，用于方便地访问它所在的集合）。从设计上来说，这并不符合层次性的要求，但在实际应用中非常普遍。从软件设计的角度而言，集合对象应该是整体对外提供功能的，它本质上应该封装了内部数据结构，而不会对外暴露数据结构及具体的实现，因此对集合内部的单个集合元素进行访问，本身就可能破坏了封装和模块化的设计原则。尽管这种设计结构在很多地方都会被使用且易于访问，但不可否认，这种设计结构由于暴露了更多的实现细节，给软件系统带来了更高的复杂度。

3. 不稳定接口（Unstable Interface）

不稳定接口是一种典型的与代码演化相关的设计异味。不稳定，通常指在软件维护和演化过程中，代码经常性地发生修改。不稳定接口被定义为在维护历史中频繁与其他文件共同修改的具有高影响力的文件[24]。可见，这里的"接口"是一个泛化的概念，并非特指编程语言中的接口，也并非只适用于继承结构。事实上，被依赖较多、在软件系统整体依赖结构中具有较高中心性的代码单元，并且依赖它的代码单元会和它一起频繁发生共同修改，那么其就可能是一个不稳定接口。通常，接口本身的不稳定是由设计中未能实现足够的抽象，未能通过足够的分析和设计将职责中固定不变的部分划入接口，反而让接口来承担易变的具体实现而导致的。

不稳定接口的检测通常可以通过该代码单元受到其他代码单元的依赖情况，以及它与依赖它的其他代码单元的共变来检测。

对不稳定接口的重构，需要从接口本身的抽象设计着手。例如，当一个被大量使用的函数的参数经常发生类型变化、数量变化时，通常表示这个函数的具体实现逻辑出现了变动。如果其他代码单元直接调用了这个函数，那么显然会出现代码共变。要对这种情况进行重构，可以从逻辑变动的具体内容监督进行分析。如果具体实现中的逻辑变动主要面向不同的使用方，即对不同的使用方有不同的实现变体，那么可以考虑对公共部分的实现进行抽象，建立父类，使差异部分的实现由子类完成；如果具体实现中的逻辑变动主要是业务需求本身的变化，那么可以考虑尽可能对其不变的实现部分进行抽象，设计相应的接口，而将变化的部分委托给更加聚焦于这些业务修改的类来完成。

我们对以上三种典型的设计异味进行了分析，给出了常用的检测方法和重构思路。设计异味本身涉及的内容非常广泛，仅文献中可查到的设计异味就超过 100 种[19, 22]，但各种设计异味本质上都是对设计原则的违反，因此把握设计原则，提升软件的可维护性，是进行设计异味分析和治理的关键。

4.5 微服务架构设计质量分析

4.5.1 单体应用拆分方法

对于现代应用软件来说，微服务架构相比单体架构具有许多优势，很多组织都希望将单体架构改造为微服务架构，然而这种改造是十分困难的。采用一步到位的方式，即从零开始开发一个全新的基于微服务架构的应用具有极高的风险，这不仅会花费极高的人力成本和时间成本，还很可能以失败告终。

在重写过程中，需要冻结原应用的开发工作，否则无法保障业务和系统的持续健康演化。所以采取正确的策略进行单体应用拆分是十分重要的。总的来说，一般推荐使用渐进式的迁移策略，在开发过程中逐渐重构和迁移单体应用，从而减少风险并保证业务连续性。这种策略一般称为绞杀者模式[25]。

绞杀者模式这一名称来自热带雨林中的绞杀藤蔓。绞杀藤蔓生长在一棵树的周围，并沿着树的枝干一直向上生长，以获取上方的阳光，在此过程中，树会逐渐死去。在将单体应用改造为微服务架构应用的过程中，一般通过在单体应用周围逐步开发新的应用来实现应用的微服务化[26]。整个改造过程可能会持续数月或数年。尽管改造周期很长，但在此期间也可以尽早地获得采用微服务架构的价值。在改造过程中，可以采用新的技术栈、开发过程与交付流程来开发每个新服务，从而提高新业务的交付速度；也可以将部分重要的业务或需要频繁伸缩的业务迁移到微服务上，从而优化成本。在此过程中，还可以使团队获得对微服务架构优势的感知，从而支持整体的重构工作。

改造过程中有一些操作需要注意：首先要尽可能少地对单体应用进行修改。修改单体应用会不可避免地引入数据一致性等问题，其代价是昂贵且是有风险的；应该仔细设计服务的提取顺序，以减少对单体应用的影响。其次要推迟使用新型基础设施，如 Kubernetes、FaaS等，尽量在已有一定服务的运行经验后再使用新型基础设施。

目前，主要有三种策略可实现对单体应用的绞杀改造[26]，并使其逐步演化为微服务架构应用。

1. 将新功能实现为服务

将新功能实现为服务策略一般在原有单体应用规模庞大且复杂时使用，其可以降低单体应用的生长速度，快速展示微服务架构价值，有助于让团队认可迁移和重构的效果。

在执行该策略的过程中，首先需要确定何时将新功能实现为服务。微服务架构的一般设计原则是将应用以一组围绕业务功能设计的松耦合服务展开，这其中要求服务粒度合适、服务高内聚、低耦合。在改造过程中，一方面，新功能可能与已有功能耦合过于紧密，若单独作为服务则会引起大量的数据一致性问题。另一方面，新功能可能太小，不足以作为一个单独的服务呈现。在这种情况下，应将这些功能仍实现在原有的单体服务中，并在以后规划将其提取到新的服务中。

其次，在新功能被实现为服务后，应选择合适的方式将新服务与原有的单体应用集成。通常我们会选择使用 API Gateway 和集成胶水代码将单体应用与服务进行集成。API Gateway 实现对系统访问的路由，将新功能的访问路由指向新服务。集成胶水代码实现新服务与单体应用的结合，其使新服务可以访问单体应用拥有的数据和提供的功能。典型的集成胶水代码一般通过 API 和反腐层来实现。

2．隔离表现层和后端

典型的应用通常包含表现逻辑层、业务逻辑层和数据访问逻辑层。表现逻辑层与业务逻辑层、数据访问层之间通常存在清晰的边界。业务逻辑层具有粗粒度的 API，可以根据该 API 将表现逻辑层与业务逻辑层分成两个较小的服务。一个服务包括表现逻辑层，另一个服务包括业务逻辑层和数据访问层，表现逻辑层服务会调用业务逻辑层和数据访问层服务。这种方式可以使业务快速迭代到用户界面，以支持 A/B 测试等各种场景，同时，业务逻辑层服务也可以提供各种 API 供其他微服务调用。

3．通过将功能提取到服务中来分解单体

上述两种策略没有本质上改变单体应用的复杂度。如绞杀者模式所说，在这个过程中需要逐步将业务功能提取到服务中来拆分单体应用。在拆分时，应尽可能提取的功能是单体应用中一个自上而下的垂直切片，该切片应包含 API 端口、领域逻辑、出站适配器和数据库操作。提取后的服务通过集成胶水代码和 API Gateway 与单体应用进行协作。

为了识别提取的功能，需要确定如何从单体应用的领域模型中提取独立的服务领域模型，该模型对应需提取的服务。之后，需要打破对象引用等依赖，进而拆分类并重构数据库。

4.5.2　微服务架构反模式

微服务架构会给开发、部署、运维带来一定的好处，但在微服务架构的实践过程中，很容易陷入错误的实践模式，从而影响最终获得的价值。这些模式一般称为微服务架构反模式。根据软件过程阶段的不同，典型的反模式有以下三种[27,28]。

1．开发过程中的反模式

开发过程中的反模式具有以下特点。
- **共享代码**：不同服务重复使用相同代码。
- **追随流行**：盲目使用微服务架构或流行的基础设施、开发框架。
- **硬编码**：硬编码 IP 地址、端口等。

- **缺少版本控制**：API 和服务缺少版本控制。

2．服务拆分过程中的反模式

服务拆分过程中的反模式具有以下特点。

- **服务粒度过细**：导致业务需多个耦合的服务共同完成，维护成本超过其带来的价值。
- **内聚混乱**：提供许多彼此间并不相关的操作服务，导致团队拆分和业务流程等产生混乱。
- **服务耦合过高**：服务间严重耦合，导致完成业务时，服务常常同时出现；进行变更时，也需要同时修改耦合的服务。这会影响系统性能、服务可维护性。
- **共享数据库**：不同服务使用同一个数据库。如果同时操作一个数据，可能会导致数据相关问题。
- **循环依赖**：服务间存在循环调用链，这会影响系统性能、可维护性。

3．服务治理过程中的反模式

服务治理过程中的反模式具有以下特点。

- **未设定超时**：服务没有设定合适的超时策略。
- **未使用网关**：服务没有使用网关提供统一的应用入口。
- **未使用监控**：服务没有使用监控等可观察性工具监控系统状态。
- **过多语言、协议、框架**：使用过多的语言、协议、框架，影响团队组建、系统维护。

由此可见，微服务架构反模式与传统设计异味具有很多相似之处，如共享代码、循环依赖、耦合过高、内聚混乱等，这些在传统架构的软件中也是常见的设计问题。同时，一些微服务架构反模式也体现了微服务架构自身的特点，如共享数据库，这对于微服务这种松耦合且强调数据独立性的架构而言，成了一种设计上的反模式。因此，微服务作为一种日益常用的架构风格，其设计问题的发现及解决，仍然需要遵循通用的设计原则并考虑微服务架构本身的价值和目标，在开发实践中逐步优化，从而进一步展现微服务架构本身应有的解耦、灵活、可伸缩等特色。

4.6 小结

抽象、封装、模块化、层次化这些设计原则是开展软件设计质量分析的基础。围绕这些基本设计原则，本章首先讨论了软件设计质量分析的目标和方式，然后针对模块级设计异味和架构异味进行了深入的探讨，进而给出了模块级设计异味和架构异味的检测方法和示例，最后就目前流行的微服务架构进行了设计质量的探讨。

参 考 文 献

[1] DEMING W E. 戴明论质量管理：以全新视野来解决组织及企业的顽症[M]. 钟汉清, 戴久永, 译. 海口：海南出版社, 2003.

[2] CHIDAMBER S R, KEMERER C F. A metrics suite for object oriented design[J]. IEEE Transactions on software engineering, 1994, 20(6): 476-493.

[3] MCCABE T J. A complexity measure[J]. IEEE Transactions on software Engineering, 1976 (4): 308-320.

[4] CAMPBELL A. Cognitive Complexity[EB/OL].(2023-8-29)[2023-12-29].

[5] LOPES C V, MAJ P, MARTINS P, et al. DéjàVu: a map of code duplicates on GitHub[J]. Proceedings of the ACM on Programming Languages, 2017, 1(OOPSLA): 1-28.

[6] MEDVIDOVIC N, TAYLOR R N. Software architecture: foundations, theory, and practice[C]//Proceedings of the 32nd ACM/IEEE International Conference on Software Engineering-Volume 2. Cape Town, South Africa: ACM, 2010: 471-472.

[7] LILIENTHAL C. Architectural complexity of large-scale software systems[C]//2009 13th European Conference on Software Maintenance and Reengineering. Kaiserslautern, Germany: IEEE, 2009: 17-26.

[8] KRUCHTEN P B. The 4+ 1 view model of architecture[J]. IEEE software, 1995, 12(6): 42-50.

[9] ZHU T, WU Y, PENG X, et al. Monitoring software quality evolution by analyzing deviation trends of modularity views[C]//2011 18th Working Conference on Reverse Engineering. Limerick, Ireland: IEEE, 2011: 229-238.

[10] KIRBAS S, HALL T, SEN A. Evolutionary coupling measurement: Making sense of the current chaos[J]. Science of Computer Programming, 2017, 135: 4-19.

[11] STEWARD D V. The design structure system: A method for managing the design of complex systems[J]. IEEE transactions on Engineering Management, 1981 (3): 71-74.

[12] EPPINGER S D. Model-based approaches to managing concurrent engineering[J]. Journal of Engineering Design, 1991, 2(4): 283-290.

[13] WEN Z, TZERPOS V. An effectiveness measure for software clustering algorithms[C]//Proceedings. 12th IEEE International Workshop on Program Comprehension, 2004. Bari, Italy: IEEE, 2004: 194-203.

[14] LAMANTIA M J, CAI Y, MACCORMACK A, et al. Analyzing the evolution of large-scale software systems using design structure matrices and design rule theory: Two exploratory cases[C]//Seventh Working IEEE/IFIP Conference on Software Architecture (WICSA 2008). Vancouver, BC, Canada: IEEE, 2008: 83-92.

[15] WONG S, CAI Y, VALETTO G, et al. Design rule hierarchies and parallelism in software development tasks[C]//2009 IEEE/ACM International Conference on Automated Software Engineering. Auckland, New Zealand: IEEE, 2009: 197-208.

[16] BALDWIN C Y, CLARK K B. Design rules: The power of modularity[M]. Longdon, England: MIT press, 2000.

[17] MURPHY G C, NOTKIN D, SULLIVAN K J. Software reflexion models: Bridging the gap between design

and implementation[J]. IEEE Transactions on Software Engineering, 2001, 27(4): 364-380.

[18] ZHOU D, WU Y, PENG X, et al. Revealing code change propagation channels by evolution history mining[J]. Journal of Systems and Software, 2024, 208: 111912.

[19] SURYANARAYANA G, SAMARTHYAM G, SHARMA T. Refactoring for software design smells: managing technical debt[M]. Waltham, MA, USA: Morgan Kaufmann, 2014.

[20] SHARMA T, SINGH P, SPINELLIS D. An empirical investigation on the relationship between design and architecture smells[J]. Empirical Software Engineering, 2020, 25: 4020-4068.

[21] BOOCH G, MAKSIMCHUK R A, ENGLE M W, et al. Object-oriented analysis and design with applications[J]. ACM SIGSOFT software engineering notes, 2008, 33(5): 29-29.

[22] MUMTAZ H, SINGH P, BLINCOE K. A systematic mapping study on architectural smells detection[J]. Journal of Systems and Software, 2021, 173: 110885.

[23] 刘弋，吴毅坚，彭鑫，等. 基于图模型和孤立森林的上帝类检测方法[J]. 软件学报，2021, 33(11): 4046-4060.

[24] MO R, CAI Y, KAZMAN R, et al. Hotspot patterns: The formal definition and automatic detection of architecture smells[C]//2015 12th Working IEEE/IFIP Conference on Software Architecture. Montreal, QC, Canada: IEEE, 2015: 51-60.

[25] FOWLER M. Strangler Fig Application[EB/OL].

[26] RICHARDSON C. Refactoring a monolith to microservices[EB/OL]..

[27] RICHARDS M. Microservices antipatterns and pitfalls[M]. Sebastopol, California: O'Reilly Media, Incorporated, 2016.

[28] TAIBI D, LENARDUZZI V, PAHL C. Microservices anti-patterns: A taxonomy[J]. Microservices: Science and Engineering, 2020: 111-128.

第 **5** 章

代码克隆分析与管理

在代码克隆检测结果的基础上，可以开展多维度的分析，从而获得关于代码质量的深入洞察。在此基础上，通过相应的管理手段可以有效地控制代码克隆所带来的危害，确保相关软件项目的可持续健康演进。为此，本章首先介绍代码克隆分析的相关概念和思想，然后从代码克隆分析和代码克隆管理两方面分别介绍相关方法和技术。

5.1 概述

代码克隆在软件开发和维护过程中是一种常见的现象。开发人员在实现相同或者相似的功能时，经常会采用"复制–粘贴–修改"的方式对已有的代码进行复用，甚至通过对整个软件项目进行复制进而开展局部修改和扩展的方式来开发"变体"产品。

代码克隆被认为是一种典型的代码异味，其主要危害包括以下几方面。

- **增加代码复杂度及理解负担**：代码克隆的存在导致代码变得更长，同时由于缺少必要的功能抽象而导致开发人员要花费更多的时间去理解这些重复代码。
- **带来额外的一致性维护负担**：不同的代码克隆实例之间经常要保持一致，由此造成一处修改后多处都要同步修改，如果遗漏必要的修改可能造成缺陷。
- **导致缺陷和漏洞传播**：代码中如果存在缺陷或漏洞，那么将导致其随着代码复制而四处传播，从而造成额外的质量隐患。
- **破坏软件项目的整体架构**：代码克隆可能形成一种对软件封装性的破坏，重复的代码四处散布，这对相关模块的内聚度和耦合度可能都会造成负面影响。
- **蕴含潜在的知识产权风险**：开发人员根据自己的理解和判断随意复制代码可能引发潜在的知识产权风险，例如，违反开源代码许可证条款或者无意中将拥有商业版权的代码引入项目中。

虽然代码克隆存在很多危害，但开发人员出于开发时间限制、代码修改的灵活性、避免影响现有功能、代码所有权限制等多种原因还是经常会选择采用代码"复制–粘贴–修改"的方式完成开发任务[1]。事实上，大量的企业开发实践经验表明：绝对杜绝和消除代码克隆是不可能的，合理的对策是保持对代码克隆的持续感知和洞察并在此基础上对其进行有效的管理。

本书第 2.3 节所介绍的代码克隆检测技术是代码克隆分析与管理的基础。通过代码克隆检测技术，我们可以对代码克隆在当前项目中的分布及发展变化情况（如代码克隆组和代码克隆实例增加、修改和消失的情况）保持及时的感知，并在此基础上对代码克隆的空间分布、演化特性及代码缺陷等进行综合分析，然后根据不同类型代码克隆的特点采用不同的管理手段。事实上，许多企业都选择将代码克隆检测工具内嵌到持续集成流水线中，以便及时感知代码克隆的变化情况（如新的代码克隆实例引入）并采取相应的管理措施。例如，可以阻止特定类型的代码克隆提交入库或合并到主分支，或者接受代码克隆的引入、通知相关方（如告知相关代码克隆的维护者，请他们注意这个新的实例）并对相关实例进行持续跟踪。

5.2 代码克隆分析技术

代码克隆分析是指在代码克隆检测结果的基础上，从多个不同角度进行深入分析，如代码克隆在不同项目和同一项目的不同模块中的空间分布情况及代码克隆实例随着时间推移的发展变化的情况。此外，还可以将代码克隆与代码缺陷等其他相关的软件开发数据结合并进行分析，从而了解代码克隆对软件质量和开发工作量等方面造成的实际影响。本节将对一些常用的代码克隆分析方法进行介绍。

5.2.1 代码克隆量与代码克隆比例分析

软件项目中的代码克隆量和代码克隆比例是基本的代码克隆分析手段，其可以让我们大致了解项目中新编写的代码和重复代码分别占多大比例。例如，一些开源项目中，代码克隆的比例通常会达到 10%～30%甚至更高。这些分析结果可以帮助我们评价一个项目的特异性、创新性及相关的开发工作量。

1. 代码克隆量的计算

代码克隆量是在代码克隆检测结果的基础上计算出来的。由于代码克隆检测技术有所差别，因此相应的代码克隆量的计算方式也有一些不同。一种直观的计算方法是按照代码行进行计算，即对属于任何一个代码克隆实例的代码按行进行计数。然而，这种以代码行为单位的计算方式存在两个问题。

首先，两段代码即使都属于 I 型克隆，也可能出现文本上的差别（如不影响代码语法的换行），从而影响以行为单位的代码克隆量计算。因此，在计算代码行时，一些工具通常以格式规范化后的代码为准，如在去掉不必要的空格、空行并补全代码块的边界符（如{}）之后再进行计算。进行规范化处理后计算出来的代码克隆行数才更有意义和可比性。

其次，当考虑差异化的代码克隆（即存在代码行增删改的 III 型克隆）时，重复代码的行数变得难以界定。通常，I 型和 II 型克隆的代码行由于差异比较小，较容易进行归一化，相应的代码克隆行数也比较容易确定。然而，当考虑 III 型克隆时，由于代码行存在增删改，因此可能出现既可以按照连续的 I 型、II 型克隆计算的代码（不将差异部分的代码作为代码克隆的一部分），又可以按照非连续的 III 型克隆计算的代码（将差异部分作为代码克隆的一部分）。这两种计算方式都有一定的道理，在实际分析时可以根据需要进行采用和调整。

2. 代码克隆比例的计算

代码克隆比例是指代码克隆量占总代码量的比例。根据考虑的代码范围不同，总代码量及代码克隆量的计算方式也会有所不同。通常，我们考虑以下三种代码克隆比例。

1）项目内代码克隆比例

项目内代码克隆比例是最常用的一种代码克隆比例计算方式，即给定一个软件项目 P，其代码克隆比例 c_P 等于该项目内部的代码克隆量 L_{Pc} 占其总代码量 L_P 的比例。这里的项目内代码克隆量是仅基于该项目的所有代码进行检测的，也就是说，检测出的所有代码克隆实例都属于项目 P。针对单个软件项目考察其代码和设计质量时，项目内代码克隆比例可以作为一个重要的参考。如果一个软件项目的项目内代码克隆比例高，那么一般需要考虑其中的代码克隆是否存在欠设计或是否存在质量风险。

2）跨项目代码克隆比例

如果想了解某个项目中有多少代码与其他项目的代码重复，那么需要计算跨项目代码克隆比例。由于一个代码克隆可能包含多个实例（副本），因此跨项目的代码克隆往往和项目内的代码克隆存在交叠。如图 5-1 所示，如果只观察项目 P，则看到有一个克隆组包含三个克隆实例（三角形表示）；但如果进行跨项目代码克隆检测，则会发现这三个克隆实例在另一个项目 Q 中还有一个跨项目副本，这些都可以视为一个跨项目代码克隆组的多个实例。此外，也有一些代码在当前项目中不存在克隆，但在考虑其他项目时则出现了克隆（如图 5-1 中的圆圈）。为此，当进行跨项目代码克隆比例分析时，需要结合开展该分析的目的，指明跨项目代码克隆的含义。通常，项目 P 的跨项目克隆比例，是指该项目中与其他项目存在克隆关系的代码量占该项目代码总量的比例。图 5-1 中，圆圈和所有三角形对应的代码量，都会作为跨项目代码克隆比例计算的分子。

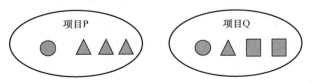

图 5-1　跨项目代码克隆和项目内代码克隆示例

3）给定项目集合的跨项目代码克隆比例

对给定的多个项目进行跨项目代码克隆检测时，获得的代码克隆量去除只在单个项目内出现的代码克隆量后所获得的跨项目代码克隆量占总代码量的百分比，就是该项目集的跨项目代码克隆比例。需要注意的是，当对多个项目进行分析时，通常更加关注跨项目的代码克隆，因此应当将只存在于项目内的代码克隆滤除，以免造成分析结果理解上的误区。另外，虽然该指标对于整体理解项目间的代码克隆情况具有一定的意义，但也需要考虑企业开发团队实际的开发方式。有时，企业会采用"模板+变体"的应用级克隆方式，即为了更灵活地进行开发，在复用已有系统代码的同时，就把整个系统作为"模板"复制一份，再进行相应的定制和修改。这就会导致跨项目代码克隆比例居高不下。此时，需要进一步对开发模式进行审视，并对相应的代码克隆进行监控和管理，从而尽可能降低代码克隆造成的额外维护成本和一致性质量风险。

5.2.2　代码克隆谱系分析

代码克隆谱系（Code Clone Genealogy）[2][3]是表达代码克隆演化的主要手段。每个克隆对或克隆组从其生成开始，经历的所有变化，都可通过代码演化分析实现前后版本的追溯。构建代码克隆谱系的方法一般包括代码快照克隆检测、前后版本克隆映射及克隆状态标识三个步骤。

1．代码快照克隆检测

这一步骤主要完成单版本的代码克隆检测。通常利用现有的克隆检测工具对指定版本的代码进行扫描，从而识别该版本的所有代码克隆片段，并记录其所在的位置。由于被检测的软件项目的规模可能很大，演化的版本可能很多，所以每次全量检测代码克隆的开销很大，因此在代码克隆检测工具性能有限的情况下，针对每次提交所得到的代码快照进行全量克隆检测往往并不现实。因此，常用的策略是仅对几个主要的阶段性版本进行克隆检测，从而降低所需检测的版本快照数量。但这也带来时间粒度较粗的问题，导致难以对每个开发人员引入和消除克隆的开发行为进行分析。

为了实现更细时间粒度上的代码克隆检测，需要利用增量克隆检测技术（如 iClones[4]）来提升克隆检测的效率，并进行克隆的演化分析[5]，其本质是利用增量检测技术降低前后版本克隆映射的开销，从而提升克隆演化分析的性能。另外还有一种技术方案是利用高性能的代码克隆检测工具对 Git 等版本控制系统（VCS）的原始代码数据进行全量克隆检测[6]，然后利用 VCS 的版本信息重建代码克隆的演化追溯关系，其也取得了较好的效果。在使用增量或者基于 Git 原始数据进行克隆检测的方法下，前后版本克隆映射这一步骤将与克隆检测结果处理整合在一起。

2．前后版本克隆映射

当每个版本快照的代码克隆完成检测后，需要利用代码差异分析方法，对前后版本的代码克隆进行映射，从而识别哪些代码克隆发生了修改。为了提升版本映射的效率，减少不必要的代码差异分析开销，这种映射一般都会针对发生修改的文件进行。如果一个文件在两个版本之间没有发生任何修改，那么其中的代码克隆也不会发生修改；而新增或删除的文件，如果其中包含代码克隆，则需要识别为新增或删除克隆实例（如果同一克隆组在前一版本中已经存在），或者识别为新增或删除克隆组（如果在前一版本的克隆组不存在）。

3. 克隆状态标识

完成代码克隆的前后版本映射后，克隆组中每个克隆实例的创建、代码变更、消除都可通过分析与前一版本的对应关系获得。克隆组及克隆实例的变化状态如表 5-1 所示。

表 5-1　克隆组及克隆实例的变化状态

状 态 变 化		说　明
克隆组	新增	当前版本中的克隆组无法与前一版本克隆组匹配
	消除	前一版本中的克隆组无法在当前版本中找到匹配
	异化	前一版本克隆组中的部分或全部克隆实例与当前版本的克隆实例在位置上匹配，但由于内容上的变化，导致新的克隆实例与原代码克隆不再有克隆关系
克隆实例	新增	克隆组中出现了新的克隆实例
	消除	克隆组中消除了克隆实例，但克隆实例的数量仍然超过 2 个，因此克隆组仍然存在。需要注意的是，克隆实例的消除需要和克隆组的异化一起来考虑。例如，可能有一个克隆实例被修改后，不再属于原克隆组，从克隆实例角度来看，是消除了一个实例，但从克隆组的角度来看，则是发生了克隆组的异化
	修改	克隆实例发生了修改，但仍然维持在原来的克隆组中。克隆实例的修改可以通过一致性修改分析来确认其为一致性修改或非一致性修改

代码克隆谱系的构建，需要从多个版本的克隆演化中获得。选择版本的时间间隔，决定了克隆谱系的时间粒度。在项目级代码克隆演化分析需求下，通常以软件的阶段性版本来构建代码克隆谱系。即克隆谱系中的每个时间节点，是软件开发中的阶段性版本发布节点。这对于分析阶段性版本的代码克隆变化情况和趋势，已经有很好的作用。

但在开发人员的开发行为分析中，粗时间粒度的克隆谱系因为无法反映开发人员的提交信息，所以无法满足分析要求。此时，需要用到按提交或者按代码合并请求（Merge Request，MR）来构建的代码克隆谱系，只有这样才能获得精准的代码修改情况及其与开发人员的关系。

5.2.3　代码克隆一致性修改分析

代码克隆的一致性修改是指两个或者多个代码克隆实例发生了相同的修改。在这里，相同的修改不仅包括将原有代码克隆改为新的代码克隆，也包括新增代码克隆及删除代码克隆。具体地，对于将原有代码克隆改为新的代码克隆的一致性修改，需满足修改前代码相同且修改后代码也相同；对于新增代码克隆的一致性修改，需满足新增代码的内容相同；对于删除代码克隆的一致性修改，需满足删除代码的内容相同。在代码克隆的众多修改中，修改内容的提取及匹配，是识别克隆一致性修改的关键。

识别代码克隆一致性修改，存在两种情况：一种是在同一次提交的修改中，代码克隆发生的代码修改、新增或删除完全相同；另一种是在不同次提交的代码修改中，发生的代码修改、新增或删除完全相同。图 5-2 给出了一个克隆对在 4 次提交中的修改和一致性情况，其中空心圈表示该克隆实例在对应的提交中无修改，着色的圈表示存在修改。进一步细分，着深色的圈表示该次提交的代码修改有与之一致的修改，浅色的圈表示该次提交的代码修改没有与之一致的代码修改。如果我们用符号 $D_{n,\text{cmt}}$ 来表示克隆的第 n 个实例在提交 cmt 中发生的修改，那么 D_{1,cmt_1} 与 D_{2,cmt_1} 就是在同一次提交中发生的一致性修改（用虚线连接来表示），而 D_{1,cmt_2} 与 D_{2,cmt_3} 就是发生在不同提交中的一致性修改。

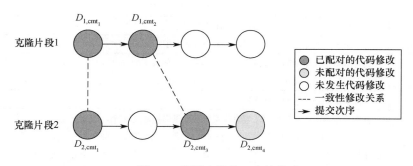

图 5-2   代码克隆的一致性修改

一致性修改的分析依赖于代码克隆谱系[3]的构建。对每个克隆组或克隆对而言，其所有克隆实例的演化过程集中在一起（包括克隆实例的新增、删除和修改）就称为整个克隆组或克隆对的代码克隆谱系。为了分析一致性修改，需要对每个代码克隆谱系中的所有代码克隆修改进行提取，进而对不同的修改进行匹配（包括修改类型及修改内容的匹配），发生匹配的修改则为一致性修改。由于一致性修改可能在多个克隆实例间发生，因此理论上需要在同一个克隆组的所有克隆实例之间，两两分析所有提交中的代码修改，并进行一致性判断。

在识别出所有的一致性修改和非一致性修改后，可进一步刻画克隆组一致性修改的总体情况，涉及以下两个维度。

- **一致性修改率**：在一个代码克隆谱系中，一致性修改次数占总的克隆实例修改次数的百分比。当代码克隆谱系中的克隆实例没有发生修改时，一致性修改率取值为"未定义"。

- **一致性修改延迟**：一对一致性修改的提交时间差。当一对一致性修改出现在同一次提交中时，它们的一致性修改延迟是 0。在一个代码克隆谱系中，可对所有一致性修改延迟计算平均值或中位数，从而刻画这个代码克隆谱系总体的一致性维护及时程度。如果一个代码克隆谱系中没有一致性修改，则一致性修改延迟取值为"未定义"。

基于这两个维度，可以对一个克隆组的整体一致性修改情况进行分析，从而为后续代码克隆维护提供数据支撑。

5.2.4　代码克隆与缺陷的关系分析

代码克隆对软件质量的一个重要威胁在于代码克隆对缺陷的传播。一方面，如果代码本身存在缺陷，对这段代码的克隆可能导致缺陷的传播；另一方面，如果多个代码克隆副本都存在相同的缺陷，那么当开发人员修复其中一处缺陷时，若不能及时了解其他的代码克隆副本，则可能遗漏对某些缺陷的修复。现有研究对代码克隆与缺陷的关系进行了较为深入的分析，对与代码克隆相关的缺陷检测进行了多方面的探索[7][8][9]，并发现最近发生的修改或最近引入的代码克隆往往更加容易出错。

为了获取代码克隆是否与缺陷相关，通常通过代码克隆是否与所识别的缺陷代码重合来表示。同时，为了区分缺陷是否直接与代码克隆有关，还需要考虑该缺陷是否在不同的克隆实例上进行了一致性修改。利用缺陷分析技术（第 2 章），可从代码中识别出缺陷代码的位置。缺陷代码位置通常是先通过修复缺陷的提交消息（Commit Message）定位到缺陷修复的提交，再通过该提交修改的代码来识别的。例如，图 5-3 给出了一个缺陷修复的示例。该缺陷是开源项目 Redis 的一个已修复缺陷，为便于表述，我们对缺陷代码上下文做了删减。该段代码是一段代码克隆，它同时存在于文件 src/sds.c 和 deps/hiredis/ sds.c 中。在 2014 年 12 月 9 日，一位开发人员在 src/sds.c 中通过修改示例中的第 6 行代码修复了一个缺陷，但并没有修改该克隆对在 deps/hiredis/sds.c 中的另一个克隆实例。直到 2015 年 7 月 25 日，另一位开发人员才将 deps/hiredis/sds.c 中的代码克隆进行了同样的修改，并消除了这个缺陷。

```
1        sds sdscatvprintf(sds s, const char *fmt, va_list ap) {
2            va_list copy;
3            ......
4              va_copy(cpy, ap)
5              vsnprintf(buf, buflen, fmt, cpy);
6-             va_end(ap);
6+             va_end(cpy);
7            ......
8        }
```

图 5-3　缺陷修复的示例

由此可以看出，代码克隆是否与缺陷相关这一问题，主要是基于代码克隆是否与缺陷代码发生交叠来判断的。如果缺陷在代码中的位置正好也是代码克隆的位置，那么可初步判定代码克隆与缺陷相关；进而观察该段代码的其他克隆实例，如果也有类似的缺陷，那么就可判定该缺陷与代码克隆相关。这是发现因代码克隆而带来缺陷传播的重要方法。

5.2.5 代码克隆危害分析

在软件企业的代码中，现存的代码克隆由于历史原因可能占有相当大的比例。尽管已知代码克隆可能给代码维护带来额外的负担，并且可能导致缺陷的扩散和多处相同缺陷遗漏修改的问题，但要完全消除所有的代码克隆是不现实的，也是不可取的。在企业级软件质量保障的要求下，对已有代码的修改，往往涉及评审、测试、风险评估等多个环节，对于原本并未产生实际缺陷或维护问题的代码克隆来说，"一刀切"地要求消除克隆，并不是明智之举。

那么，根据给定软件项目的开发历史，是否能通过历史回顾来判断当前哪些代码克隆对软件维护和外部质量产生了危害风险呢？虽然重复代码会带来额外的维护负担和质量问题，但这些问题给软件开发造成的实际影响因重复代码的实际维护情况而有所不同。有些重复代码在出现后，并不继续发生修改，也没有产生什么问题，那么，此时仅仅具有潜在的维护代价和质量风险，并没有造成实际问题。因此，这些重复代码仅需适当监控，而暂时无须重构消除。

现有研究通过分析代码克隆的一致性修改及缺陷倾向给代码克隆进行了分类。Hu 等[6]人提出了一种基于历史回顾的方法，从代码克隆是否经历了修改、是否经历了一致性修改、一致性修改是否同步及是否因为延迟的一致性修改导致缺陷或残留缺陷这四个角度，提出了四个代码克隆危害风险评价指标。这些指标都可以通过代码克隆的演化谱系或修改历史进行提取，下面分别介绍它们。

1. 平均每个克隆实例修改次数（Changes per clone Instance, CpI）

CpI 用于度量克隆组历史修改的频度。它的计算方式是克隆组演化历史上的克隆实例修改总数除以克隆组的当前版本实例数。相较于克隆实例的修改总次数而言，该指标能更好地反映克隆组整体修改频度。举例来说，在一个很大的克隆组中，即使每个实例仅修改过一次（克隆实例的添加和删除不被计入 CpI 中），克隆实例的修改总数也很大，因此它不能反映维护克隆实例的工作量。图 5-4 给出了一个由三个克隆实例构成的克隆组 CpI 计算示例，在版本 r_{-4} 上克隆组出现，此后在 r_{-2} 和 r_{-1} 上发生了两次克隆实例的修改。鉴于克隆实例被修改了两次，克隆组包含三个克隆实例，因此可得 CpI = 2/3。

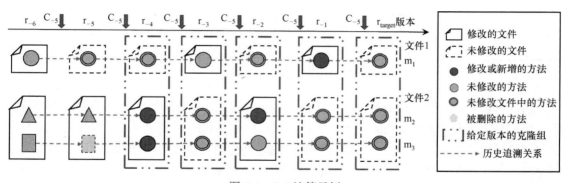

图 5-4　CpI 计算示例

2．一致性修改率（Consistent Change Ratio，CCR）

CCR 用于度量在克隆组维护历史上进行一致性修改的程度。如果对一个克隆对进行了一致性修改，那么我们将这个克隆对中每个克隆实例的修改称为一次一致性修改。CCR 的计算方式是克隆组中的一致性修改总次数除以克隆组中的克隆实例修改总次数。需要特别注意的是，如果一个克隆组的 CCR 为 0 但 CpI 不为 0，这表明该克隆组从未进行过一致性维护。仍以图 5-4 为例。假设方法 m_1 在 r_{-1} 上的修改和 m_2 在 r_{-2} 上的修改是一致性修改，则当前克隆组在演化过程中有两次一致性修改，克隆实例的修改数也为 2，因此可得 CCR = 2/2 = 1.0。

3．一致性修改的时间差（Consistent Change Latency，CCL）

CCL 用于度量克隆组的一致性维护是否存在时间差。它的计算方式是克隆组的所有一致性修改的时间差的平均值。所谓"时间差"是指产生两处代码修改所在的提交间的时间间隔。如果一个克隆组的 CCL 为 0 但 CCR 不为 0，则说明该克隆组历史上总是对克隆实例进行同步的一致性修改（所有一致性修改都在同一次提交中发生）。在图 5-4 所示的示例中，假设 r_{-2} 与 r_{-1} 前后相隔 3 天，则 CCL = 3 天。时间差的计算精确度可以根据实际需要选择，一般取到天即可。

4．伴随延迟一致性修改的缺陷修复版本提交

该指标用于统计克隆组是否曾因不一致修改导致缺陷。因不一致修改导致的缺陷是指克隆组中的克隆实例本应进行一致性修改，但由于某种原因遗漏了某些修改而造成的缺陷。这些缺陷可能是不一致本身导致的新缺陷，也可能是由于遗漏修改产生但尚未修复的已有缺陷。我们假定，这些缺陷的修复应该在代码的提交消息中留有记录，例如，带有"修复……缺陷"或类似模式的文本描述。因此，通过分析版本提交消息中是否包含"缺陷""修复"等关键字及其相应的文本模式，就可以判断克隆组是否曾因不一致修改而导致缺陷。伴随延迟一致性修改的缺陷修复版本提交是不一致修改导致缺陷的证据，同时也是代码克隆直接造成危害的表现。

基于上述四个指标，可将代码克隆危害风险级别定为以下四级。

- **几乎无风险（Few）**：如果一个克隆组中的所有实例在其演化过程中没有发生修改或一致性修改，那么该克隆组为几乎无风险的。判别规则为：CpI=0 或 CCR=0。
- **低危害风险（Low）**：如果克隆组中的实例在其演化过程中经历了一致性修改且所有的一致性修改都保持同步，则该克隆组为低危害风险的。判别规则为：CpI>0，CCR>0，CCL=0。
- **中危害风险（Medium）**：如果克隆组中的实例在其演化过程中经历了一致性修改且存在一致性修改时间差，则该克隆组为中危害风险的。判别规则为：CpI>0，CCR>0，CCL>0。

● **高危害风险（High）**：如果克隆组中的实例在演化历史上有证据显示因延迟或缺失一致性修改而导致缺陷，则该克隆组为高危害风险的。判别规则为：CpI>0，CCR>0，CCL>0 且在延迟的一致性修改中存在缺陷修复。

图 5-5 给出了上述危害风险级别的评估决策表。

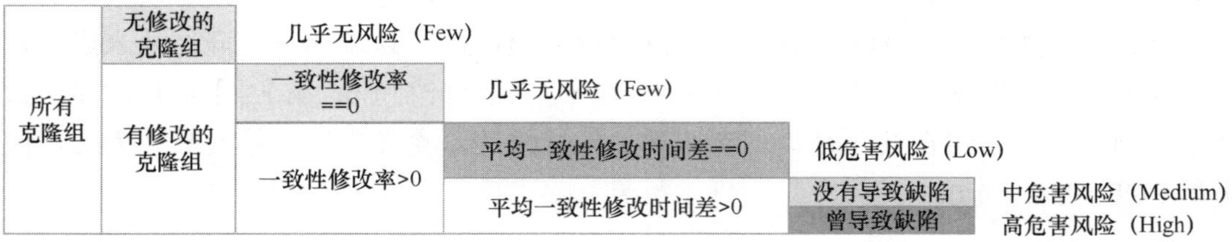

图 5-5　代码克隆危害风险级别的评估决策表

根据上述分级规则，图 5-3 中的代码克隆，由于出现缺陷修复的一致性修改，且一致性修改的时间差大于 0，因此该代码克隆的危害风险等级为高。

面对不同危害风险等级的代码克隆，开发人员可通过代码克隆的空间分布、代码差异性及维护方式等，对代码克隆的危害风险等级进行管理和控制。下面，我们将讨论代码克隆管理技术。

5.3　代码克隆管理技术

并非所有的代码克隆都需要通过重构的方式进行消除。首先，我们需要对软件项目中的代码克隆进行摸底，对代码克隆情况进行管理和监控，同时了解软件项目中的代码克隆对于软件维护和质量的总体风险；其次，我们需要根据不同代码克隆的危害风险等级，进行有针对性的风险消减，并对已有的代码克隆进行管理；然后，在软件开发过程中，引入新的代码克隆及对已有代码克隆的修改，都需要纳入管理；最后，可以通过可视化手段，对代码克隆的分布、危害风险及活跃情况进行整体呈现，从而帮助开发人员全面掌握代码克隆的变化趋势，从管控代码克隆的角度来维护代码质量。

5.3.1　代码克隆的监控

在软件开发管理的过程中，代码克隆的检出只是其生命周期管理的开始。借助克隆谱系构建技术，当前版本的软件项目中的代码克隆将与历史版本中的代码克隆一起，被建立起历史追溯关系。根据 5.2.2 节列出的克隆组和克隆实例的状态分析方法，本节重点介绍日常开发管理中值得关注的几种代码克隆监控场景及其价值。

1．克隆实例的新增

在理想状况下，开发人员和开发管理人员应当对克隆实例的新增有所察觉。新增的克隆实例表明开发人员在最近的提交中引入了新的重复代码。尽管有研究表明，一些代码克隆本身无法或者难以被消除，而"复制–粘贴–修改"可能是最为有效的开发方式，但这些重复代码的引入仍然应当引起重视，以便在将来有修改需要时，及时判断是否需要进行一致性修改。

2．克隆实例的消除

克隆实例的消除通常表明开发人员将重复代码移除了。需要注意的是，一个克隆实例的消除，并不代表这个克隆实例被正确重构消除。如果原有的一段代码克隆被定制化修改，导致它不再归属于原有的克隆组，那么从检测结果上来看，这个克隆实例也被消除了。这种情况下，只有采用代码追溯技术对代码的来源进行回溯，才能完整刻画代码的生命周期。有些克隆实例的消除，仅仅是由于删除或者移动了代码克隆所在的函数、文件，并不是由于开发人员主动对代码克隆进行了重构，因此需要进一步分析。在克隆分析和管理中，应当对保持原有代码功能且通过重构消除重复代码的开发行为进行识别并记录，将这些工作记录到开发人员的有效工作量中。

3．克隆组的新增

克隆组的新增可以分为两种情况。第一种情况，所有克隆实例同时新增。在这种情况下，开发人员在一次提交中引入同一个代码片段的多个副本。第二种情况，在已有代码片段的基础上，创建新的代码克隆副本，从而形成了克隆。在这种情况下，开发人员往往是在已有代码中找到了符合其需要的代码片段，但又无法或不愿直接通过调用的方式调取这些代码，于是就对这些代码以"复制–粘贴"的方式进行使用。这两种情况虽然在决策动机和效果上有所差别，但由于引入了新的代码克隆，因此都需要受到严格的评审，以确保引入这些代码克隆是当前合理的选择。

4．克隆组的消除

我们期望克隆组以适当的方式重构消除，即代码本身的功能基本不变，但重复代码减少了，这是理想的克隆组消除情况。然而，在实践中，由于技术和资源的限制，要精确识别、重构、消除克隆仍然存在一定的困难。目前的克隆组消除通常是以前一个版本的克隆组中所有克隆实例在下一个版本中不再存在来判断的，因此，与克隆实例的消除类似，会出现因为代码整体删除、移动而导致克隆组消除误判的问题。开发团队在进行案例化的代码克隆管理时需要注意，对克隆组进行消除时应对保持原始功能的重构消除进行识别，这样才能对克隆组消除进行正确的解读。

5．克隆组的异化（分裂）

代码克隆在维护过程中可能出现其中部分或全部克隆实例发生集体变更，形成另一个克隆组的情况。这种情况称为克隆组的异化。克隆组的异化本质上是新增克隆实例和消除克隆实例的综合。如果新增的克隆实例有多个，则出现了一个新的克隆组；如果消除的克隆实例的数量与原克隆实例数量相等，则原克隆组被消除。这里应特别对克隆组异化进行监控，其目的是避免将克隆组的整体变化与单纯的新增克隆组混淆，并且建立起代码克隆演化的完整历史过程。如果一个克隆组的内容发生了较大变化，在代码克隆检测中被识别为另一个克隆组，而丢失了这些代码片段的已有历史，那么对于完整理解代码演化过程是非常不利的。

5.3.2 基于危害分析的代码克隆管理

基于软件维护历史的回顾式代码克隆危害风险评估方法，可将软件项目中的代码克隆分成不同的危害风险等级。在代码克隆管理中，开发人员可以根据代码克隆的危害风险等级对其给予相应的关注，并进一步制定消减代码克隆危害风险的方案。研究表明，开发过程中至少有以下四种可控的代码克隆危害风险消减因素[6]。

1. 克隆实例的相似程度

该因素与代码内容相关。不同类型的代码克隆在维护一致性的困难程度上有所区别，通常，I 型克隆在维护一致性修改时可以相互参照；II 型克隆在保持一致性修改时需要考虑其标识符的差异；III 型克隆需要根据具体的代码修改内容来判断其是否存在一致性修改。一般情况下，对 III 型克隆差异部分（相比之下有新增的部分）的修改不会产生一致性修改，因为克隆对中另一个克隆实例没有对应的代码。

风险应对和管理建议：一般而言，不同的克隆实例如果代码相同，那么一致性维护的困难较小，这是因为在很多情况下，相同的代码更容易被开发人员理解，并判断是否要对这些代码进行某种修改。但当代码之间有差异时，开发人员则需要对差异产生的原因进行分析，进而判断当前修改是否与这种差异有关，才能决定是否要在不同的克隆实例中应用同一个修改。因此，如果开发人员能够对不必要的代码克隆差异进行统一化处理，那么克隆实例之间的一致性维护就会更容易一些。

2. 克隆实例的分散度

该因素与克隆实例的空间分布有关。同文件内克隆、同目录不同文件克隆与跨目录的克隆在维护一致性的困难程度上有所区别。

风险应对和管理建议：在开发实践中，克隆实例如果在空间上分布较为接近（在同一个文件或者同一个文件夹内），或者较为对称（虽然不在同一个文件夹，但所在文件的路径非常类似，如 redis 和 hiredis），那么开发人员在维护这些代码时，通常能较为容易地得知相关克隆实例的位置，从而找到所有克隆实例来判断是否需要进行一致性维护。

因此，当代码克隆实例较为分散、难以让开发人员察觉时，可以通过重构，将一些代码克隆移动到空间上较为接近的位置，并让所有要使用这些代码的开发人员都了解相关知识，从而提升代码克隆维护的效率。

3．克隆组的大小

该因素与克隆组的实例数目有关。克隆组越大，进行一致性维护的工作量就越大。

风险应对和管理建议：有责任心的开发人员在对一个克隆实例进行修改时，一般要复查其他克隆实例是否也使用当前的修改，这是对各处逻辑一致性的确认。当克隆组中的克隆实例很多时，这种检查的额外开销就会变大。为了减少一致性维护的困难，可通过主动提取公共方法、调整函数访问指向、将不必要存在的代码克隆从项目中去除等方式，减少重复代码的量，这对于降低克隆一致性维护风险具有非常重要的作用。

4．参与维护的开发人员数

该因素与克隆组的开发协作情况有关。如果有多位开发人员协同维护一个克隆组，发生不同步的一致性修改的概率可能会更高。

风险应对和管理建议：从企业的开发团队管理实践上看，同一个克隆组内的不同克隆实例如果归属不同的开发团队、不同的开发人员来进行维护，那么当其中一个克隆实例发生修改时，要通知开发团队的其他人员分析修改内容是否适用于自己负责维护的克隆实例是较为困难的，且会给其他开发人员带来额外的工作负担。为此，在开展代码克隆的摸底后，对同一个克隆组内的不同实例的维护团队和人员进行梳理，通过优化设计、调整分工，识别出具有一致性维护需求的克隆实例，这样在对代码克隆进行修改时，将更容易开展一致性维护。

上述四个因素常用于降低代码克隆的危害风险。在代码克隆管理中，所采取的应对措施不仅包括对代码克隆本身的修改、对代码克隆位置的调整，还包括对开发团队职责和维护负责人的调整。因此，在代码克隆的日常管理中，除持续加强对当前代码克隆及其演化历史的了解以外，还需要对开发活动及团队组织进行适应性的调整，以便提升人们对代码克隆的管理能力，降低代码克隆的一致性维护开销和缺陷风险。

5.3.3　代码克隆一致性维护的推荐

在软件开发过程中，开发人员充分了解正在修改的代码是否存在其他克隆副本，以及其他代码修改是否对自己维护的克隆副本产生影响，是代码克隆管理服务于软件开发的重要环节。当前，一些集成开发环境提供了代码克隆的显示插件，能对项目内的代码克隆有较为完备的提示；在当前正在编写的代码中找到当前项目或其他软件项目中的代码克隆，是典型的代码搜索工作，能充分利用代码克隆的语法重复特性完成；而在代码维护修改活动的同时，是否要对其他代码克隆传播当前代码修改的方式和内容，则是代码克隆的同步修改问题。

尽管当前有一些对代码克隆同步演化的研究[10]，但如何准确判断一处代码修改是否需要传播到另一处，仍然是一个挑战。已有的工作通常利用修改的代码是否在代码克隆中有对应的内容来决定是否需要传播代码修改，从而保证原来一样的代码，在一处修改后，其他克隆实例也能得到一致性修改。这种"匹配即传播"的策略，虽然在大多数情况下是合理的，但是不能应对带有差异的代码克隆；并且，在代码克隆的维护中，同一个代码克隆的不同语义或功能的变化，也可能有不一样的克隆修改传播需求，即有些修改需要其他克隆实例进行一致性修改，而有些修改则不需要。

为此，在开发人员的代码编写过程中进行代码克隆一致性维护推荐，首先要获取当前编辑代码的其他克隆副本；然后针对正在开展的代码修改，采用技术手段对其他克隆副本进行一一判断，从而得到其他克隆副本是否需要修改的建议；最后通过代码差异分析和上下文分析，将代码修改内容推送到其他克隆实例的工作空间上，从而提示相应开发人员审视这些修改是否需要传播到这些克隆实例上。

为了完成这个目标，Hu 等人[11]提出了一种基于图神经网络的模型用于学习哪些代码克隆的修改需要进行一致性修改传播，哪些不需要。通过在 51 个开源项目中构建克隆谱系并提取一致性修改对，构造一致性修改和非一致性修改数据集，并将每个修改表示为一个专用于表达代码克隆及其变更的程序依赖图（称为融合克隆 PDG，Fused Clone PDG），进而将图表示输入一个图神经网络中（R-GCN），进行多轮次的训练，得到一个判断克隆修改是否需要在两个代码之间同步的模型，从而预测修改是否需要传播到制定的克隆实例。在开源项目上的实验表明：该方法具有较高的准确性和泛化性，具有应用潜力。

5.3.4　面向软件维护的代码克隆可视化

可视化是开展代码克隆管理的重要环节之一。借助可视化技术，可对克隆的整体分布、种类、危害等方面进行形象地刻画，从而为开发人员和管理人员提供一个直观的管理入口。代码克隆的常见可视化方法如下。

1．跨项目克隆分布图

将每个项目抽象为一个点，若项目之间有克隆关系，则在对应的两个点之间连一条边，并且将项目之间的克隆比例作为边的权重，以点线图或采用力平衡布局的方式，构建一张大图。图 5-6 给出了一个跨项目的克隆分布图示例，其中每个点是一个项目，点的颜色表示项目的业务类型（比如 Android 应用、游戏应用），两个点之间的距离越近，表示两个项目的代码克隆比例越高。可以看到，同种业务类型的软件项目，它们之间的克隆比例相对高；这些项目根据不同的类型聚在一起，并且这种聚集呈现出了一定的规律性。项目级的克隆分布图，能体现项目之间粗粒度的克隆相关性，开发人员或管理人员通过该图能获知这些项目之间的代码相互重复情况，并可基于这个图，进一步探索项目内部的克隆情况。

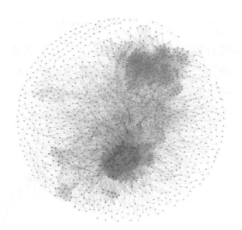

彩图

图 5-6　跨项目的克隆分布图示例

2．项目内克隆分布图

树图（TreeMap）是一种由对齐的矩形框构成的二维平面图，如图 5-7 所示。其中每个小方块都表示一个文件，黑线表明了包或文件夹的边界，整个软件项目就表示为外层最大的矩形框。在整个图中，每个方块可以根据分析需要进行不同的着色。例如，图 5-7 的着色是根据代码克隆是否跨项目、跨文件夹或者跨文件来决定的，其中红色表示该克隆是跨项目克隆，红色越深，表示跨项目越明显，红色越浅（粉红色），则表示克隆跨的项目不多，跨项目特征不明显。

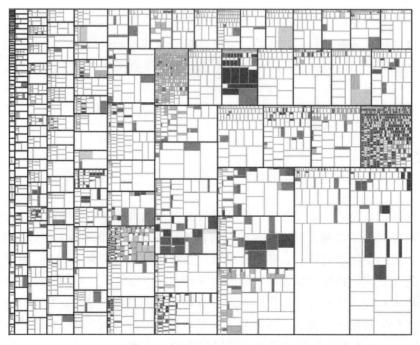

彩图

图 5-7　项目内克隆分布图示例（TreeMap）

利用相似的可视化方法，还可以对代码克隆的危害风险等级、克隆修改频繁程度等进行可视化，从而帮助开发人员和管理人员按需聚焦到所关心的代码克隆。

项目内的代码克隆可视化还有很多其他方法。例如，图 5-8 展示了以弦图表示的项目内不同模块和文件间的克隆关系。圆周上的三层分别表示不同粒度的代码单元，弦则表示代码单元之间的克隆关系，弦的颜色越深表示克隆比例越高。

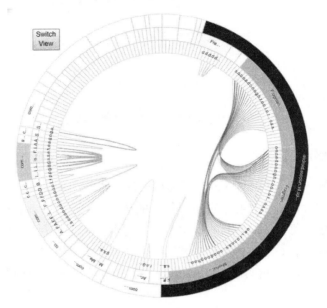

彩图

图 5-8   项目内克隆分布图示例（弦图）

这些克隆可视化方法的目的，都是以一种直观的方式展示代码克隆之间的关系，包括分布、强弱、变化动态和趋势等。不同可视化方法突出的重点不同，开发人员可根据实际的分析需求进行可视化设计。

5.4   小结

在开源软件日益发达、企业内部软件开发日益复杂的背景下，软件开发过程中对现有代码的重复使用也越来越普遍。开发人员在获得由于代码克隆而带来的生产效率提升的同时，也在面临着由代码克隆缺乏管控、开发成果缺乏系统化积累而带来的困难。将重复的开发活动及其生产的重复代码检测出来，加以分析和管理，从而为软件开发的有序和高效开展提供必要的知识积累和规范化指导，是代码克隆分析和管理的目标。尽管在软件开发实践中，代码克隆的消除和治理往往会受到一线开发人员的质疑，但持续地、系统化地分析代码克隆的维护历史，有针对性地集中开发力量对具有较高维护成本和较大质量风险的代码克隆进行重点管理，是一种有效地提升代码质量和生产效率的手段，值得软件企业和开发团队深入思考并持续探索。

参 考 文 献

[1] ZHANG G, PENG X, XING Z, et al. Cloning practices: Why developers clone and what can be changed[C]//2012 28th IEEE International Conference on Software Maintenance (ICSM). Trento, Italy: IEEE, 2012: 285-294.

[2] KIM M, SAZAWAL V, NOTKIN D, et al. An empirical study of code clone genealogies[C]//Proceedings of the 10th European Software Engineering Conference held jointly with 13th ACM SIGSOFT International Symposium on Foundations of Software Engineering. New York, NY, USA: ACM, 2005: 187-196.

[3] KIM M, NOTKIN D. Using a clone genealogy extractor for understanding and supporting evolution of code clones[J]. ACM SIGSOFT Software Engineering Notes, 2005, 30(4): 1-5.

[4] GÖDE N, KOSCHKE R. Incremental clone detection[C]//2009 13th European Conference on Software Maintenance and Reengineering. Kaiserslautern, Germany: IEEE, 2009: 219-228.

[5] GÖDE N, KOSCHKE R. Studying clone evolution using incremental clone detection[J]. Journal of Software: Evolution and Process, 2013, 25(2): 165-192.

[6] HU B, WU Y, PENG X, et al. Assessing code clone harmfulness: Indicators, factors, and counter measures[C]//2021 IEEE International Conference on Software Analysis, Evolution and Reengineering (SANER). Honolulu, HI, USA: IEEE, 2021: 225-236.

[7] HAYASE Y, LEE Y Y, INOUE K. A criterion for filtering code clone related bugs[C]//Proceedings of the 2008 workshop on Defects in large software systems. New York, NY, USA: ACM, 2008: 37-38.

[8] LI J, ERNST M D. CBCD: Cloned buggy code detector[C]//2012 34th International Conference on Software Engineering (ICSE). Zurich, Switzerland: IEEE, 2012: 310-320.

[9] MONDAL M, ROY C K, SCHNEIDER K A. Identifying code clones having high possibilities of containing bugs[C]//2017 IEEE/ACM 25th International Conference on Program Comprehension (ICPC). Buenos Aires, Argentina: IEEE, 2017: 99-109.

[10] CHENG X, ZHONG H, CHEN Y, et al. Rule-directed code clone synchronization[C]//2016 IEEE 24th International Conference on Program Comprehension (ICPC). Austin, TX: IEEE, 2016: 1-10.

[11] HU B, WU Y, PENG X, et al. Predicting change propagation between code clone instances by graph-based deep learning[C]//Proceedings of the 30th IEEE/ACM International Conference on Program Comprehension. New York, NY, USA: ACM, 2022: 425-436.

第6章

软件供应链风险分析

本章首先介绍软件供应链中的各类风险，包括安全风险、许可证风险与维护风险；其次介绍软件成分分析；接着介绍安全风险分析，包括漏洞数据库构建、漏洞传播影响分析与恶意软件包检测；然后介绍许可证风险分析，包括许可证冲突检测与许可证违反检测；最后介绍维护风险分析，包括组件冲突检测、组件版本统一分析与组件版本升级推荐。

6.1 软件供应链风险概述

当前，开源软件对信创和软件产业、国民经济、国防与国家安全等发挥着重要的支撑作用。为此，全球多国陆续发布开源软件规划与政策。例如，2019 年 9 月，美国国防部明确要求全面实施开源软件计划，并将开源软件作为美国国防部数字工程战略的一部分，从而降低美国军方系统成本，实现抵消战略优势[1]。2021 年 11 月，我国工业和信息化部印发的《"十四五"软件和信息技术服务业发展规划》明确提出：当前，开源已覆盖软件开发的全域场景，其正在构建新的软件技术创新体系，引领新一代信息技术创新发展，全球 97% 的软件开发人员和 99% 的企业使用开源软件，基础软件、工业软件、新兴平台软件大多基于开源，开源软件已经成为软件产业的创新源泉和"标准件库"[2]。

开源软件是企业产品创新的重要基石。国外如谷歌等大型企业，国内如华为、阿里、腾讯等大型企业都需要借助开源软件来实现产品的快速迭代和创新发展。开源软件可以被企业复用来构建软件产品，使得企业可以更多地关注于软件产品的创新价值和业务逻辑。此外，开源软件经过了广泛的测试和使用，其质量相对而言有一定的保证。因此，开源软件有利于企业降低技术风险水平，降低产品开发成本，从而进一步提高产品质量。然而，开源软件之间存在着非常复杂的依赖关系，即一个开源软件通过源代码复制、源代码二次开发、组件依赖引用等方式复用并依赖于其他开源软件，这构成了复杂的开源软件供应链，由此给软件的可信性带来了巨大的风险。具体而言，复杂的开源软件供应链体系为软件可信性带来了三方面的风险。

首先，开源软件供应链带来了严峻的安全风险。由于开源漏洞普遍存在，开源软件供应链的安全性受到了严峻的挑战。一旦一个开源软件出现漏洞，它将导致所有通过软件供应链依赖于该开源软件的产品都可能受到影响，这严重影响了软件产品的安全性。例如，2021年 12 月，开源软件 Log4j2 被发现存在 JNDI 注入漏洞问题，而 Log4j2 是应用最广泛的 Java日志组件之一，为数百万基于 Java 的应用程序、网站和服务所使用。因此，由于开源软件供应链的存在，受到该漏洞波及的企业组织数量众多。据网络安全解决方案供应商 Check Point 估算，全球超过 40%的企业网络都遭遇了该漏洞攻击，腾讯、百度、京东、网易、滴滴、苹果、亚马逊、谷歌、特斯拉等企业无一幸免[3]。更为严峻的是，开源漏洞不仅普遍存在，而且还在持续增长。据奇安信 2022 年发布的《中国软件供应链安全分析报告》披露，截至 2021 年年底，CVE、NVD、CNNVD、CNVD 等公开漏洞库中共收录开源漏洞 52716个，其中有 6346 个漏洞为 2021 年新增漏洞，而 2020 年新增的漏洞数量为 5366 个[4]。此外，除了利用开源软件供应链中已有的安全漏洞外，攻击者还可以将恶意代码注入托管在软件包仓库中的软件上，进而通过开源软件使用者的下载和调用，感染用户主机，达到执行恶意行为的目的。例如，2022 年 12 月，主流的深度学习开发框架 PyTorch 遭遇了软件供应链投毒攻击——依赖混淆攻击[5]。攻击者利用了 PyTorch 的夜间软件包仓库（PyTorch Nightly Build）与 PyPI 软件包仓库不同步的特点，基于 PyTorch 依赖上游软件包 torchtriton 的事实，首先在PyPI 中上传同名恶意软件包 torchtriton，然后利用包管理工具的版本选择策略，使得用户在构建 PyTorch 时自动优先选择 PyPI 上的 torchtriton 而不是在 PyTorch Nightly Build 上的合法版本，从而引起恶意软件包的传播。

其次，开源软件供应链带来了严峻的许可证风险。开源软件许可证规范了其他软件对于当前开源软件的使用、修改和传播方式。每种许可证都通过一系列具体的条款声明各种约束，不同许可证所规定的使用者的权利义务不同，一般可分为开放型（使用开源软件的其他软件不受当前许可证约束）和传染型（使用开源软件的其他软件的全体或部分也需要受当前许可证约束，传染性强弱各不相同）两种。例如，GPL 允许使用者随意修改和分发对应的开源软件，但要求使用者将自身所开发的软件也进行开源。由于软件组成成分复杂，各种不同来源、不同约束的软件成分混杂在一起，导致开发人员在修改代码的过程中可能会忽视某些代码背后的许可证要求。此外，许可证条款一般都以自然语言的形式描述，难以进行自动化检查。因此，开源软件使用过程中的许可证违反案例层出不穷，由此导致了大量的法律诉讼及经济纠纷。例如，BusyBox 是知名的 UNIX 工具包，其包含了 Linux 的一系列工具集合，但这些工具集又包括一些 GPL 许可证授权的工具，所以引发了一系列诉讼案件[6]。

最后，开源软件供应链还带来了严峻的维护风险。为了增加新功能或者修复缺陷（功能、性能、安全等缺陷），开源软件在不断地演化，而且不定期地发布新版本。开源软件在演化过程中可能发生不兼容的修改，例如，移除原有的外部 API 或者以不兼容的方式修改其参数。这种不兼容的开源软件演化会导致使用开源软件的其他软件项目在升级过程中付出额外的时间和成本。例如，2020 年 4 月，JavaScript 生态中的 is-promise 组件进行正常更新，发布了 2.2.0 版本，但由于该版本并未遵循正确的 ES 模块标准，导致所有在构建时使用 is-promise

组件的项目几乎全部发生故障，而依赖该组件的项目超过 340 万个[7]。此外，由于复杂的开源软件供应链，软件项目可能依赖于同一个组件的不同版本，当这些不同的组件版本存在不兼容性问题时，就有可能导致依赖冲突问题，并引起运行时崩溃等严重问题。

6.2　软件成分分析

软件成分分析是一种用于确定软件中使用的各种组件及其版本以及组件之间依赖关系的技术，其可生成软件物料清单（Software Bill-of-Materials，SBOM）。该技术是软件供应链风险分析的基础技术，而软件物料清单的准确性会极大地影响风险分析的准确性。根据组件的使用方式，即组件依赖引用、组件源代码复制或二次开发，软件成分分析可以分为基于包管理器的成分分析与基于代码指纹的成分分析。

6.2.1　基于包管理器的成分分析

开发人员一般使用包管理器来管理软件项目所依赖的组件（软件包）。包管理器提供了一个集中的方式来搜索、安装、更新和删除软件包，并解决软件包之间的依赖关系。主流的编程语言都提供了成熟的包管理器。借助包管理器，人们可以方便地进行软件成分分析。本节将介绍几种主流编程语言（包括 Java、JavaScript、Go 和 Python）的包管理器及如何基于这些包管理器进行软件成分分析。

Java 有两个主要的包管理器：Maven 和 Gradle。Maven 是一种流行的构建企业级 Java 项目的开源工具，旨在消除软件项目构建过程中的一些繁重且复杂的工作。区别于传统使用基于任务的构建方式的 Ant，Maven 使用一种声明式的方法，描述了软件项目的整体结构和内容。Maven 提出的项目对象模型 POM 是一个可以通过一小段基于 XML 语言的描述信息来管理项目构建、报告和文档的项目管理工具。Gradle 是基于 Apache Ant 和 Apache Maven 概念的项目自动化构建开源工具。它基于 Groovy 的特定领域语言来声明软件项目设置，并摒弃了 Maven 基于 XML 的烦琐配置，采用脚本语言编写项目配置。Gradle 是一个基于 JVM 的通用且灵活的构建工具，支持 Maven 中央仓库和 Ivy 仓库，并支持可传递性依赖关系管理，但不需要远程仓库或者 pom.xml 和 ivy.xml 配置文件，它使用 Groovy 编写构建脚本。Maven 和 Gradle 分别给开发人员提供了 mvn dependency:tree 和 gradlew dependencies 命令来生成和查看软件项目的软件包依赖树（软件组成成分），即软件项目直接和间接依赖的软件包及其版本信息。图 6-1 是通过 mvn dependency:tree 命令得到的软件项目 docker-java-api 的依赖树信息。可以看到，该软件项目直接依赖 jackson-annotations 2.10.3、slf4j-api 1.7.30 等软件包，并间接依赖 jcip-annotations 1.0、jsr305 3.0.1 等软件包。

```
[INFO] com.github.docker-java:docker-java-api:jar:0-SNAPSHOT
[INFO] +- com.fasterxml.jackson.core:jackson-annotations:jar:2.10.3:compile
[INFO] +- org.slf4j:slf4j-api:jar:1.7.30:compile
[INFO] +- com.google.code.findbugs:annotations:jar:3.0.1u2:provided
[INFO] |  +- net.jcip:jcip-annotations:jar:1.0:provided
[INFO] |  \- com.google.code.findbugs:jsr305:jar:3.0.1:provided
[INFO] +- org.projectlombok:lombok:jar:1.18.22:provided
[INFO] +- org.junit.jupiter:junit-jupiter:jar:5.7.2:test
[INFO] |  +- org.junit.jupiter:junit-jupiter-api:jar:5.7.2:test
[INFO] |  |  +- org.apiguardian:apiguardian-api:jar:1.1.0:test
[INFO] |  |  +- org.opentest4j:opentest4j:jar:1.2.0:test
[INFO] |  |  \- org.junit.platform:junit-platform-commons:jar:1.7.2:test
[INFO] |  +- org.junit.jupiter:junit-jupiter-params:jar:5.7.2:test
[INFO] |  \- org.junit.jupiter:junit-jupiter-engine:jar:5.7.2:test
[INFO] |     \- org.junit.platform:junit-platform-engine:jar:1.7.2:test
[INFO] +- com.tngtech.archunit:archunit-junit5:jar:0.18.0:test
[INFO] |  +- com.tngtech.archunit:archunit-junit5-api:jar:0.18.0:test
[INFO] |  \- com.tngtech.archunit:archunit-junit5-engine:jar:0.18.0:test
[INFO] |     \- com.tngtech.archunit:archunit-junit5-engine-api:jar:0.18.0:test
[INFO] \- com.tngtech.archunit:archunit:jar:0.18.0:test
```

图 6-1　Java 软件项目 docker-java-api 的依赖树信息

NPM（Node Package Manager）是一个用于管理 JavaScript 软件包的包管理工具，随着 Node.js 的发布而推出，逐渐流行并成为 JavaScript 社区标准通用的包管理器。通过 NPM，开发人员可以在软件项目中使用第三方软件包，也可以发布自己的软件包。NPM 使用 package.json 文件来管理依赖关系，该文件记录了软件项目所需的软件包和软件项目的元信息（如名称、版本、作者等）。开发人员可以通过 npm list 命令来生成软件项目的软件包依赖树。图 6-2 是通过 npm list 命令得到的软件项目 react 的依赖树信息。该软件项目直接依赖 eslint-plugin-react 6.10.3、eslint 7.32.0 等软件包，并间接依赖 jest 29.5.0、react-test-renderer 18.2.0 等软件包。

Go Modules 是 Go 语言 1.11 版本中引入的一种新的依赖管理机制。它是 Go 语言官方推荐的依赖管理方式，主要用于管理 Go 语言项目所依赖的第三方软件包。Go Modules 使用 go.mod 配置文件来管理包的依赖关系。该文件包含了软件项目所依赖的第三方软件包的名称及版本。开发人员可以通过 go mod graph 命令来生成软件项目的软件包依赖关系。图 6-3 是通过运行 go mod graph 命令得到的软件项目 gin 的软件包依赖关系。可以看到，该软件项目直接依赖 github.com/bytedance/sonic v1.8.2、github.com/davecgh/go-spew v1.1.1 等软件包，并间接依赖 github.com/klauspost/cpuid/v2 v2.0.9、github.com/stretchr/testify v1.8.1 等软件包。

pip 是 Python 的一个包管理工具，可以用来安装和管理 Python 软件包。它可以帮助开发人员在不同环境中管理 Python 软件包，并允许开发人员在需要时快速安装或删除软件包。开发人员可以通过 pip list 命令列出当前环境下安装的所有 Python 软件包。因此，要想得到当前软件项目的依赖关系，开发人员需要为每个软件项目单独设置一个虚拟环境。借助软件包 pipdeptree，可以依赖树的结构形式罗列出当前环境下安装的所有 Python 软件包的依

```
+-- eslint-plugin-no-function-declare-after-return@1.1.0
+-- eslint-plugin-react-hooks@5.0.0 -> .\packages\eslint-plugin-react-hooks
| +-- @babel/eslint-parser@7.22.5
| +-- @typescript-eslint/parser-v2@npm:@typescript-eslint/parser@2.34.0
| +-- @typescript-eslint/parser-v3@npm:@typescript-eslint/parser@3.10.1
| +-- @typescript-eslint/parser-v4@npm:@typescript-eslint/parser@4.33.0
| +-- @typescript-eslint/parser-v5@npm:@typescript-eslint/parser@5.60.0
| +-- babel-eslint@10.1.0
| `-- eslint@7.32.0 deduped
+-- eslint-plugin-react-internal@0.0.0 -> .\scripts\eslint-rules
+-- eslint-plugin-react@6.10.3
+-- eslint@7.32.0
+-- fbjs-scripts@3.0.1
+-- file-uri-to-path@1.0.0
+-- filesize@6.4.0
+-- flow-bin@0.209.0
+-- flow-remove-types@2.209.1
+-- glob-stream@6.1.0
+-- glob@7.2.3
+-- google-closure-compiler@20230206.0.0
+-- gzip-size@5.1.1
+-- hermes-eslint@0.9.0
+-- hermes-parser@0.9.0
+-- internal-test-utils@0.0.0 -> .\packages\internal-test-utils
+-- jest-cli@29.5.0
+-- jest-diff@29.5.0
+-- jest-environment-jsdom@29.5.0
+-- jest-react@0.14.0 -> .\packages\jest-react
| +-- jest@29.5.0 deduped
| +-- react-test-renderer@18.2.0 deduped -> .\packages\react-test-renderer
```

图 6-2　JavaScript 软件项目 react 的依赖树信息

```
github.com/gin-gonic/gin github.com/bytedance/sonic@v1.8.2
github.com/gin-gonic/gin github.com/chenzhuoyu/base64x@v0.0.0-20221115062448-fe3a3abad311
github.com/gin-gonic/gin github.com/davecgh/go-spew@v1.1.1
github.com/gin-gonic/gin github.com/gin-contrib/sse@v0.1.0
github.com/gin-gonic/gin github.com/go-playground/locales@v0.14.1
github.com/gin-gonic/gin github.com/go-playground/universal-translator@v0.18.1
github.com/gin-gonic/gin github.com/go-playground/validator/v10@v10.11.2
github.com/gin-gonic/gin github.com/goccy/go-json@v0.10.0
github.com/gin-gonic/gin github.com/json-iterator/go@v1.1.12
github.com/gin-gonic/gin github.com/klauspost/cpuid/v2@v2.0.9
github.com/gin-gonic/gin github.com/kr/text@v0.2.0
github.com/gin-gonic/gin github.com/leodido/go-urn@v1.2.1
github.com/gin-gonic/gin github.com/mattn/go-isatty@v0.0.17
github.com/gin-gonic/gin github.com/modern-go/concurrent@v0.0.0-20180306012644-bacd9c7ef1dd
github.com/gin-gonic/gin github.com/modern-go/reflect2@v1.0.2
github.com/gin-gonic/gin github.com/pelletier/go-toml/v2@v2.0.8
github.com/gin-gonic/gin github.com/pmezard/go-difflib@v1.0.0
github.com/gin-gonic/gin github.com/spf13/viper@v1.16.0
github.com/gin-gonic/gin github.com/stretchr/testify@v1.8.3
github.com/gin-gonic/gin github.com/twitchyliquid64/golang-asm@v0.15.1
github.com/gin-gonic/gin github.com/ugorji/go/codec@v1.2.10
github.com/gin-gonic/gin golang.org/x/arch@v0.0.0-20210923205945-b76863e36670
github.com/gin-gonic/gin golang.org/x/crypto@v0.9.0
github.com/gin-gonic/gin golang.org/x/net@v0.10.0
github.com/gin-gonic/gin golang.org/x/sys@v0.8.0
github.com/gin-gonic/gin golang.org/x/text@v0.9.0
github.com/gin-gonic/gin google.golang.org/protobuf@v1.30.0
github.com/gin-gonic/gin gopkg.in/yaml.v3@v3.0.1
github.com/bytedance/sonic@v1.8.2 github.com/chenzhuoyu/base64x@v0.0.0-20221115062448-fe3a3abad311
github.com/bytedance/sonic@v1.8.2 github.com/davecgh/go-spew@v1.1.1
github.com/bytedance/sonic@v1.8.2 github.com/klauspost/cpuid/v2@v2.0.9
github.com/bytedance/sonic@v1.8.2 github.com/stretchr/testify@v1.8.1
github.com/bytedance/sonic@v1.8.2 github.com/twitchyliquid64/golang-asm@v0.15.1
github.com/bytedance/sonic@v1.8.2 golang.org/x/arch@v0.0.0-20210923205945-b76863e36670
github.com/chenzhuoyu/base64x@v0.0.0-20221115062448-fe3a3abad311 github.com/bytedance/sonic@v1.5.0
github.com/chenzhuoyu/base64x@v0.0.0-20221115062448-fe3a3abad311 github.com/davecgh/go-spew@v1.1.1
github.com/chenzhuoyu/base64x@v0.0.0-20221115062448-fe3a3abad311 github.com/klauspost/cpuid/v2@v2.0.9
github.com/chenzhuoyu/base64x@v0.0.0-20221115062448-fe3a3abad311 github.com/stretchr/testify@v1.8.1
```

图 6-3　Go 软件项目 gin 的软件包依赖关系

赖信息。图 6-4 是通过 pip deptree 命令得到的软件项目 selenium 的软件包依赖树信息。可以看到，该软件项目直接依赖 certifi、trio、trio-websocket 等第三方软件包，并间接依赖 async-generator、attrs、cffi 等第三方软件包。

```
selenium==4.5.0
├── certifi [required: >=2021.10.8, installed: 2022.9.14]
├── trio [required: ~=0.17, installed: 0.22.0]
│   ├── async-generator [required: >=1.9, installed: 1.10]
│   ├── attrs [required: >=19.2.0, installed: 22.1.0]
│   ├── cffi [required: >=1.14, installed: 1.15.1]
│   │   └── pycparser [required: Any, installed: 2.21]
│   ├── exceptiongroup [required: >=1.0.0rc9, installed: 1.0.0rc9]
│   ├── idna [required: Any, installed: 3.4]
│   ├── outcome [required: Any, installed: 1.2.0]
│   │   └── attrs [required: >=19.2.0, installed: 22.1.0]
│   ├── sniffio [required: Any, installed: 1.3.0]
│   └── sortedcontainers [required: Any, installed: 2.4.0]
├── trio-websocket [required: ~=0.9, installed: 0.9.2]
│   ├── async-generator [required: >=1.10, installed: 1.10]
│   ├── trio [required: >=0.11, installed: 0.22.0]
│   │   ├── async-generator [required: >=1.9, installed: 1.10]
│   │   ├── attrs [required: >=19.2.0, installed: 22.1.0]
│   │   ├── cffi [required: >=1.14, installed: 1.15.1]
│   │   │   └── pycparser [required: Any, installed: 2.21]
│   │   ├── exceptiongroup [required: >=1.0.0rc9, installed: 1.0.0rc9]
│   │   ├── idna [required: Any, installed: 3.4]
│   │   ├── outcome [required: Any, installed: 1.2.0]
│   │   │   └── attrs [required: >=19.2.0, installed: 22.1.0]
│   │   ├── sniffio [required: Any, installed: 1.3.0]
│   │   └── sortedcontainers [required: Any, installed: 2.4.0]
│   └── wsproto [required: >=0.14, installed: 1.2.0]
│       └── h11 [required: >=0.9.0,<1, installed: 0.14.0]
└── urllib3 [required: ~=1.26, installed: 1.26.12]
```

图 6-4　Python 软件项目 selenium 的软件包依赖树信息

6.2.2　基于代码指纹的成分分析

虽然使用包管理器是一种常见的软件开发实践方式，但是仍然有不少软件项目在开发过程中没有通过包管理器来声明引入的第三方软件包依赖信息。一方面，可能由于某些编程语言本身就缺少一个较为成熟且流行的包管理器，如 C 语言。另一方面，也可能由于开发人员没有遵循良好的开发规范，随意复制修改软件包的源代码。开发人员倾向于将不同第三方库的源代码克隆到他们的软件项目中，以避免重复开发现有的相似功能，并缩短软件开发周期，提高软件开发的效率[8]。然而，这些复制的第三方库可能会引入严重的安全问题，比如常见漏洞和公开漏洞（Common Vulnerabilities and Exposures，CVE），危及项目开发和运行的安全与稳定。因此，对开发人员来说，了解并跟踪项目中第三方库的成分信息至关重要，以便他们能够快速检测和修复相关的安全问题。在这种情况下，就需要采用直接扫描软件项目的源代码，提取其代码指纹并与已有的软件包代码指纹进行比对匹配的方法，来分析软件项目中所引入的第三方软件包依赖关系，这就是基于代码指纹的成分分析。

通常来说，基于代码指纹的成分分析的主要思路是为每个软件包版本生成独特的代码指纹，然后将目标软件项目的代码指纹与这些软件包的代码指纹进行匹配，从而确定所依赖的第三方软件包及其版本信息。代码指纹通常又称作代码签名或代码特征集合，是在一定程度上反映代码词法、语义等特征的一种代码的中间表示形式。代码指纹的选取、设计对软件成分分析的效果有着极大的影响。因此在提取代码指纹时，往往需要提取代码的特征。根据提取代码特征的不同，其可以分为词法特征和结构特征。一般来说，二进制代码的词法特征主要有指令（Instruction）、符号（Token）、字节（Byte）等，结构特征主要有控制流图（Control Flow Graph，CFG）、函数调用图（Call Graph）、程序依赖图（Program Dependency Graph，PDG）等；而源代码的词法特征主要有代码文本（Text）、符号、关键字等，结构特征主要有抽象语法树（AST）、程序依赖图等。在提取到代码特征后，需要将它们转换为一个更加简单的便于索引的形式。一种比较常见的方式是对提取的代码特征进行哈希计算，并将计算结果作为代码指纹。

传统的基于代码指纹的成分分析方法往往通过整个软件包的某些结构特点来生成代码指纹。例如，OSSPolice[9]主要根据软件包的目录结构及命名来设计代码指纹。然而，这种代码指纹不够健壮，开发人员可能会因为重构等原因更改这些软件包的目录组织结构，从而影响识别的准确率。为了能够更加准确地定位软件项目中引入的软件包，最新的基于代码指纹的成分分析方法通常在软件包函数的粒度上进行代码指纹生成与匹配。这样做的一个好处是可以识别只有部分代码被引入的软件包。例如，Centris[10]通过对函数文本进行局部敏感哈希计算来生成代码指纹。

进一步来说，由于软件包之间可能存在相互嵌套、相互包含的关系，因此最新的基于代码指纹的成分分析方法通常并不需要对软件包中的所有函数提取代码指纹，而只需要对部分特异的核心函数提取。例如，著名的浏览器引擎软件包 Chrominum 包含了另一个软件包 LibPNG 的源代码，如果不对软件包中嵌套的函数进行过滤，那么就可能存在大量的误报现象。为了减少此类误报，Centris 会根据代码提交历史中函数的创建时间来过滤相关函数，使得同一个函数仅属于一个软件包。在 Centris 的基础上，OSSFP[11]通过函数复杂度信息来过滤支持函数（不包含任何核心逻辑或者算法的简单函数），并通过函数的出现频率差异来过滤常见函数（在其他软件包中频繁出现的函数），以此先筛选出软件包的核心函数，再进行代码指纹提取，从而进一步减少误报的现象。

图 6-5 展示了使用 Centris 对 GitHub 上的 Redis 项目的 7.2.3 版本进行基于代码指纹的函数级依赖分析结果。在预先构建的代码指纹库中，我们录入了 7.2.1 及之前版本的 Redis 项目的代码指纹。图中的列分别表示目标仓库（inputRepo）、代码来源仓库（repoName）、代码来源版本（version）、复用函数数量（used）、未复用函数数量（unused）、修改文件数量（modified）以及是否发生了文件路径变化（strChange）。根据 Centris 的依赖分析结果，可以观察到 7.2.3 版本相较于 7.2.1 及之前版本弃用了 8 个方法，并对 9 个方法进行了修改。与所有 7.2.x 版本相比，Redis 项目的代码库只经历了微小的变化。然而，与 7.0.x 版本相比，Redis

项目的代码库发生了超过 300 个函数的修改，并弃用了超过 1200 个函数，整体变化相当大。相对于之前的 6.x 版本，其仅保留了约一半的原始代码，变化可谓巨大。

inputRepo	repoName	version	used	unused	modified	strChange
redis@@redis	redis@@redis	7.2.1	6934	8	9	False
redis@@redis	redis@@redis	7.2.0	6932	9	10	False
redis@@redis	redis@@redis	7.2-rc3	6912	19	19	False
redis@@redis	redis@@redis	7.2-rc2	6663	156	83	True
redis@@redis	redis@@redis	7.2-rc1	5241	793	221	True
redis@@redis	redis@@redis	7.0.13	4523	1206	317	True
redis@@redis	redis@@redis	7.0.12	4519	1209	318	True
redis@@redis	redis@@redis	7.0.11	4501	1226	322	True
redis@@redis	redis@@redis	7.0.10	4478	1239	326	True
redis@@redis	redis@@redis	7.0.9	4468	1248	327	True
redis@@redis	redis@@redis	7.0.8	4460	1254	329	True
redis@@redis	redis@@redis	7.0.7	4450	1261	332	True
redis@@redis	redis@@redis	7.0.6	4448	1262	333	True
redis@@redis	redis@@redis	7.0.5	4389	1302	329	True
redis@@redis	redis@@redis	7.0.4	4374	1314	330	True
redis@@redis	redis@@redis	7.0.3	4373	1315	330	True
redis@@redis	redis@@redis	7.0.2	4334	1334	340	True
redis@@redis	redis@@redis	7.0.1	4328	1337	342	True
redis@@redis	redis@@redis	7.0.0	4266	1383	345	True
redis@@redis	redis@@redis	7.0-rc3	4170	1447	341	True
redis@@redis	redis@@redis	7.0-rc2	4037	1499	347	True
redis@@redis	redis@@redis	7.0-rc1	3885	1574	344	True
redis@@redis	redis@@redis	6.2.13	3008	1709	329	True
redis@@redis	redis@@redis	6.2.12	2995	1722	332	True
redis@@redis	redis@@redis	6.2.11	2990	1729	330	True
redis@@redis	redis@@redis	6.2.10	2986	1733	329	True
redis@@redis	redis@@redis	6.2.9	2986	1733	329	True
redis@@redis	redis@@redis	6.2.8	2983	1734	331	True
redis@@redis	redis@@redis	6.2.7	2975	1740	333	True
redis@@redis	redis@@redis	6.2.6	2937	1762	336	True
redis@@redis	redis@@redis	6.2.5	2912	1779	336	True
redis@@redis	redis@@redis	6.2.4	2891	1786	341	True

图 6-5　Redis 项目基于代码指纹的函数级依赖分析结果

6.3　安全风险分析

软件项目的软件供应链上可能存在含有漏洞的软件包，也可能存在含有恶意代码的软件包，这些漏洞或者恶意代码通过软件供应链被引入了软件项目中，放大了软件项目的被攻击面，带来了极大的安全风险。为了降低这类安全风险，可以通过漏洞传播影响分析技术准确地识别软件供应链上是否存在漏洞，并且判断漏洞是否可达；并利用恶意软件包检测技术在软件包仓库上进行提前筛查，尽可能早地检测到恶意软件包，从而有效避免恶意软件包流入软件包仓库中。

　　漏洞传播影响分析技术的使用前提是有一个高质量的漏洞数据库，能够提供漏洞所影响的软件包及其版本和漏洞补丁等关键信息。

6.3.1　漏洞数据库构建

　　高质量的漏洞数据库需要提供给用户准确的漏洞信息。然而，目前的漏洞数据库［如National Vulnerability Database（NVD）、国家信息安全漏洞库（CNNVD）等］的数据结构化程度不高且数据质量不佳。例如，漏洞所影响的软件包及其版本、漏洞补丁等信息大多以非结构化的文本形式存在于漏洞描述、漏洞参考链接等知识中，并存在一定的错误率。漏洞所影响的软件包及其版本信息和漏洞补丁信息对于软件供应链安全分析至关重要。前者建立了漏洞和软件包版本之间的对应关系，便于进行漏洞传播影响分析；而后者提供了漏洞的修复方案及漏洞的代码特征，便于进行漏洞风险消除分析。

　　从漏洞所影响的软件包信息这个角度来说，多数知识中不会直接出现完整的软件包名，软件包信息也可能以别名的形式存在。从漏洞所影响的软件包版本信息这个角度来说，目前的漏洞知识库提供的版本信息存在相当多不准确的情况。例如，许多漏洞的引入版本都是从软件包的初始版本开始的，但实际情况是初始版本中并没有引入该漏洞。从漏洞补丁信息这个角度来说，漏洞参考链接应标记"补丁"（Patch）相关的参考链接，但是不少漏洞都没有这样的标记。从漏洞的覆盖面这个角度来说，目前的漏洞数据库对于一些隐匿漏洞的披露存在漏报问题。部分开发人员发现漏洞后，出于安全性考虑，并没有主动披露漏洞，而是随着某一次版本更新隐匿地修复了这个漏洞，因此此类漏洞比较难被漏洞知识库收录。但是，当攻击者查看历史版本的更改记录时，就会发现这些隐匿漏洞从而对某些版本的软件包造成威胁。因此，为了构建一个高质量的漏洞数据库，需要用一些自动化的方法来准确识别漏洞所影响的软件包及其版本和漏洞补丁等信息，并提前感知隐匿漏洞。

1．漏洞所影响的软件包识别

　　漏洞报告中的受影响的软件包信息往往存在缺失或错误的问题。我们使用编号为CVE-2021-22118和CVE-2017-1000163的漏洞来说明不同漏洞数据库中受影响软件包及其生态系统的质量问题。

　　图 6-6 展示了不同漏洞数据库中 CVE-2021-22118 漏洞的部分信息。总的来说，不同漏洞数据库采用不同的模式来表示受影响软件包和它们所在的生态系统。NVD 使用 cpe23uri字段来表示受影响的软件，其中包括供应商名称（vmware）和产品名称（spring_framework），但没有体现软件包名称 spring-web。其他四个漏洞数据库以与 Maven 生态系统中软件包坐标接近的格式表示受影响的软件包。例如，GitLab 使用 package_slug 字段及分隔符"/"来体现受影响软件包的生态系统、group ID 和 artifact ID；GitHub 使用 name 字段分隔符"："来表示 group ID 和 artifact ID。此外，NVD 不报告生态系统，而其他四个漏洞数据库都报告生

态系统，如 GitHub 的 ecosystem 字段、Veracode 的 coordinateType 字段、Snyk 的 TYPE 字段以及 GitLab 的 package_slug 字段。

图 6-6　CVE-2021-22118 漏洞在不同漏洞数据库中的部分信息

　　图 6-6 中，对于 CVE-2021-22118 漏洞，GitLab、GitHub 和 Snyk 的受影响软件包与事实情况不符。一方面，漏洞数据库可能将依赖于有漏洞软件包的软件包标记为受影响软件包。例如，GitLab 报告 spring-webflux 是 CVE-2021-22118 漏洞的受影响软件包，因为 spring-webflux 依赖于真正包含漏洞的 spring-web 的有漏洞版本。同样，Snyk 将 jenkins 标记为 CVE-2021-22118 漏洞的受影响软件包，因为 jenkins 在 Red Hat 的 OpenShift 容器平台中包含了 spring-web 的有漏洞版本。另一方面，漏洞数据库可能报告不正确的受影响软件包。例如，GitHub 报告 spring-core 是受影响软件包。然而，在调查后，我们确认 spring-core 没有间接依赖于 spring-web，也没有共享相似的有漏洞代码片段。

　　图 6-7 展示了 CVE-2017-1000163 漏洞在 GitLab 和 GitHub 公告中的部分信息。GitLab 将 NPM 生态系统中的 phoenix 标识为受影响软件包，而 GitHub 将 Hex 生态系统中的 phoenix 标识为受影响软件包。实际上，CVE-2017-1000163 漏洞在这两个生态系统中都影响 phoenix 软件包。但遗憾的是，GitLab 和 GitHub 都未提供完整的生态系统信息。这些示例引发了开发人员对漏洞数据库质量的担忧。因此，需要找到能够准确识别漏洞所影响软件包的方法和工具。

```
{
    "identifier" : "CVE-2017-1000163"
    "package_slug" : "npm/phoenix"
    "title" : "URL Redirection to Untrusted Site (Open Redirect)"
    ......
}
```
GitLab

```
"affected": [
{
    "package": {
        "ecosystem": "Hex",
        "name": "phoenix"
    }......]}
```
GitHub

图 6-7　CVE-2017-1000163 漏洞在不同漏洞数据库公告中的部分信息

　　由于包含受影响软件包的漏洞知识多元、丰富且繁杂，仅通过单个知识源难以全面地获得软件包信息，因此可以通过融合多源知识进行软件包信息的识别。具体而言，可以考虑三类知识：补丁知识，即修复漏洞的代码变更提交，从中可以获取软件项目仓库信息和修改文件信息；参考链接知识，即漏洞知识库提供的与漏洞相关的参考链接，链接内容包括但不限于开发人员交流邮件、项目官方网站对漏洞给出的报告描述、第三方网站给出的漏洞描述等；CPE（Common Platform Enumeration）知识，即漏洞知识库提供的受漏洞影响的软件信息，包括软件名与其受影响版本号信息，但软件是粗粒度信息，一个软件可能包含多个软件包。

给定一个漏洞 ID，首先可根据补丁中的修改文件逐级遍历软件项目的文件目录，找到如 pom.xml、setup.py 等包管理器，用于发布组件的配置文件，其中会明确记录该软件包的完整名称。针对无法直接从配置文件中读取软件包名的项目，从代码变更提交的修改文件的文件路径中提取与软件包相关的关键词。其次，参考链接中会包含大量关于漏洞的讨论页面，如开发人员之间的讨论邮件、漏洞软件官网的日志、一些第三方网页对漏洞的描述等。漏洞影响的软件包名信息会频繁地出现在这些页面中。因此，可以使用 TF-IDF 算法抽取出这些页面中的潜在软件包名。最后，将 CPE 中包含的发行商、产品等信息作为关键词对软件包库进行搜索，并利用 CPE 中的版本信息过滤搜索结果，同时在参考链接网页中搜索与过滤后的软件包列表中相似度较高的软件包名是否出现，从而确定最终的软件包。由于不同知识源的信息结构、噪音程度不同，从中识别软件包的可信度也不同，因此可以优先采用可信度高的策略进行识别，当缺乏对应知识源的知识或识别失败时，再尝试通过可信度次之的策略进行识别。在上述三个策略中，基于补丁知识的策略可信度最高，基于参考链接知识的策略可信度次之，而基于 CPE 知识的策略可信度最低。

此外，各个知识源的信息中只存在与软件包名相关的关键词，而不包含软件包名本身，因而无法直接从知识中还原出软件包名。为此，想准确地识别漏洞所影响的软件包名需要构建全量的软件包库。通常可以使用 Lucene 框架为全量的软件包建立索引。通过输入各个策略所提取的与软件包名相关的关键词，可在软件包库中快速检索所有软件包，并使用相似度算法为软件包打分，输出若干相似度最高的软件包名。全量软件包的信息可以从各个语言的主流包管理器的维护仓库中获取，例如，可以从 Maven 中央仓库获取全量的 Java 软件包。

2．漏洞所影响的软件包版本识别

漏洞所影响的软件包版本包括漏洞引入版本和漏洞修复版本。以 CVE-2018–6621 漏洞为例，根据它的变更历史，我们发现该漏洞初始记录的影响版本为 3.4.1，随后更改为 3.2。从上述例子中我们可以看到，漏洞影响软件包的版本范围，由开发人员根据经验手动确定，可能存在不全或者不准的情况。针对上述问题，首先可以通过补丁信息定位漏洞修复版本，从而确定漏洞的结束影响版本。然后，通过基于 SZZ 算法的方法识别引入漏洞的提交[12]，从而确定漏洞的引入版本。具体而言，将修复提交中更改的行称为先前提交，而将修改了先前提交的提交称为后代提交。先执行 git blame 命令识别先前提交，并忽略非语义代码行，如空白行、注释行和涉及格式修改的代码行。为了自动识别后代提交，可以利用行映射算法将修改后的行映射到先前版本中的行，并继续通过执行 git blame 命令来识别后代提交。再通过追溯漏洞代码的删除行，定位到漏洞引入的位置，从而确定整个受影响版本的集合。

3．漏洞补丁识别

考虑到漏洞补丁会在与该漏洞相关的各种来源的漏洞公告、分析报告、讨论和解决的过程中被频繁地提及和引用，因此可以利用多源知识来构建漏洞参考链接网络，并在该网络中定位漏洞的补丁[13]。具体而言，给定一个漏洞 ID，步骤如下：

步骤一：参考链接网络的构建。该步骤的目的是对该漏洞在被报告、讨论和解决阶段引用的参考链接进行建模（参考链接，即引用的 URL 网址）。该步骤将从多个漏洞知识源（NVD、Debian、Red Hat 和 GitHub）中提取与该漏洞相关的参考链接并构建一个参考链接网络。这里将 NVD 视为主知识源，将 Debian、Red Hat 和 GitHub 视为次知识源，次知识源列表可以不断扩展，以确保可扩展性和灵活性。其中，通过分析来自 NVD、Debian、和 Red Hat 三个知识源的漏洞公告及其中的参考链接，构建初始参考链接网络。然后将从 GitHub 平台中搜索到的相关的代码提交，作为补丁节点扩入参考链接网络。

图 6-8 是 CVE-2017–11428 漏洞的参考链接网络。它的 NVD 信息包含两个参考链接信息。其中一个是对描述该漏洞技术细节的博客的引用，另一个是对第三方公告的引用。这两个参考链接也包含在 Debian 公告中，不过 Debian 公告还包含修复此漏洞的 GitHub 提交链接 ruby-saml @ 048a54。此外，Red Hat 没有收录该漏洞，所以没有参考链接信息。

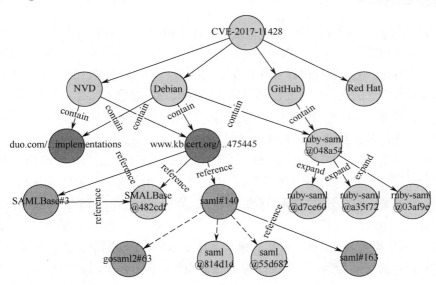

图 6-8　CVE-2017-11428 漏洞的参考链接网络

步骤二：补丁选择，即从构建的参考链接网络中选择具有高置信度和高连通度的补丁节点作为该漏洞的补丁。对于基于置信度的补丁选择，通常将参考链接网络中的两种补丁节点视为具有比较高的置信度。第一种是 NVD 直接引用的补丁节点。这是因为 NVD 漏洞库建立在强大的社区支持下，每个漏洞的信息都经过多个流程的人工确认，且初始漏洞报告在发布后还会不断维护更新。因此，我们认为 NVD 直接引用的补丁节点具有较高的置信度。第二种是从 GitHub 直接搜索出的补丁节点。这是因为在将此类补丁节点扩展到参考链接网络前时，经过了较为严苛的确认，即会确保代码提交信息中包含该漏洞的 ID 或该漏洞对应的 Advisory ID 又或 Issue ID，且其所属的仓库信息必须与该漏洞的 CPE 名称成功匹配。对于基于连通度的补丁的选择，考虑到漏洞的补丁会在与该漏洞相关的各种来源的漏洞公告、分析报告、讨论和解决的过程中被频繁地提及和引用，这就意味着正确的补丁节点将会广泛地连接到参考链接网络中的根节点上，因此，将从两个角度衡量参考链接网络中补丁节点与根节点间的连通度。一是路径数，即根节点可到达补丁节点的路径越多，补丁节点与根节点的连通度就越高；二是路径长度，即从根节点到补丁节点的路径越短，补丁节点到根节点的连通度就越高。

在图 6-8 中，基于置信度的补丁选择方法将直接选择 ruby-saml@048a54 作为补丁。因为该节点是 GitHub 节点的子节点，具有较高的置信度。实际上，ruby-saml@048a54 也确实是正确的补丁之一。而基于连通度的补丁选择方法也选择 ruby-saml@048a54 作为补丁。

步骤三：补丁扩展。漏洞与其补丁之间存在着一对多的映射关系，即一个漏洞包含有多个补丁，且这些补丁通常位于同一代码库的某一个或多个分支上。针对这一特征，将通过搜索同一代码库所有分支中的相关代码提交来扩展补丁列表。

4. 隐匿漏洞感知

隐匿漏洞不同于其他公开披露的安全问题，其隐藏在代码提交历史和仓库的问题报告中，未经公开披露却被开发人员悄悄修复。这种隐匿性导致软件系统存在着潜在的、无法被轻易察觉的安全隐患。这些漏洞可能长期存在于系统中，并在不被察觉的情况下被黑客利用，造成巨大的安全风险。因此，及时发现和披露这些隐匿漏洞对保障软件系统的安全性和稳定性至关重要。提前感知这些潜在问题，并在确认后及时披露，对于防范潜在风险、保护用户数据以及维护系统的稳定性都具有重要意义。

以仓库问题报告为例，CVE-2020-15813 漏洞在其被正式披露之前，一直作为 GitHub 的问题报告被公开发布。CVE-2020-15813 漏洞属于"不当证书验证"类型的漏洞，该漏洞的可利用性评分高达 8.6 分。该漏洞允许攻击者绕过一个开源软件日志管理系统（graylog2/graylog2-server）的身份验证。这一漏洞在 2020 年 7 月 17 日被 NVD 披露，但早在 450 天前（2019 年 4 月 24 日）其漏洞原理就在 GitHub 的问题单上被公开了。该报告中详细地描述了漏洞的预期行为、当前的状态及可复现的步骤，此类漏洞信息在官方披露之前不应被公开。然而，由于缺乏安全领域专业知识或安全管理意识，用户直接将漏洞报告给了公开的问题追踪系统，且维护者在 NVD 披露之前让该报告公开了一年多的时间，这给潜在的攻击者留下了大量时间窗口来利用这个漏洞进行攻击。

再以代码提交为例，CVE-2018-11776 漏洞是 Apache Struts 中存在的一个远程代码执行漏洞，这个漏洞在 2018 年 6 月在公共代码库中被开发人员悄悄修复了，尽管补丁是两个月后才被披露的。但是考虑到开源软件开发的公开性质，一旦漏洞修复被提交到源代码库，攻击者就很有可能在安全补丁被公开披露之前推断出对应的漏洞并加以利用。在这种情况下，即便漏洞已被修复，但在被公开披露之前的这段时间内，漏洞的存在很有可能会暴露出系统在安全上的弱点，这为攻击者提供了一个潜在的可利用窗口，存在巨大的隐患。因此，使用 Apache Struts 的用户在补丁可用与被披露之间的两个月内都面临着巨大的安全风险，这使得在产品中使用开源软件的企业用户，在防御安全攻击时面临巨大的挑战，这也在无形之中要求他们采取额外的预防措施来保护自己的系统和数据安全。

为了提前感知隐匿漏洞，一般利用代码库的提交历史及与提交关联的问题报告来感知偷偷修复的漏洞。基于代码库的提交历史感知隐匿漏洞的一种方法是，使用深度学习模型（如 Transformer）将识别问题建模为分类问题，从而自动识别隐匿漏洞修复[14]。鉴于在学习有效的上下文表示方面的出色能力，先利用基于 Transformer 的语言模型 CodeBERT（它在大型编程语言语料库上进行了预训练）来学习代码更改的语义，并通过微调 CodeBERT 来学习文件级代码更改的语义，可生成更改文件的上下文嵌入向量，再将向量聚合起来生成提交级上下文嵌入向量，从而用于分类提交是否含有隐匿漏洞修复。另一种方法是利用与提交关联的问题报告来识别隐匿漏洞修复，并通过用 BERT 模型表示提交日志、问题报告、代码更改来感知隐匿漏洞[15]。具体来说，先将两个 RoBERTa 模型分别用于提交日志和问题报告的向量化，并使用 CodeBERT 模型进行代码更改的向量化，再使用 SVM 进行分类，最后利用逻辑回归模型用于堆叠分类，将上述分类的输出概率聚合起来形成最终输出概率，并根据输出概率提供一个按照漏洞修复提交的可能性进行排序的提交列表。

6.3.2　漏洞传播影响分析

漏洞的广泛存在，使得开源软件供应链的安全性受到了严峻的挑战，引发了软件产品使用开源软件的安全风险。漏洞传播影响分析可以帮助开发人员快速识别漏洞是否会影响到软件产品[16]。它可以分为两类：组件级的漏洞传播影响分析（漏洞存在性分析），其能准确识别软件产品中开源软件供应链中存在漏洞的开源组件依赖链；函数级的漏洞传播影响分析（漏洞可达性分析），其能准确识别软件产品入口函数到受漏洞影响的开源组件函数的调用链。

1. 漏洞存在性分析

通过 6.2 节中的软件成分分析方法可以构建软件项目的依赖树。通过对依赖树的遍历，并结合 6.3.1 节中的漏洞所影响的组件及其版本信息，可以完成对软件项目的漏洞存在性分析。具体而言，可以使用广度优先搜索（BFS）算法或深度优先搜索（DFS）算法遍历依赖树，对于遍历到的每个软件项目的依赖组件，若该组件存在于漏洞所影响的组件的列表中，且其版本也在该组件被漏洞影响的版本的列表中，则说明软件项目从存在性分析的层面会被该漏洞影响，并输出组件依赖链。若遍历完全部依赖树，都不存在任何一个组件同时满足该组件存在于漏洞所影响的组件的列表中，且其版本也在该组件被漏洞影响的版本的列表中，则说明该软件项目从存在性分析的层面不会被该漏洞影响。

以 Java 项目 tomcat-maven-plugin 为例，通过执行 mvn dependency:tree 命令可以得到该项目的软件包依赖树信息，如图 6-9 所示。通过使用广度优先搜索算法或深度优先搜索算法遍历依赖树，将依赖树中的每一条路径视为一条依赖链，即将依赖树拆解为依赖链，当遍历到组件存在于漏洞所影响的组件的列表中，且其版本也在该组件被漏洞影响的版本的列表中时，将从根节点到该组件的路径作为漏洞存在性分析的结果依赖链进行输出。

通过 6.3.1 节中提到的方法，可以收集漏洞所影响的组件及其版本信息，从而得到漏洞所影响的组件的列表及对应组件版本的列表。如 CVE-2015-1833 漏洞影响了组件 org.apache. jackrabbit:jackrabbit-webdav，影响的版本包括 1.5.0。而组件 org.apache.jackrabbit:jackrabbit-webdav 的 1.5.0 版本又出现在 Java 项目 tomcat-maven-plugin 的依赖树中。因此，根据漏洞存在性分析，tomcat-maven-plugin 会被 CVE-2015-1833 漏洞影响，对应的依赖链为组件 org.apache.maven.shared:maven-filtering:1.0 依赖组件 org.apache.maven:maven-core:2.2.1，组件 org.apache.maven:maven-core:2.2.1 依赖组件 org.apache.maven.wagon:wagon-webdav-jackrabbit: 1.0-beta-6，组件 org.apache.maven.wagon:wagon-webdav-jackrabbit:1.0-beta-6 依赖组件 org. apache.jackrabbit: jackrabbit-webdav:1.5.0。

```
[INFO] +- commons-io:commons-io:jar:2.2:compile
[INFO] +- commons-lang:commons-lang:jar:2.6:compile
[INFO] +- org.apache.commons:commons-compress:jar:1.4.1:compile
[INFO] |  \- org.tukaani:xz:jar:1.0:compile
[INFO] +- org.codehaus.plexus:plexus-archiver:jar:2.1.1:compile
[INFO] |  +- org.codehaus.plexus:plexus-container-default:jar:1.0-alpha-9-stable-1:compile
[INFO] |  |  \- classworlds:classworlds:jar:1.1-alpha-2:compile
[INFO] |  \- org.codehaus.plexus:plexus-io:jar:2.0.3:compile
[INFO] +- org.codehaus.plexus:plexus-utils:jar:3.0.15:compile
[INFO] +- org.apache.maven.shared:maven-filtering:jar:1.0:compile
[INFO] |  +- org.apache.maven:maven-core:jar:2.2.1:compile
[INFO] |  |  +- org.apache.maven.wagon:wagon-file:jar:1.0-beta-6:runtime
[INFO] |  |  +- org.apache.maven:maven-plugin-parameter-documenter:jar:2.2.1:compile
[INFO] |  |  +- org.apache.maven.wagon:wagon-http-lightweight:jar:1.0-beta-6:compile
[INFO] |  |  |  \- org.apache.maven.wagon:wagon-http-shared:jar:1.0-beta-6:compile
[INFO] |  |  |     \- nekohtml:nekohtml:jar:1.9.6.2:compile
[INFO] |  |  +- org.apache.maven.wagon:wagon-http:jar:1.0-beta-6:compile
[INFO] |  |  +- org.apache.maven.wagon:wagon-webdav-jackrabbit:jar:1.0-beta-6:runtime
[INFO] |  |  |  \- org.apache.jackrabbit:jackrabbit-webdav:jar:1.5.0:runtime
[INFO] |  |  |     +- org.apache.jackrabbit:jackrabbit-jcr-commons:jar:1.5.0:runtime
[INFO] |  |  |     \- commons-httpclient:commons-httpclient:jar:3.0:runtime
[INFO] |  |  +- org.apache.maven.reporting:maven-reporting-api:jar:2.2.1:compile
[INFO] |  |  |  +- org.apache.maven.doxia:doxia-sink-api:jar:1.1:compile
[INFO] |  |  |  \- org.apache.maven.doxia:doxia-logging-api:jar:1.1:compile
[INFO] |  |  +- org.apache.maven.wagon:wagon-provider-api:jar:2.2:compile
[INFO] |  |  +- org.apache.maven:maven-repository-metadata:jar:2.2.1:compile
[INFO] |  |  +- org.apache.maven:maven-error-diagnostics:jar:2.2.1:compile
[INFO] |  |  +- org.apache.maven.wagon:wagon-ssh-external:jar:1.0-beta-6:runtime
[INFO] |  |  |  \- org.apache.maven.wagon:wagon-ssh-common:jar:1.0-beta-6:compile
[INFO] |  |  +- org.apache.maven:maven-plugin-descriptor:jar:2.2.1:compile
[INFO] |  |  +- org.codehaus.plexus:plexus-interactivity-api:jar:1.0-alpha-4:compile
[INFO] |  |  +- org.apache.maven.wagon:wagon-ssh:jar:1.0-beta-6:compile
[INFO] |  |  |  \- com.jcraft:jsch:jar:0.1.38:compile
```

图 6-9　Java 软件项目 tomcat-maven-plugin 的软件包依赖树信息

2．漏洞可达性分析

漏洞存在性分析的粒度为软件包级别，这导致存在误报率较高的问题。因为软件项目依赖存在漏洞的组件，并不代表软件项目调用了该组件中存在漏洞的函数。换言之，如果软件项目中没有调用存在漏洞的函数，那么应当认为软件项目不受该漏洞影响。因此，需要一种更细粒度的，即函数级的漏洞可达性分析，以此来判断软件项目是否受某一漏洞影响。

　　为了实现函数级的漏洞可达性分析，需要对软件项目及其依赖组件构建函数调用图。函数调用图是一种反映组件内部或组件与组件之间的方法调用关系的有向图，图中的每个节点代表一个方法，一条由节点 A 指向节点 B 的边则代表节点 A 所代表的方法与节点 B 所代表的方法之间存在调用关系。不同语言构建函数调用图的工具有所不同，但输出都是相同的，即一组代表方法的节点和一组代表方法间调用关系的边。此外，还需要获得漏洞所在的函数，其可以通过 6.3.1 节中的漏洞补丁信息来获取。

　　在获得了软件项目的函数调用图和漏洞所在函数的列表后，就可以通过图遍历的方式完成对软件项目的漏洞可达性分析。具体而言，可以使用广度优先搜索算法或深度优先搜索算法遍历函数调用图，对于遍历到的每个函数节点，若该函数存在于漏洞所在函数的列表中，则说明软件项目从可达性分析的层面会被该漏洞影响，并输出函数调用图。若遍历完全部函数调用图，都不存在任何一个函数节点在漏洞所在函数的列表中，则说明软件项目从可达性分析的层面不会被该漏洞影响。

　　以 Java 项目 tomcat-maven-plugin 为例，通过使用 Java 分析工具 Soot，可以得到 tomcat-maven-plugin 的函数调用图，其中的一部分如图 6-10 所示。为了便于展示，此处将函数调用图表示为通过广度优先搜索算法或深度优先搜索算法遍历得到的调用链。

```
"org.apache.catalina.core.NamingContextListener.containerEvent(ContainerEvent)",
"org.apache.catalina.core.NamingContextListener.removeResourceLink(String)",
"org.apache.naming.SelectorContext.unbind(String)",
"org.apache.naming.NamingContext.unbind(String)",
"org.apache.naming.NamingContext.unbind(Name)",
"org.apache.naming.SelectorContext.unbind(Name)",
"org.apache.naming.SelectorContext.getBoundContext()",
"org.apache.naming.ContextBindings.getClassLoaderName()",
"org.apache.tomcat.util.modeler.BaseModelMBean.toString()",
"org.apache.tomcat.util.http.Cookies.toString()",
"org.apache.catalina.filters.ExpiresFilter$XPrintWriter.println(String)",
"org.apache.catalina.connector.CoyoteWriter.println(String)",
"org.apache.catalina.connector.CoyoteWriter.println()",
"org.apache.catalina.connector.CoyoteWriter.write(char[])",
"org.apache.catalina.connector.CoyoteWriter.write(char[],int,int)",
"org.apache.catalina.connector.OutputBuffer.write(char[],int,int)",
"org.apache.tomcat.util.buf.CharChunk.append(char[],int,int)",
"org.apache.catalina.connector.OutputBuffer.realWriteChars(char[],int,int)",
"org.apache.tomcat.util.buf.ByteChunk.flushBuffer()",
"org.apache.coyote.http11.InternalOutputBuffer.realWriteBytes(byte[],int,int)",
"org.apache.tomcat.util.http.fileupload.ThresholdingOutputStream.write(byte[],int,int)",
"org.apache.tomcat.util.http.fileupload.ThresholdingOutputStream.checkThreshold(int)",
"org.apache.tomcat.util.http.fileupload.DeferredFileOutputStream.thresholdReached()",
"org.apache.tomcat.util.http.fileupload.ByteArrayOutputStream.writeTo(OutputStream)",
"org.apache.catalina.filters.ExpiresFilter$XServletOutputStream.write(byte[],int,int)",
"org.apache.catalina.connector.CoyoteOutputStream.write(byte[],int,int)",
"org.apache.catalina.connector.CoyoteOutputStream.checkNonBlockingWrite()",
"org.apache.catalina.connector.OutputBuffer.isReady()",
```

图 6-10　Java 软件项目 tomcat-maven-plugin 的部分函数调用图（调用链）

在图 6-10 中，位于上方的函数调用了位于下方的函数，如函数 org.apache.naming.NamingContext.unbind(Name)调用了函数 org.apache.naming.SelectorContext. unbind(Name)。当调用链中出现了漏洞所在的函数时，则可认为从漏洞可达性分析的角度来说，项目会被对应漏洞所影响。在上文中，根据漏洞存在性分析结果，项目 tomcat- maven-plugin 会被 CVE-2015-1833 漏洞影响，因为被该漏洞影响的组件和对应的受影响版本（org.apache.jackrabbit:jackrabbit-webdav 的 1.5.0 版本）出现在 tomcat-maven-plugin 的依赖树中。但是，通过 6.3.1 节中提到的方法，可以得到 CVE-2015-1833 漏洞所在的函数为 org.apache.jackrabbit.webdav.xml.DomUtil 类中的 parseDocument(InputStream)，而在项目 tomcat-maven-plugin 的函数调用图中并未遍历到该函数。因此，从漏洞可达性分析的角度来说，tomcat- maven-plugin 不会被 CVE-2015-1833 漏洞影响。同样地，通过 6.3.1 节中提到的函数，可以得到 CVE-2016-0763 漏洞所在的函数为 org.apache.naming.factory.Resource LinkFactory.setGlobalContext (Context)，在项目 tomcat-maven-plugin 的函数调用图中可以遍历到该函数，其中一条调用链如图 6-11 所示。因此，从漏洞可达性分析的角度来说，tomcat-maven-plugin 会被 CVE-2016-0763 漏洞影响。

```
"org.apache.catalina.startup.Tomcat.getHost()",
"org.apache.catalina.startup.Tomcat.getEngine()",
"org.apache.catalina.core.StandardService.setContainer(Container)",
"org.apache.catalina.util.LifecycleBase.stop()",
"org.apache.catalina.util.LifecycleBase.setStateInternal(LifecycleState,Object,boolean)",
"org.apache.catalina.util.LifecycleBase.fireLifecycleEvent(String,Object)",
"org.apache.catalina.util.LifecycleSupport.fireLifecycleEvent(String,Object)",
"org.apache.catalina.core.NamingContextListener.lifecycleEvent(LifecycleEvent)",
"org.apache.naming.factory.ResourceLinkFactory.setGlobalContext(Context)"
```

图 6-11   CVE-2016-0763 漏洞在 Java 软件项目 tomcat-maven-plugin 中的一条调用链

对大型软件项目进行函数级的漏洞可达性分析时，由于依赖较多，依赖树的深度和广度都比较大，因此一棵完整的依赖树可能包含数千数万个组件依赖，由此生成的函数调用图的规模也是非常巨大的，这导致分析过程非常耗时。因此，可以通过依赖树剪枝的方法降低分析的时间复杂度，提升分析的效率。具体而言，对于依赖树中的某颗子树，如果该子树中所有节点对应的依赖都不存在漏洞，那么就没有漏洞可以通过这样的依赖树被引入软件项目中。因此，可以对整棵依赖树做一次剪枝，将该子树从依赖树中删除。

以 Java 项目 tomcat-maven-plugin 为例，在图 6-9 所示的依赖树信息中，组件 org.apache.maven.wagon:wagon-ssh-external:1.0-beta-6 所在的子树中包含的所有节点对应的组件（org.apache.maven.wagon:wagon-ssh-external:1.0-beta-6 和 org.apache.maven.wagon: wagon-ssh-common:1.0-beta-6）都不存在漏洞，因此在对项目进行漏洞可达性分析时，可以对该子树进行剪枝，从而减少分析的时间。

3. 漏洞可触发分析

漏洞可触发分析是安全评估中至关重要的步骤，旨在确定软件中潜在的漏洞是否能被实际利用，继而引发安全威胁。这个过程不仅关注漏洞的存在性，还关注漏洞的可达性，更为关键的是，我们需要探究漏洞是否能够被利用并造成实际的安全影响。因此需要采用更复杂的技术进行深入分析。通常，在漏洞修复提交中，开发人员会编写测试用例来验证漏洞是否被成功修复。如果测试用例通过验证，表明漏洞已经得到修复；反之，则漏洞仍然存在。漏洞 PoC 和测试用例具有相似的性质，它可以提供漏洞触发所需的输入和输出，并利用这些输入和输出进行软件产品测试，以判断这些漏洞是否可被触发。目前，漏洞可触发分析的主要方法为模糊测试。模糊测试方法通过不断对下游软件产品中执行的 API 和输入参数进行变异，引导 API 执行路径成功到达漏洞所在函数，从而成功在下游软件产品中触发原有漏洞，并找到触发的条件。然而，已有的模糊测试方法主要关注直接依赖的场景，缺乏拓展性和实用性。同时，模糊测试过程中面临着庞大的未知状态空间，很多情况下难以找到正确的漏洞触发条件。因此，漏洞可触发分析依然存在诸多挑战，需要进一步克服。

6.3.3　恶意软件包检测

恶意软件包检测的方法可以分为基于规则的检测方法[17, 18, 19]、基于学习的检测方法[20-26]。基于规则的检测方法依赖于关于软件包元数据（如软件包名称）及可疑 import 和方法调用的预定义规则。这些预定义规则会产生较高的误报率，远不能满足实际的使用需求。基于学习的方法将恶意行为建模为一组离散特征，但是忽略了恶意行为的序列性（恶意行为通常是由一系列可疑操作组成的），这降低了这些方法的实际有效性。此外，大部分方法都是针对一个语言进行设计和评估的。因此，这些方法面临两个会降低它们有效性的挑战。第一个挑战是如何以统一的方式利用来自不同语言的恶意软件包的知识，从而使得多语言恶意软件包检测成为可能。NPM 和 PyPI 团队不会公开所有的恶意软件包，以防止潜在的滥用或利用，因此公开可用的恶意 NPM 和 PyPI 软件包数据集规模较小。现有的基于学习的检测方法只使用来自一个语言的数据集，这限制了它们的有效学习能力，特别是针对公开恶意软件包有限的语言。第二个挑战是如何对恶意行为序列进行建模，以便能够准确捕捉恶意性。恶意软件包通常通过一系列可疑操作来实施攻击。然而，现有的基于规则和基于学习的检测方法未能考虑到恶意行为的序列性，由于建模不准确，可能会出现误报和漏报的情况。

为了克服上述挑战，可以通过恶意行为序列建模的方法来检测恶意软件包[27]。该方法主要包括三个关键要素：特征提取器、行为序列生成器及恶意性分类器。

1. 特征提取器

特征提取器对恶意行为进行了高层抽象，从信息读取（Information Reading）、数据传输（Data Transmission）、编码（Encoding）、载荷执行（Payload Execution）四个维度进行特征抽象，并对每个维度的每个特征进行自然语言描述以刻画行为语义（如表 6-1 所示）。

具体而言，针对信息读取维度，攻击者通常试图读取敏感信息（R5），包括个人信息（如账户详细信息、密码、加密钱包和信用卡信息）及与机器相关的信息（如运行时环境、系统架构等）。攻击者要么窃取这些信息，要么利用这些信息进行攻击。此外，为了有效读取敏感信息，攻击者通常利用操作系统和文件系统提供的库，以及库内提供的函数。因此为了检测这种行为，需要重点关注软件包中这些库的使用，包括模块导入（R1 和 R3）和方法调用（R2 和 R4）。

表 6-1　特征提取器对恶意行为进行特征抽象的示例

维　　度	特　征　描　述	维　　度	特　征　描　述
信息读取	R1: import operating system module	编码	E1: import encoding module
	R2: use operating system module call		E2: use encoding module call
	R3: import file system module		E3: use base64 string
	R4: use file system module call		E4: use long string
	R5: read sensitive information	载荷执行	P1: import process module
数据传输	D1: import network module		P2: use process module call
	D2: use network module call		P3: use bash script
	D3: use URL		P4: evaluate code at run-time

如图 6-12 左侧代码所示，攻击者在代码中通过 import os 命令导入了 os 模块，该模块提供了敏感数据获取的方法。方法调用示例如图 6-12 右侧代码所示，攻击者调用系统函数 platform.machine 或 platform.system 直接获取到当前系统的信息，而在 JavaScript 中则可以通过调用 os.machine 等方法实现。此外，攻击者也可以通过与文件相关的库读取特定路径下的文件，从而间接地获取敏感信息，例如，通过读取/etc/shadow 路径下的内容，获得用户的加密密码信息。为了获取与 ssh 相关的数据，攻击者通常读取/home/<user>/.ssh 等路径下的内容。

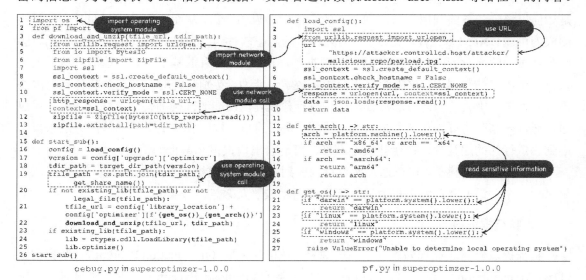

图 6-12　敏感数据获取示例

针对数据传输维度，攻击者经常通过操纵恶意软件包来实现数据传输，例如下载载荷或者发送敏感信息。为了检测这种行为，需要考虑将网络模块的导入（D1）和与网络相关的方法调用（D2）作为可疑特征。如图 6-12 右侧代码所示，攻击者通过代码 from urllib.request import urlopen 导入了方法 urlopen，该方法与网络调用息息相关，并用于在后续代码中进行网络活动。此外，还需要识别以 URL 格式编写的字符串文字并将其作为额外的可疑行为（D3），以此表明存在潜在的数据传输活动，如与外部服务器或服务的通信。

针对编码维度，攻击者经常利用编码方法来混淆其代码的恶意特征，使其不太显眼且难以检测。因此，需要识别与编码模块的导入相关的可疑行为（E1）和代码中存在编码调用的可疑行为（E2），例如，识别在 Python 代码中导入 base64、codecs 等模块、在 JavaScript 中导入 crypto 等模块以及对这些模块中的方法进行调用的行为。此外，特征提取器还应检测使用 base64 字符串（E3）和长字符串（E4）的行为，这些字符串常用于混淆或隐藏恶意代码。

针对载荷执行维度，攻击者的目标之一是执行下载到恶意软件包中的载荷。这种可疑行为包括进程模块的导入（P1）和与进程相关的函数调用（P2）。例如，Python 中 subprocess 模块的 Popen 调用被认为是可疑的，因为它允许执行任意命令。此外，还需要识别与使用 bash 脚本相关的可疑行为（P3）。通过分析软件包代码及匹配命令的模式（包括 python <file>.py 和 wget https://url）可检测到存在可能执行命令或脚本的行为，从而促进载荷的执行。此外，特征提取器还将运行时代码评估（P4），如 eval，视为可疑行为，因为它可能执行下载的载荷。

攻击者常常结合使用这四个维度的特征来发动攻击。例如，攻击者首先读取敏感信息，然后通过数据传输发送它；或者攻击者首先使用数据传输下载载荷，然后执行载荷，并利用编码来进一步隐藏之前的恶意行为。特征提取器对恶意行为的特征抽象是与语言无关的，从而能够跨 NPM 和 PyPI 实现多语言知识融合，进而解决了第一个挑战。在实现层面，可以利用抽象语法树（AST）分析来提取源代码文件中的特征，并记录所在的函数及代码行。

2．行为序列生成器

行为序列生成器根据特征的执行可能性和它们在执行中的顺序来组织特征提取器所提取的特征，生成一个软件包的行为序列，从而解决了第二个挑战。它以函数及其调用链上的所有函数为基本分析单元来抽取行为序列。具体而言，根据函数的执行时间阶段（安装时、导入时或运行时）来确定执行的可能性（安装时具有最高的执行可能性，而运行时具有最低的执行可能性），优先分析高执行可能性的函数，并通过函数调用图来确定以该函数为入口的行为的特征序列。换言之，行为序列生成器首先采用 AST 解析工具 Tree-Sitter，将代码解析成一种树状结构。基于 AST，整个软件包可以被抽象为方法集合，并通过匹配特征获取代码中对应的特征实例。如图 6-13（a）所示，特征实例可表示为三元组形式（分别为文件、行号及该行号对应的特征实例）。然后行为序列生成器基于已经获取的特征实例，根据方法的执行时间阶段来确定特征实例的优先顺序。当上述操作完成后，继续通过调用图生成工具，构造软件包的函数调用图，用于确定每个执行时间阶段内特征实例的执行顺序。行为序列生成器针对 Python 和 JavaScript 语言编写的软件包采用了开源调用图生成工具 PyCG 和 Jelly。如图 6-13（b）所示，将调用图的根节点作为入口，遍历调用图中的特征实例，就可以得到描述行为的行为序列。特别地，每个特征包含了对应的自然语言描述，通过特征实例到自然语言的替换，即可获得软件包对应的行为序列描述。

1. <debug.py, 1, R1>	7. <pf.py, 8, D2>
2. <debug.py, 4, D1>	8. <pf.py, 13, R5>
3. <debug.py, 11, D2>	9. <pf.py, 21, R5>
4. <debug.py, 19, R2>	10. <pf.py, 23, R5>
5. <pf.py, 3, D1>	11. <pf.py, 25, R5>
6. <pf.py, 4, D3>	

1. <debug.py, 1, R1>	7. <pf.py, 23, R5>
2. <pf.py, 3, D1>	8. <pf.py, 25, R5>
3. <pf.py, 4, D3>	9. <pf.py, 13, R5>
4. <pf.py, 8, D2>	10. <debug.py, 4, D1>
5. <debug.py, 19, R2>	11. <debug.py, 11, D2>
6. <pf.py, 21, R5>	

(a) 特征实例　　　　　　　　　　　　　　　　　(b) 行为序列

图 6-13　恶意软件包对应的特征实例与行为序列示例

3．恶意性分类器

恶意性分类器通过一个经过微调的 BERT 模型对生成的行为序列进行分析，以确定哪些行为子序列是恶意的，并根据这些行为子序列所在的函数及代码行进行恶意代码的细粒度定位。由于特征抽象用自然语言对特征进行了描述，因此可以利用语言模型 BERT 来更好地理解恶意行为的语义。它针对 NPM 和/或 PyPI 软件包微调 BERT 模型，使其成为一个分类器。

6.4　许可证风险分析

软件项目的软件供应链中的各个组件都有各自的软件许可证，可能导致软件项目与组件之间及组件与组件之间的许可证存在不兼容的冲突。此外，开源代码的复制、修改、分发都受到许可证的保护。如果开发人员使用了开源代码，那么就要遵守对应的许可证条款，否则会导致许可证违反。不管是许可证冲突还是许可证违反，都会引发严重的法律纠纷。

6.4.1　许可证冲突检测

许可证冲突指的是一个软件项目在与其依赖的组件的多个许可证的规定条款之间存在冲突或矛盾，这种冲突可能涉及许可证的权利、限制、分发要求、商业使用、修改要求等方面。例如，一个软件项目使用了两个开源组件，组件 A 使用的是 GPL 许可证，组件 B 使用的是 MIT 许可证。GPL 许可证要求将衍生项目的代码开源并且也以 GPL 许可证进行发布，但 MIT 许可证规定，可以自由地使用、修改和分发软件，没有严格要求需要公开源代码，也没有对衍生项目的许可证选择做要求。因此，组件 A 和组件 B 在一起使用并分发，就会出现许可证冲突。许可证冲突检测工具的目的是自动识别发生这种许可证冲突的情况。它会分析软件项目及其使用的各个开源组件的许可证信息，检查它们之间的兼容性，即通过比较各个许可证的要求和限制来确定是否存在冲突。

Linux 内核和 ZFS 文件系统的许可证冲突在之前引起了很大的关注。ZFS 是一种先进的文件系统，提供卷管理、块级加密校验、自动损坏修复、快速异步增量复制和内联压缩等功能，许可证由 CDDL 授权。随后，Oracle 收购了 ZFS 的开发公司 Sun。由于 Oracle 一直以来都强调保护其知识产权和软件许可证的合规性，因此经常采取法律手段来解决与软件许可证相关的争议，对违反许可证的公司提起诉讼。因此，在讨论到是否应该将 ZFS 引入 Linux 内核的问题上时，Linux 的创始人 Linus Torvalds 表示了拒绝，因为这不仅涉及技术问题，还涉及潜在的许可证风险。Linux 内核采用 GPLv2 许可证，而 ZFS 采用 CDDL 许可证，两个许可证之间可能存在潜在的兼容性问题。

兼容性问题具体来说主要包括三方面，首先，Copyleft 的规定不同：GPL 采用强制共享的 Copyleft 原则，要求任何修改或派生作品也必须以 GPL 形式发布，而 CDDL 在"file-based" Copyleft 上相对宽松，允许在文件级别上使用不同的许可证。如果将 GPL 代码与 CDDL 代码进行集成，可能导致对 Copyleft 规定的不同解释，从而产生冲突。其次，在 CDDL 代码中进行的修改与 GPL 代码集成后，可能使派生作品的许可证问题变得复杂。按照 GPL 的规定，整个派生作品必须以 GPL 形式发布，而 CDDL 允许以不同的许可证发布文件级别的修改。最后，GPL 许可证本身存在版本差异，若使用的是 GPLv2，但 CDDL 兼容的是 GPLv3，则可能会出现问题。GPLv3 明确说明与 CDDL 是兼容的，但对于 GPLv2 来说，并没有明确说明与 CDDL 的兼容性。因此在集成 GPLv2 代码与 CDDL 代码时，可能引发不确定性和潜在的兼容性问题。

为了对许可证冲突进行分析，需要检测并识别所使用的许可证。许可证文本一般以独立文件的形式声明在软件项目的根目录中或者源代码文件头部。早期的许可证检测一般使用正则表达式匹配的方式。但是，使用正则表达式检测许可证的缺点是识别精度低，只能按照模板进行匹配识别。为了解决准确性问题，目前常用的检测方法是 Ninka[28]，它将许可证文本拆分成单独的语句，然后通过令牌匹配相关的许可证语句，从而识别相应的许可证。Ninka 在准确性和性能方面都具有一定的优势，但它仍然依赖于事先构建的许可证规则，即如果没有相应的许可证模板，那么它将匹配失败并报告为未知的许可证。

在许可证检测的基础上，传统的许可证冲突检测方法一般都需要构建一组预定义的规则，这些规则建模了许可证之间的不兼容性问题。例如，SPDX-VT[29]将流行的许可证兼容性关系建模为许可证不兼容的图结构 SPDX，然后在图上自动检测许可证不兼容的情况。为了以更自动的方式检测许可证的不兼容性冲突，LiDetector[30]首先利用自然语言处理技术（命名实体识别）来识别许可条款，然后利用文本情感分析识别许可证条款中的权利与义务，最后检测软件项目与组件及组件与组件之间的许可证兼容性问题。

6.4.2　许可证违反检测

除了许可证冲突，在软件开发中还存在另一种类型的许可证风险，即事实上未能履行许可证规定的义务，从而导致许可证违反。许可证违反可能会导致版权纠纷、法律诉讼及声誉损害等问题，因此确保遵守许可证要求非常重要。相较于许可证冲突，许可证违反的情况更容易被检测出来，并且意味着更大的法律风险。目前，GPL 已对 150 多个产品进行了强制合规执行，这导致了许多诉讼并给多家公司带来了财务损失。

许可证违反可能会产生巨大的经济代价。以 2017 年 Artifex 与 Hancom 公司之间的诉讼为例，Artifex 是一家美国软件公司，其产品 Ghostscript 用于处理 PDF 等文件，采用商业和自由开源双许可，其中自由开源许可采用 GPL；Hancom 公司是一家韩国软件公司，销售 Hangul 和 Hancom Office 软件，自 2008 年以来一直使用 Ghostscript 却未签署商业许可，声称采用 GPL 但未提供源代码。

GPL 规定，在使用其授权的软件时，需要履行以下义务：

- 代码开源要求：遵循 GPL 许可证的规定。GPL 要求将源代码公开，确保用户能够获得、修改和重新分发整个软件。
- 许可证声明：下游软件需要在其文档或软件界面中明确声明使用了 GPL 许可证。这能确保最终用户知晓软件采用了特定许可证，同时也是 GPL 许可证的要求之一。
- 对修改的处理：下游软件需要妥善处理对 Ghostscript 的任何修改。GPL 要求，任何对 GPL 许可软件的修改也必须以 GPL 许可证的形式分发，从而确保整个项目的开放性和可再分发性。
- Copyleft 规定：下游软件在整合 Ghostscript 时需要遵循 GPL 的强制共享原则，要求任何修改或派生作品同样遵循 GPL。
- 版本兼容性：下游软件使用的 GPL 版本与 Ghostscript 使用的 GPL 版本需要一致。版本差异可能导致许可证兼容性问题，因此要确保所有版本都符合 GPL 规定。

Artifex 于 2017 年确认 Hancom 违反 GPL 协议，随后提起合同违约和版权侵权两项索赔，申请永久禁令，要求被告分发完整源代码以及赔偿各类损失和费用。

为了更好地理解许可证冲突和许可证违反之间的区别，还是用之前的例子进行说明。衍生项目所使用的组件中有使用 MIT 的，也有使用 GPL 的，如果衍生项目中已经存在许可证冲突，就需要先解决许可证冲突，保证同时满足所有组件许可证的要求，例如，选择限制性更强的 GPL 许可证作为衍生项目的许可证，然后合法合规地发布。但如果选择 MIT 作为衍生项目的许可证，那就违反了 GPL 对衍生项目许可证的要求；如果仅发布衍生项目的应用，却对源代码闭源，那么也违反了 GPL 对开源条款的要求。

除了组件使用，还有另一种情况也会造成许可证违反，那就是直接对受许可证保护的开源软件进行修改并分发。假设 Java Web 应用需要用到 Apache Tomcat，但我们觉得 Tomcat 的内置数据库池的功能不够丰富，因此在 Tomcat 源代码的基础上进行了一些修改和增强，以更好地适应需要。在这之后，我们觉得这个修改很有价值，因此决定将修改版本发布到开源社区中，这个时候需要注意，Apache 许可证对于这一行为是有规定的，必须要在修改版本中包含 Apache 的许可证文件，并且对修改内容做出有效说明，否则就构成了对 Apache 许可证的违反。具体来说，对于使用开源软件并进行修改的个人或组织，Apache、GPL 等许可证都要求在分发修改后的软件时提供一份说明，用来解释对原始软件所做的修改及修改后的代码的许可证类型，这可以通过在代码注释、文档中或以其他适当的方式提供说明来实现。要求对修改做出说明，旨在促进透明度和合作，鼓励开发人员共享和贡献自己的修改，以便其他人可以受益并共同改进软件。此外，要求对修改做出说明还有助于确保软件件的可靠性和安全性。通过公开对修改的说明，其他开发人员可以审查和评估这些修改，发现潜在的错误、漏洞或不当行为，并提供反馈和改进建议。

许可证违反检测的目的是检测出软件项目中的许可证违反情况，然后针对这些情况进行提醒和修复，从而规避潜在的法律风险。其主要的实现途径还是先检测出软件项目中存在的许可证及各许可证的限制性规定，然后检查软件项目对每条限制性规定的履行情况，最终得到整体的违反检测结果。

目前针对许可证违反的检测工具不多，但在对代码修改的检测方面有了一定的进展。针对具有派生关系的开源软件项目，通过克隆分析或者组成成分分析，可挖掘派生项目中对被派生项目代码修改的行为，并结合相应的许可证分析该代码修改是否遵守了代码修改条款。例如，通过派生项目的代码提交，抽取派生项目代码提交中对被派生项目文件进行修改的列表，并检测派生项目中对修改情况的声明，通过 TF-IDF 相似度比较技术将修改提交的日志与修改情况说明进行比较，从而分析派生项目代码中对修改条款的遵守情况。

6.5　维护风险分析

软件项目的软件供应链上可能存在互相冲突的组件，也可能存在同一组件的不同版本。这些问题都会影响软件项目的可维护性，带来严重的可持续供应风险。因此，需要用自动化的工具来尽量降低这类维护风险。

6.5.1　组件冲突检测

随着组件生态的不断扩大，开发人员在软件项目开发中使用的组件数量越来越多，形成了一个庞大而复杂的供应链依赖网络。然而，这些不断演化的组件的碎片化版本的使用给下游项目带来了不确定的运行风险。问题的根源在于，在同一个软件项目中，如果存在冲突的组件版本，那么在编译或运行时就需要选择其中一个版本，而版本间的向前和向后兼容性问题导致无论选择哪个版本，都可能造成项目中的某些功能与预期不符，甚至发生错误和崩溃。如图 6-14 所示，软件项目直接依赖组件 A 和组件 B，同时组件 A 对组件 B 也存在依赖。但是，软件项目中对组件 B 的依赖声明为 1.0 版本，而组件 A 对组件 B 的依赖声明为 2.0 版本，所以导致了组件版本冲突问题。

为解决这个问题，基于版本管理工具的组件版本冲突检测方法被提出，其旨在检测存在冲突的组件版本，并提供相应的修复方案。这种方法的核心技术是通过不同的版本管理工具分析软件项目的依赖图，并以一定的方式自动修复或提供修复方案。这种方法覆盖了 Java、Python、Go 等语言生态[31, 32, 33]。组件冲突检测方法一般包括四个步骤。首先，通过分析项目的依赖配置文件（如 pom.xml、build.gradle）提取项目的依赖树信息。其次，根据项目依赖树及依赖的字节码（JAR 包或类文件）识别重复的组件或类。然后，先通过构建工具（如 Maven、Gradle 等）的类加载规则推断加载的依赖类、不加载的依赖类，再通过静态分析项目中的代码得到引用（import）类。最后，根据加载的依赖类、不加载的依赖类及引用类这三个类的集合关系，检测组件版本依赖冲突问题，并以此评估系统运行风险及维护代价。

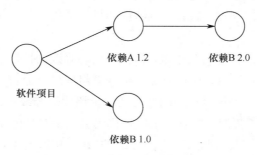

图 6-14　组件版本依赖冲突

6.5.2　组件版本统一分析

　　Java 软件项目的不同模块虽然声明了对同一个组件的依赖，但是使用了该组件的不同版本。一方面，这种组件版本不一致问题极大地增加了开发人员维护组件的代价，甚至会引起组件冲突并导致运行时错误。另一方面，Java 自动化构建工具提供了灵活的机制来声明组件依赖，例如允许一个模块声明自己的组件依赖、允许一个模块继承另一个模块的组件依赖、允许通过硬编码来声明组件版本号、允许通过变量引用来声明组件版本号等。这些灵活的组件依赖声明机制使得组件版本不一致问题的检测变得困难。

　　基于 API 分析的 Java 组件版本统一推荐方法[34]可以帮助开发人员及时检测到 Java 软件项目中的组件版本不一致问题，推荐并量化统一到组件的一致版本的维护代价，从而帮助开发人员及时统一组件版本并减少维护工作量。该方法主要包括三个步骤。

　　首先，该方法进行组件依赖继承分析。Java 软件项目的各个模块通过自动化构建工具（如 Maven）中的依赖配置文件（如 pom.xml）声明组件依赖，而一个模块的依赖配置文件可以继承另一个模块的依赖配置文件。这一步，通过分析 Java 软件项目各个模块的依赖配置文件的依赖继承关系，确定软件项目各个模块所依赖的 Java 组件版本。

　　其次，该方法进行组件版本不一致检测。软件项目的不同模块可能使用了同一组件的不同版本。这一步，通过分析各个模块的组件版本检测软件项目中的组件版本不一致问题，即遍历所有模块所依赖的组件版本，识别出依赖同一组件的所有模块及它们所依赖的组件版本，并分析这些组件版本是否相同，如果不是，那么就检测到了组件版本不一致问题及所影响的模块。

　　最后，该方法进行组件版本统一代价分析。组件不同版本之间往往包含不兼容的组件 API，其影响组件版本的统一代价。这一步，通过 API 调用图的差异分析推荐组件的统一版本并量化统一到该第三方库版本的维护代价。具体而言，针对每个候选的组件一致版本（简称候选版本），通过静态分析软件项目目前所依赖的组件版本二进制包及该候选版本的二进制包，分别建立软件项目的 API 调用图，即该版本不一致问题所影响的模块调用的组件 API 在目前所依赖的组件版本及候选版本中的调用图。通过对调用图的差异进行对比分析，确定各个模块调用的组件 API 在候选版本中被删除和修改的个数以及调用次数，作为统一维护代价的度量，即如果各个模块调用的组件 API 在候选版本中不存在，那么该组件 API 被删除了；如果各个模块的 API 调用图不同或者调用图相同但是调用图上的组件 API 方法体不同，那么该组件 API 被修改了。

6.5.3　组件版本升级推荐

开发人员更新组件版本，可能是为了使用新的功能、避免旧版本中的缺陷、解决依赖冲突问题、降低软件的安全风险、统一不一致的组件版本等。为实现组件版本的升级推荐，需要对组件的变更情况进行分析，以提供更自动化的升级推荐方案。在组件版本升级过程中，可能会发生已使用的 API 被删除或修改的情况。这里我们将 API 的删除表达为 API 消失，因为有些 API 由于重构而导致方法签名与原来不同，而不是真正被删除了。在版本升级中，API 的消失和修改可能会导致原有软件项目代码出现错误。传统方式需要开发人员手动检查已删除和修改的 API，并进一步查看软件项目中 API 的使用情况，最后根据使用情况来判断是否更新组件并重构已更新的软件项目代码。这种方式的缺点在于需要开发人员手动完成许多步骤。

然而，组件版本升级推荐提供了半自动化的方法，旨在通过与开发人员的交互，自动化进行 API 变更情况分析、API 使用情况分析、消失 API 的替代 API 定位，从而降低开发人员在更新过程中的维护代价。这种方法保留了与开发人员的交互，同时提供了自动化的工具支持，使得版本升级的过程更加高效和可靠。

首先，在进行 API 变更情况分析时，需要对不同版本的组件进行差异分析。可以通过比对 API 签名和 API 方法调用图来获取不同版本组件之间的 API 变更情况，包括 API 的增加、删除和修改。值得注意的是，使用 API 方法调用图比对可以更准确地获取 API 的变化情况，因此可以将 API 修改的范围扩展到方法调用图中存在修改的任意方法节点的 API 集合上。这样可以全面而精确地分析组件之间的 API 变更情况，为版本升级推荐提供准确的依据。

其次，在进行 API 使用情况分析时，需要基于目前使用的组件版本，对软件项目中调用的组件 API 的使用情况进行详细分析。这包括组件 API 的使用列表、使用总量、使用位置及所在的软件项目文件和方法。通过这种分析，可以全面了解软件项目对组件 API 的实际使用情况，为版本升级推荐提供可靠的数据支持。

最后，在进行消失 API 的替代 API 定位时，可以通过三个知识源获取定位信息，包括弃用声明、自身库及外部库。例如，在 Java 的第三方库 org.mapdb : mapdb 的 0.9.3 版本中，存在 org.mapdb.DBMaker.writeAheadLogDisable()这个 API，然而该 API 在 0.9.13 新版本中缺失。在 0.9.3 旧版本的 JavaDoc 文档中，没有关于该 API 被弃用的消息。被弃用消息在 0.9.4 版本的 JavaDoc 中出现，其中指出"请使用 transactionDisable()代替"，并附有替代链接。又如，在 Java 第三方库 org.apache.lucene：lucene-core 的 6.0.0 版本中，缺失 API org.apache.lucene.search. PhraseQuery.add(Term)，且该 API 并没有在 JavaDoc 文档中注明被弃用。在调查 6.0.0 版本的源代码后，我们发现，缺失的 API 已从 PhraseQuery 类被移动到其内部 Builder 类中。综上所述，可以从基于多源知识的组件版本更新中找到消失 API 的替代 API 定位方法[35]。该方法的主要特点是结合了多种知识源，不依赖于组件的历史开发数据，也不依赖于组件在软件项目中的使用数据，就能够准确地定位组件版本更新中消失 API 的替代 API。该方法的输入包括组件更新前后的两个版本及在软件项目中消失的组件 API 的调用，输出为新版本组件中的替代 API。该分析方法通过搜索不同的知识源，并综合分析不同知识源中的结果，准确地定位替代 API。

API 变更情况分析、API 使用情况分析及消失 API 的替代 API 定位，可以帮助开发人员在版本更新时更快地关注到差异，从而降低版本升级过程中的维护代价。这种分析方法使开发人员能够迅速了解组件中的 API 变更情况，并找到适当的替代 API，从而更高效地进行版本升级。

6.6 小结

软件项目不可避免地依赖于复杂而庞大的软件供应链。因此，我们需要了解软件供应链中的各类风险，包括安全风险、许可证风险与维护风险。在此基础上，我们还需要掌握软件成分分析技术，从而清楚又准确地了解软件项目背后的软件供应链。此外，我们仍需要掌握针对各类风险的分析技术，包括安全风险分析（漏洞数据库构建、漏洞传播影响分析与恶意软件包检测）、许可证风险分析（许可证冲突检测与许可证违反检测）及维护风险分析（组件冲突检测、组件版本统一分析与组件版本升级推荐），从而有效降低或者避免软件供应链带来的各种风险。

参 考 文 献

[1] United States Government Accountability Office. DOD (The Department of Defense) Needs to Fully Implement Program for Piloting Open Source Software[EB/OL]. (2019-09-10)[2024-01-03].

[2] 中华人民共和国工业和信息化部. "十四五"软件和信息技术服务业发展规划 [EB/OL]. (2021-11-15)[2024-01-03]. https://www.gov.cn/zhengce/zhengceku/2021-12/01/content_5655205.htm.

[3] 《环球》杂志. 从宇宙级漏洞 Log4Shell 看软件供应链安全[EB/OL]. (2022-01-28)[2024-01-03].

[4] 奇安信代码安全实验室. 2022 中国软件供应链安全分析报告[EB/OL]. (2022-07-26)[2024-01-03].

[5] PyTorch. Compromised pytorch-nightly dependency chain between december 25th and december 30th, 2022[EB/OL]. (2022-12-31)[2024-01-03].

[6] Wikipedia. BusyBox GPL Lawsuits[EB/OL]. (2023-12-08)[2024-01-03].

[7] 51CTO. 两行代码险些搞垮 JavaScript 生态，受影响项目超百万[EB/OL]. (2020-09-08)[2024-01-03].

[8] LOPES C V, MAJ P, MARTINS P, et al. DéjàVu: a map of code duplicates on GitHub[J]. Proceedings of the ACM on Programming Languages, 2017, 1(OOPSLA): 1-28.

[9] DUAN R, BIJLANI A, XU M, et al. Identifying open-source license violation and 1-day security risk at large scale[C]//Proceedings of the 2017 ACM SIGSAC Conference on computer and communications security. 2017: 2169-2185.

[10] WOO S, PARK S, KIM S, et al. CENTRIS: A precise and scalable approach for identifying modified open-source software reuse[C]//Proceedings of the 2021 IEEE/ACM 43rd International Conference on Software Engineering. 2021: 860-872.

[11] WU J, XU Z, TANG W, et al. Ossfp: Precise and scalable c/c++ third-party library detection using fingerprinting functions[C]//Proceedings of the 2023 IEEE/ACM 45th International Conference on Software Engineering. 2023: 270-282.

[12] BAO L, XIA X, HASSAN A E, et al. V-SZZ: automatic identification of version ranges affected by CVE vulnerabilities[C]//Proceedings of the 44th International Conference on Software Engineering. 2022: 2352-2364.

[13] XU C, CHEN B, LU C, et al. Tracking patches for open source software vulnerabilities[C]//Proceedings of the 30th ACM Joint European Software Engineering Conference and Symposium on the Foundations of Software Engineering. 2022: 860-871.

[14] ZHOU J, PACHECO M, WAN Z, et al. Finding a needle in a haystack: Automated mining of silent vulnerability fixes[C]//Proceedings of the 2021 36th IEEE/ACM International Conference on Automated Software Engineering. 2021: 705-716.

[15] NGUYEN-TRUONG G, KANG H J, LO D, et al. Hermes: Using commit-issue linking to detect vulnerability-fixing commits[C]// Proceedings of the 2022 IEEE International Conference on Software Analysis, Evolution and Reengineering. 2022: 51-62.

[16] HUANG K, CHEN B, XU C, et al. Characterizing usages, updates and risks of third-party libraries in Java projects[J]. Empirical Software Engineering, 2022, 27(4): 90.

[17] DUAN R, ALRAWI O, PAI KASTURI R, et al. Towards measuring supply chain attacks on package managers for interpreted languages[C]// Proceedings of the Network and Distributed Systems Security Symposium. 2020.

[18] TAYLOR M, VAIDYA R, DAVIDSON D, et al. Defending against package typosquatting[C]//Proceedings of the 14th International Conference on Network and System Security. 2020: 112-131.

[19] VU D L, PASHCHENKO I, MASSACCI F, et al. Typosquatting and combosquatting attacks on the python ecosystem[C]// Proceedings of the 2020 ieee european symposium on security and privacy workshops. 2020: 509-514.

[20] GARRETT K, FERREIRA G, JIA L, et al. Detecting suspicious package updates[C]//Proceedings of the 2019 IEEE/ACM 41st International Conference on Software Engineering: New Ideas and Emerging Results. 2019: 13-16.

[21] LIANG G, ZHOU X, WANG Q, et al. Malicious packages lurking in user-friendly python package index[C]// Proceedings of the 2021 IEEE 20th International Conference on Trust, Security and Privacy in Computing and Communications. 2021: 606-613.

[22] FASS A, BACKES M, STOCK B. Jstap: A static pre-filter for malicious javascript detection[C]//Proceedings of the 35th Annual Computer Security Applications Conference. 2019: 257-269.

[23] FASS A, KRAWCZYK R P, BACKES M, et al. Jast: Fully syntactic detection of malicious (obfuscated) javascript[C]//Proceedings of the 15th International Conference on Detection of Intrusions and Malware, and Vulnerability Assessment. 2018: 303-325.

[24] OHM M, BOES F, BUNGARTZ C, et al. On the feasibility of supervised machine learning for the detection of malicious software packages[C]//Proceedings of the 17th International Conference on Availability, Reliability and Security. 2022: 1-10.

[25] SEJFIA A, SCHÄFER M. Practical automated detection of malicious npm packages[C]//Proceedings of the 44th International Conference on Software Engineering. 2022: 1681-1692.

[26] VU D L, NEWMAN Z, MEYERS J S. Bad Snakes: Understanding and Improving Python Package Index Malware Scanning[C]//Proceedings of the 2023 IEEE/ACM 45th International Conference on Software Engineering. 2023: 499-511.

[27] ZHANG J, HUANG K, Huang Y, et al. Killing Two Birds with One Stone: Malicious Package Detection in NPM and PyPI using a Single Model of Malicious Behavior Sequence[J]. ACM Transactions on Software Engineering and Methodology, 2024.

[28] GERMAN D M, MANABE Y, INOUE K. A sentence-matching method for automatic license identification of source code files[C]//Proceedings of the 25th IEEE/ACM International Conference on Automated Software Engineering. 2010: 437-446.

[29] KAPITSAKI G M, KRAMER F, TSELIKAS N D. Automating the license compatibility process in open source software with SPDX[J]. Journal of systems and software, 2017, 131: 386-401.

[30] XU S, GAO Y, FAN L, et al. Lidetector: License incompatibility detection for open source software[J]. ACM Transactions on Software Engineering and Methodology, 2023, 32(1): 1-28.

[31] WANG Y, WEN M, LIU Z, et al. Do the dependency conflicts in my project matter?[C]//Proceedings of the 2018 26th ACM joint meeting on european software engineering conference and symposium on the foundations of software engineering. 2018: 319-330.

[32] WANG Y, WEN M, LIU Y, et al. Watchman: Monitoring dependency conflicts for python library ecosystem[C]//Proceedings of the ACM/IEEE 42nd International Conference on Software Engineering. 2020: 125-135.

[33] WANG Y, QIAO L, XU C, et al. Hero: On the Chaos When PATH Meets Modules[C]//Proceedings of the 2021 IEEE/ACM 43rd International Conference on Software Engineering. 2021: 99-111.

[34] HUANG K, CHEN B, SHI B, et al. Interactive, effort-aware library version harmonization[C]//Proceedings of the 28th ACM Joint Meeting on European Software Engineering Conference and Symposium on the Foundations of Software Engineering. 2020: 518-529.

[35] HUANG K, CHEN B, PAN L, et al. REPFINDER: Finding replacements for missing APIs in library update[C]//Proceedings of the 2021 36th IEEE/ACM International Conference on Automated Software Engineering. 2021: 266-278.

第**7**章

代码质量与开发效能分析

代码质量与开发效能分析是当代软件企业降本增效的重要抓手。本章首先分析软件开发中代码质量和开发效能方面面临的诸多挑战，给出可能的解决思路，然后从代码大数据分析的思路着手，分别阐述代码质量分析和开发效能分析的方法。

7.1 概述

软件质量及研发成本是企业关注的焦点。随着代码版本管理的普及和软件过程管理的落地，软件开发过程中的各种数据能被更加完整地收集并记录。尽管如此，代码质量参差不齐、质量关注因人而异、度量与评价存在矛盾、多源数据综合分析存在困难等问题，仍然困扰着很多软件企业。因此，充分利用代码版本管理系统及相应的软件研发过程数据，对代码及多种研发过程制品进行汇总整理、综合分析，从软件研发过程中各个团队、人员的投入、产出情况等方面收集客观证据，形成对开发过程的全面洞察，将为代码质量与开发效能分析提供新的视角。

7.1.1 软件开发质量和效能分析的挑战

当前软件企业在开发质量和效能方面普遍存在诸多问题和挑战，主要体现在以下四方面。

1. 代码量大且静态扫描过程中质量问题多，难以聚焦关键问题整改

软件企业在多年的开发实践中积累了大量的代码，导致一些软件的研发维护周期长达几年。并非所有企业在一开始都采用了代码静态扫描等质量管理工具对代码进行质量维护。对于初期未开启软件代码质量回顾的企业而言，由于早期缺乏对代码质量层面的关注，尽管软件经过严格测试后才进入生产环境，但代码中可能仍然存在大量潜在问题，给软件质量带来威胁。这些潜在的代码质量问题数量庞大，即使只对关键问题进行分析，对于软件开发人员而言也需要耗费大量时间和精力进行整改，导致在软件研发压力下往往难以实施。如何聚焦历史遗留代码中的关键问题，需要结合代码问题的实际存续和代码的维护情况进行综合判断。

2．缺陷误报多且处理方式因人而异，难以建立统一的通用规范

代码质量的静态扫描虽然快速高效，但也不可避免地存在一些误报问题。即使有些问题并不是技术上的误报，但由于代码上下文中已经做了相关数据约束，因此开发人员考虑到实际质量风险和维护代价之间的平衡，往往将这些问题的解决优先级降低。如果通过建立统一的标准要求开发人员解决所有问题，则可能造成舍本逐末，难以真正提升软件产品质量和研发效能的问题。如何建立合理的扫描规则，并对开发人员的代码质量进行全面和客观的刻画，是需要结合多方面客观历史数据进行深入分析的问题。

3．效能度量与评价机制天然耦合，难以客观准确反映现状

度量的结果如何充分利用？一些团队会直接拿着各种度量结果与绩效考核、评价挂钩关联。然而，正如业界流传的名言"你度量什么，就会得到什么，而且往往以你所想不到的方式得到"，如果将度量结果简单解读为评价指标，那么度量能否真实反映现状，就很值得怀疑了。一方面，需要有度量来衡量客观事实；另一方面，必须认清度量所得到的客观事实仅仅描述了一个侧面，而非全貌，更不是评价的直接指标。从这一点而言，对于客观开发过程的侧面描述可以是多方面的，因此度量所得到的结果也会是多方面的。因为没有一个封闭的体系能够完美刻画所有细节，所以在使用效能度量时也需要结合其他的度量结果综合理解其含义。

4．原始数据多且系统来源分散孤立，难以聚集整合全面分析

当我们需要完整地理解软件开发的质量和效能的方方面面时，需要汇聚来自代码库、缺陷管理系统、任务管理系统的各种数据，包括代码快照版本数据、代码修改数据、分支和版本演化情况、缺陷报告单、开发任务单及其分配情况等。而这些数据的分析方法也各有不同，不仅包括简单的文本匹配和关联分析，还包括代码结构分析、静态扫描、文本语义分析和基于 Git、Jira 及各种特定领域工具平台的数据分析。这些数据分析所依赖的技术面之广、维度之多、关联之复杂，通常会超出人们的预期。因此，要全面理解软件开发质量和效能的现状、历史及未来的趋势，就要综合利用各种方式获取多源数据，并围绕分析目标进行多方面的数据印证。大规模的数据及其分析方法的多样性以及如何有效解读，都给面向质量和效能的软件研发数据分析带来挑战。

软件开发中的问题反映出"冰冻三尺非一日之寒"，上述问题并非一朝一夕就能解决，而需要通过长期的软件研发数据分析积累经验并逐步建立适合企业的质量和效能管理体系。为此，本章仅从软件研发数据分析的角度给出一种思路，供软件工程实践者参考并结合实践进一步扩展和细化。

7.1.2　面向质量和效能的代码大数据分析思路

代码质量和开发效能提升的首要问题是摸清软件开发的现状。而摸清软件开发现状的一

种方式是对当前积累的海量代码及其开发历史进行全面的回顾式分析。通过收集和整理来自代码版本管理系统、缺陷管理系统、任务管理系统的多源数据以及对代码本身的多维度分析，汇聚软件开发过程中各方面的客观数据，从而实现对代码质量和开发效能的全面和深度解读。

利用这种大数据分析思路，能够避免单一的数据输入途径，防止基于片面的数据和错误的解读进行错误的实践。以代码为中心，对可获得的多种外部数据进行整理分析，形成软件开发行为和产出的客观描述，并基于这种多维度的描述，查找可能的问题原因，在必要时获取更多的数据支撑，才能有效建立起符合软件企业和团队需要的质量和效能分析框架。

图 7-1 阐述了这一思路的核心步骤。基于各类软件工程数据源获取相应的数据，建立代码大数据资源库，并通过大数据分析能力发现问题，开展有针对性的能力提升。在能力提升时，一方面需要提升软件过程能力，包括合理化的过程规范；另一方面需要提升开发人员能力，包括采用智能化的手段辅助软件开发工作。通过软件工程能力的提升，进一步反映到软件工程数据质量的提升，从而增强代码大数据分析的效果。

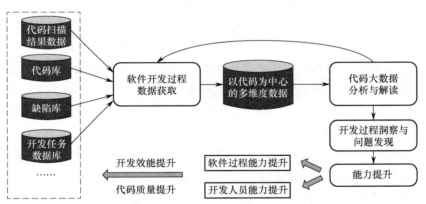

图 7-1　面向质量和效能的代码大数据分析思路的核心步骤

在海量软件工程数据中，代码仍然是软件开发团队最主要的制品和数据。因此，客观描述代码的现状对识别可能存在的软件工程问题十分重要。通过多维度的代码质量分析客观描述代码现状和演化历史，是具有非常重要的价值的。

同时，开发人员的开发行为往往表现为对代码的贡献程度，因此我们还需要从多个维度刻画开发人员的开发行为，从客观数据中挖掘出能表现开发人员能力和开发效率的证据，从而进一步反映软件开发效能。

本章后续部分将从代码质量分析和开发效能分析两方面展开介绍。每方面都会进一步从项目整体和开发人员个人两个角度进行阐述。一般而言，项目整体情况会使软件开发人员对软件项目有一个整体的认知，而开发人员个人情况，则有助于从个人的角度落实改进方法。

7.2 代码质量分析

本节首先概述代码质量分析所需的基础设施和常见场景，然后从不同的质量维度展开，并对每个质量维度从项目整体和开发人员两方面进行说明。需要注意的是，由于代码质量维度很多，本节仅列出典型的质量维度。

7.2.1 概述

持续集成（Continuous Integration，CI）流水线是现代软件开发实践的核心组成部分，它使开发团队能够更快速、更高效地集成和测试代码。持续集成是一种软件开发实践，开发人员经常将代码集成到共享仓库（如 GitLab、GitHub）中。每次集成都通过自动构建和自动测试来验证，以便尽早发现集成错误。

在这种流程中，代码质量控制门禁（Quality Gates）起着至关重要的作用，它可以显著改善代码库中的代码质量。代码质量控制门禁是 CI 流程中的一种检查点，用于评估代码更改是否达到了设定的质量标准，如代码覆盖率、代码风格、性能指标等。通过设立门禁，强制执行特定的质量标准可以确保所有通过的代码更改都不会降低代码库的整体质量。通过阻止不符合标准的代码合并到主分支，减少了破坏性更改的发生。同时，门禁的存在能提醒开发人员考虑代码质量，从而培养质量优先的代码开发文化。

然而在实际应用中，由于代码静态扫描技术本身的准确性和开发人员对不同静态缺陷的关注程度的不同，导致并非所有静态缺陷都是关键且必须修复的。而且静态缺陷数量可能巨大，开发人员难以在有限的时间内一一修复，这也可能导致静态扫描的结果被忽略[1, 2]。也正因为这一客观情况的存在，导致一些企业设立的静态扫描门禁规则较弱，试图通过减少所报出来的缺陷数量来增大开发人员关注的比例；有些则仅将静态扫描作为一个附加选项，而不作为严格的代码质量控制门禁，使得有质量问题的代码仍然被提交到了共享仓库中。为了能够找出较严重的问题和提交习惯较差的开发人员，在评估整体项目质量时，需要一套代码质量分析模型来全局地分析代码库。

代码质量分析模型的描述对象是文件和方法粒度的代码单元，通过刻画不同粒度代码的特征，便于开发和管理人员对代码的情况进行全面认知。代码具有时间和空间双重属性。代码时间属性的主要表现包括单一时间点的代码快照和一段时间内的演化过程。代码快照刻画了代码在给定时间点的当前状况，代码演化过程刻画了代码在给定时间段的变化趋势。代码空间属性的主要表现是代码本身的各种特性及与其他代码的复杂关系。代码本身的特性及与其他代码的关系又可以进一步从时间方面进行考察，两者共同表示代码的时空特点。图 7-2 给出了这种时空划分，并在不同的时空交叉点上给出了不同的分析维度。由此可见，本章所指的代码质量分析包含了本书已经论述的多个方面。

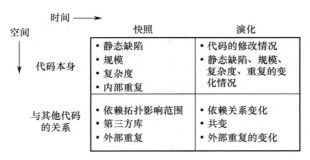

图 7-2　代码质量分析模型

在这个模型中，对代码本身的分析从快照角度而言包括静态缺陷、规模、复杂度及内部重复；从演化角度而言，包括所考虑代码的修改情况以及在快照角度看到的属性的变化情况。

与其他代码的关系从快照角度而言是指基于依赖拓扑结构的各种分析指标（特别地，对第三方库的识别是基于依赖关系分析的一种特例）以及所考虑代码与其他代码的外部重复。需要说明的是，代码重复是一种独立的检测手段，在这里我们区分内部重复和外部重复，是在代码重复的空间分布上，做了一定的细分。这种细分是有意义的，因为所观察代码对象内的局部重复（内部重复）和所观察代码对象与其他代码的重复（外部重复）具有不同的特点，也表达了不同的客观事实。但由于内部和外部代码重复的检测手段是相同的，因此，在后续论述中代码重复将作为一个维度进行统一说明。

与其他代码的关系从演化角度而言，是对依赖关系变化的刻画。同时，代码的共变，是代码变更影响的客观反映，无论代码是否存在显式的依赖关系，代码共变都反映了两段代码之间的某种联系。通常，代码共变以同一次提交中修改的代码来计算。这是基于提交是一次对代码的完整逻辑的修改来考虑的。当提交过粗或者过细时，都会对共变的判定准确性带来影响。因此，需要进一步规范代码提交，来获取更加准确的代码之间的影响分析结果。

7.2.2　静态缺陷

静态缺陷即对代码进行静态分析后得到的代码缺陷或质量问题。不同的扫描工具（如 FindBugs、SonarQube）在缺陷分类、识别规则、可支持编译语言等方面都不尽相同。尽管在本书中采用了"缺陷"一词，但实际上静态扫描工具可以输出包括代码格式、异味、安全漏洞在内的多种类型的问题（Issue）。因此我们有时也把代码静态缺陷称为代码问题。

静态缺陷在一定程度上能够直接反映出代码的质量，通常可从快照和历史两方面来看。从快照角度来看，静态缺陷的数量及种类是需要关注和应对的。但由于代码静态扫描方法和工具本身能力的不足，所以得到的扫描结果中包含的静态缺陷可能并非是开发团队所关注的[3]，甚至可能存在误报的情况[1, 2]。因此还需要通过对静态缺陷在代码库中的存在历史进行进一步分析。从历史角度来看，静态缺陷数量的变化在一定程度上可反映代码质量变化情况，但还需要结合静态缺陷所在代码的修改历史才能获知该静态缺陷是新引入的还是历史遗留的，进而表明开发人员在过去是否关注该缺陷，以及是否值得花时间去修复这样的缺陷。

为了实现对静态缺陷的引入和修复的精准判定，需要利用代码追溯[4, 5, 6]和静态缺陷追溯技术[7, 8]。不准确的追溯，可能导致静态缺陷引入和修复的误判，进而造成修复数量和引入数量的异常增加从而降低数据分析的价值。为此，通过对缺陷本身的类型、上下文等信息的综合匹配，提升静态缺陷匹配的准确率[8]，是实现准确分析的基础。

1. 项目整体的静态缺陷分析

对于项目整体而言，静态缺陷可以从以下角度展开分析。

1）静态缺陷数量

项目在指定版本快照文件中存在的静态缺陷数量，是历史引入缺陷总数和历史消除缺陷总数的差值。其可基于第三方静态扫描工具（如 SonarQube）获取。

2）分类统计

将项目在指定版本快照文件中存在的静态缺陷按类别、分布范围、存续时间进行统计，可获得指定版本代码的各类静态缺陷的空间分布和存续时间分布。我们一般认为，存续较久且所在代码相对稳定的静态缺陷，可视为稳定代码中的历史存留问题，往往对当前代码质量影响较低；而较新引入的静态缺陷往往应当尽快得到开发人员的关注，以免对正在编写和维护的代码质量造成影响。特别地，如果同类静态缺陷总体上存续时间都很长，那么该类静态缺陷在统计意义上被关注的程度就相对较低，开发人员有意忽略该问题的概率就相对较大。有时，这类存续时间很长（如两年）的缺陷，被称为无法处理的告警（Unactionable Alarts）[3]，在实践中往往会被忽略或降低优先级[9]。

3）历史总计引入数量

项目在历史上引入静态缺陷的总数，在一定程度上体现了总体的代码质量、文件的规模及复杂程度，其可基于第三方静态扫描工具获取。计算方式见式（7-1）。

$$\text{历史总计引入} = \text{SUM（各个版本引入的缺陷数量）} \qquad (7\text{-}1)$$

4）历史总计消除数量

项目在历史上消除静态缺陷的总数，在一定程度上能够体现代码的质量和复杂度，对评估开发人员的工作情况有一定的帮助。计算方式见式（7-2）。

$$\text{历史总计消除} = \text{SUM（各个版本消除的缺陷数量）} \qquad (7\text{-}2)$$

开发人员的缺陷相关度量分为缺陷引入和缺陷消除。缺陷消除又可分为消除自己引入的缺陷和消除他人引入的缺陷两部分，通过将提交版本中缺陷记录与同一分支上次提交的缺陷记录进行比对，在更新版本中消失的缺陷被视为消除。对于开发人员来说，缺陷数与代码规模相关，一般表现为"多做多错，少做少错"，具体分析时应结合综合指标全面考虑。该度量类别不依赖于任意一个具体的工具，而是给出适用于任意工具的通用代码度量方法。

2．开发人员的静态缺陷分析

对于开发人员而言，静态缺陷可以从以下角度进行分析。

1）缺陷引入数

缺陷引入数指缺陷引入的总数，在一定程度上体现了开发人员提交代码的质量，可基于第三方静态扫描工具获取。

2）消除自己引入的缺陷

消除自己引入的缺陷指消除的缺陷中由自己引入的数量。自己引入，然后自己消除，一般是属于自身的代码质量修复，通常不用于反映开发人员能力的高低，即这些修复的缺陷在评估开发人员代码质量时不作为加分项。

3）消除他人引入的缺陷

消除他人引入的缺陷指消除的缺陷中属于他人引入的数量。这一数据在一定程度上可以反映开发人员的能力或者对质量的关注程度。一般认为，开发人员如果对代码质量有自我约束，那么在他发现现存代码中的遗留缺陷时，会尝试进行修复。这对于代码维护和防止代码质量退化是有积极作用的。图 7-3 展示了一个在开源项目中消除他人引入的缺陷的案例。图的左侧展示了开发人员 A 引入的一处缺陷，右侧为开发人员 B 对该缺陷进行的修复。在左侧第 46 行处存在空指针解引用的缺陷，通过代码追溯分析，发现是开发人员 A 引入的；在下一次提交中，开发人员 B 通过增加一个空值判断，消除了这个缺陷。就这个具体案例而言，开发人员 B 确实对代码质量提升做出了贡献。

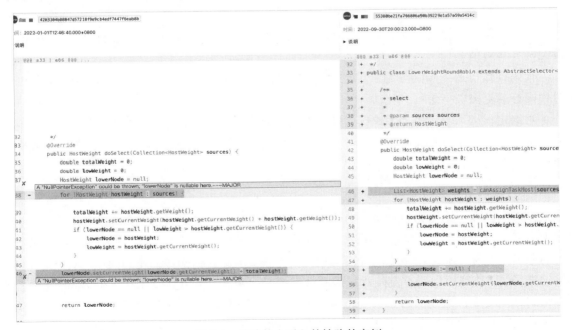

图 7-3　消除他人引入的缺陷的案例

7.2.3　代码克隆

在不同团队中，关注代码克隆的出发点或目的不同，因此所关注的代码克隆的类型也有所不同。有些团队希望对代码中重复的部分进行消除，减少不必要的冗余；有些团队希望优化设计，提升代码的可维护性；有些团队希望找到代码中重复的部分，进而将代码克隆提取为公共代码模块以便提升代码标准化水平和复用程度。一般情况下，代码克隆占总代码的比例过高可能意味着设计问题，也可能意味着存在代码层面的复用。一方面代码重复可能会给代码维护带来困难，甚至由于应有的代码一致性缺失造成软件缺陷；另一方面，受控的、有限且合理的代码重复在一定程度上能提高代码开发效率。对代码克隆的刻画，不是仅通过克隆率就可完成的，还需要结合代码修改、代码缺陷等数据给出评价；同时，代码克隆之间的差异性也需要关注。因此，采用代码克隆对软件项目或者组成部分进行度量时，不仅要看克隆的代码量，还要深入分析克隆在哪、克隆了什么及克隆扩散、消除的变化历史等。

代码克隆这一维度的特殊之处在于，代码克隆片段除存在于现有的方法、文件等代码单元之外，其本身还形成了克隆组。克隆组是整个软件项目或某个局部模块中的相似的重复代码的集合。克隆组中的克隆片段具有相同或相似的特性。通过分析克隆组的空间和时间特征，可对软件项目代码的某些局部进行刻画。

1. 项目整体的代码克隆

对于项目整体而言，代码克隆的具体指标包括以下几方面。

1）代码克隆率

代码克隆率是指在指定代码快照上所考虑的代码单元中存在克隆的代码行数（绝对值）或比例（相对值）。

代码行数可进一步区分为 I 型、II 型、III 型克隆的代码行数。可根据不同的度量需求，对代码行的克隆类型进行细化。

对给定代码（如某些文件或包或模块中的代码）与软件项目内或组织内其他代码的克隆情况进行分析，有助于识别哪些代码克隆率较高，以及以哪种形式（完全拷贝、拷贝后修改、偶然相同等）进行克隆。

2）克隆组分布范围

克隆组分布范围用来度量每个克隆组中所有克隆片段所在的文件之间的距离。由于克隆组中有多个克隆片段，要精确刻画所有克隆片段的分布情况，必须综合考虑每个克隆片段之间的距离以及整个克隆组中克隆片段间最大的距离。因此该指标被细化为两项，一个是克隆组的直径，即克隆组中所有克隆片段两两之间的最远距离，可用克隆片段所在文件的公共父目录到这两个文件之间的路径长度之和表示；另一个是代码克隆的分散度，即克隆组中所有克隆片段的总体散布情况，可用克隆组中所有克隆片段两两之间的距离的平均值来表示。举例来说，如果一个克隆组中有 10 个克隆片段，这 10 个克隆片段中有 9 个片段都在同一个文件中，而 1 个片段在距离这个文件路径长度为 8 的文件中，那么这个克隆组的直径是 8，但分散度为 $1.6\left(\text{即}\dfrac{8\times 9}{C_{10}^2}\right)$，这表明该克隆组较为聚集。若克隆组的 10 个片段都在同一个文件夹中（但不在同一个文件中），则克隆组的直径为 2，分散度为 1。

为了刻画克隆组中克隆片段的分布范围，除上述克隆组直径和分散度这两个值及相应的计算方法以外，还可根据需要进一步扩展相关度量方法。有关克隆分散度的其他度量方法，感兴趣的读者可以参阅相关文献[10]。

3）克隆组的稳定度

克隆组的稳定度用来度量代码克隆在给定时段内的变化情况，主要包括克隆片段的修改及克隆片段的新增和减少。

通常而言，稳定的代码克隆（不发生修改，也不新增克隆片段）在代码维护过程中重构的迫切性不高。对于不稳定的代码克隆，则需要进一步考虑各个克隆片段之间的变化情况，例如是否需要保持一致性的修改（改的方式相同）。对于新增代码克隆而言，则需要考虑新增的代码克隆是与现存的代码克隆完全一致还是做了修改，并进一步考虑这些修改是否需要传播到其他克隆片段中。

因此，这一度量也被进一步细化为两项，一项是克隆组在给定时段内的变更次数，例如，每一个克隆片段的每一次修改及克隆片段新增和删除都记为一次变更，另一项是仅考虑克隆组的克隆片段新增时是否导致克隆组分布范围的变化，例如增加新的文件导致克隆组更加分散，通常在给定时间段内用克隆组直径及分散度的变化来刻画克隆组的空间稳定性。

4）克隆组的一致性

克隆组的一致性即克隆组中各个克隆片段之间的一致性，包括快照一致性和修改一致性。

快照一致性是指当前克隆组中存在多少不同的克隆片段（变体），可用变体数 V 与克隆组中克隆片段数 N 计算。一种简单的计算方法为 $(N–V+1)/N$，即如果一个克隆组中克隆片段各不相同，那么一致性为 $1/N$；如果克隆组内所有克隆片段都相同，那么一致性为 1。该方法计算简单，但刻画克隆片段一致性的程度不够精确，其没有考虑克隆片段本身的相似度，也没有考虑克隆变体在克隆片段中占的比例。

修改一致性是指当前克隆组中克隆片段发生修改时，其他克隆片段是否发生同样的修改。通常可以用一致性修改率来表示。一致性修改率被定义为"一致性修改的次数/所有修改的次数×100%"。

由于一致性修改可能并不在同一次提交中发生，因此对于所有的一致性修改，可进一步刻画发生一致性修改的两次提交的时间差，即一致性修改时间差。我们认为这个时间差在一定程度上体现了代码克隆意外不一致的风险程度。在一致性修改率较高的情况下，一致性修改时间差越大，那么代码质量风险也越大。相关技术在本书第 5.2.3 节中已经做过介绍。

2. 开发人员的代码克隆

对于开发人员而言，可通过代码克隆的引入情况来反映其代码的质量。开发人员引入的代码克隆通常可以分为两种情况：

● 代码自克隆，即提交的代码与自己曾经编写的代码重复；

● 代码他克隆，即提交的代码与他人曾经提交的代码重复。

由于一段代码可能有多个副本，因此开发人员提交的代码可能既有自克隆，又有他克隆，此时我们优先考虑代码自克隆，因为引入与自己编写的代码重复的代码，更有可能是局部欠设计导致的，因此需要对该开发人员的开发质量进行适当关注。图 7-4 给出了开发人员 Tom 提交的代码自克隆。两段代码除 Java 泛型上的差别以外，逻辑几乎完全一样。此时，一般认为可以进行重构消除。

```
Tom    Public void sync(List<Count> Count, List<String> developers) {
Tom        Set<String> existingDevelopers = developerIssueCount.stream()
Tom    .map(IntroduceIssueCount::getDeveloper)
Tom    .collect(Collectors.toSet());
Tom    for (String developer : developers) {
Tom    if (!existingDevelopers.contains(developer)) {
Tom            ……
Tom        }
Tom      }
Tom    }
```

（a）代码一

```
Tom    Public void sync(List<IssueCount> Count, List<String> developers) {
Tom        Set<String> existingDevelopers = developerIssueCount.stream()
Tom    .map(IntroduceIssueCount::getDeveloper)
Tom    .collect(Collectors.toSet());
Tom    for (String developer : developers) {
Tom    if (!existingDevelopers.contains(developer)) {
Tom            ……
Tom        }
Tom      }
Tom    }
```

（b）代码二

图 7-4　开发人员 Tom 提交的代码自克隆

代码克隆量可以通过绝对值或相对值来表示。绝对值代表代码克隆行数，相对值代表代码克隆比例。下面是与开发人员的代码克隆相关的定义和计算。

1）自克隆对

对于当前开发人员，若目标版本新增的代码与提交时间较早的代码存在克隆关系，且较早的代码是该开发人员自己提交的，那么将新增代码记作该开发人员的代码自克隆。需要注意的是，由于代码克隆检测技术本身的差异，要精确识别代码克隆的"作者"，需要具备片段级的精确检测能力，即能在行或者语句的粒度上识别代码克隆的归属。如果没有片段级检测能力，那么代码自克隆和代码他克隆只能通过更大粒度（比如函数级）进行估算，数据准确性会降低。例如，可以规定，在与目标版本新增代码发生克隆的已有代码中，若超过 50% 的代码行是该开发人员本人提交的，则认为此次新增代码存在自克隆。

2）他克隆对

对于当前开发人员，若目标版本新增的代码与提交时间较早的代码存在克隆关系，且较早的代码不是该开发人员本人提交的，那么新增代码被记作该开发人员的代码他克隆。同样，考虑到代码克隆检测技术的粒度差异，如果不支持片段级检测，那么可以规定，在已有代码中低于 50% 的代码行是该开发人员本人提交的，且不存在其他代码自克隆的情况时，认为此次新增代码是他代码克隆。

3）自重复代码率（Code Duplicated Rate of Self，CDRoS）

计算公式如下：

$$\text{CDRoS}_{(d1,d2)} = \frac{D_{sr}}{D_1 + D_2 + D_3 + \cdots} \times 100\% \tag{7-3}$$

4）与他人重复代码率（Code Duplicated Rate of Others，CDRoO）

计算公式如下：

$$\text{CDRoO}_{(d1,d2)} = 1 - \text{CDRoS}_{(d1,d2)} \tag{7-4}$$

式（7-3）和式（7-4）中的 $d1$ 指开始时间，$d2$ 指终止时间，$(d1,d2)$ 指起止时间为 $d1$ 和 $d2$ 的时间段。D_i 是开发人员在从 $d1$ 到 $d2$ 的时间段内，第 i 个提交版本中新引入的重复代码行数（新增的自重复代码行数和与他人重复代码行数的总和），D_{sr} 是自重复代码行数，即开发人员每个版本新增代码中与该版本原有代码重复或新增代码自身重复的行数之和。

代码克隆的引入情况在一定程度上能反映开发人员在编程工作中的设计思维和代码质量意识。一般而言，遇到一个相似的功能需求需要编写代码时，通过已有代码进行"复制–粘贴"是简单的，而想方设法减少不必要的代码克隆是需要额外的思考和工作量的。我们希望通过代码克隆度量的引入（不断完善和调优），对编码工作的难度进行客观地解读，从而更全面和公正地评价开发人员所贡献代码的价值。

7.2.4　代码复杂度

代码复杂度和圈复杂度的定义已经在本书中介绍过，参见第 4 章的第 4.2.3 节。

无论采用哪种复杂度度量（圈复杂度、认知复杂度、其他复杂度），代码在给定时间区间内的变化情况都体现了所考察代码的复杂度变化趋势，并且可以与软件其他代码单元的复杂度变化情况进行比对。这里有统计数值与趋势两种度量方法。统计数值，即采用复杂度数据的最大值、平均值及中位数等统计数据获取给定时段内复杂度的大小，并可通过软件全局的相对值进行高复杂度摸排。趋势，主要是获取代码在各个历史版本中的复杂度数值变化情况，并将其以可视化手段直观地展现出来或者进行特征描述。为了便于表述，我们将这种趋势归结为以下几个枚举值：基本稳定、总体上升、总体下降及复杂变化。其中，复杂变化包含了先上升后下降、先下降后上升、突变上升、突变下降及其他变化模式。通过刻画代码单元的复杂度变化趋势，可识别及判断代码的维护状态与优化必要性，以及后续可能产生质量风险的可能性。图 7-5 展示了某个方法（函数）的圈复杂度变化趋势，我们可以看到该方法（函数）在过去一段时间内复杂度起伏变化的情况，从而便于对特定的复杂度波动予以进一步的关注。

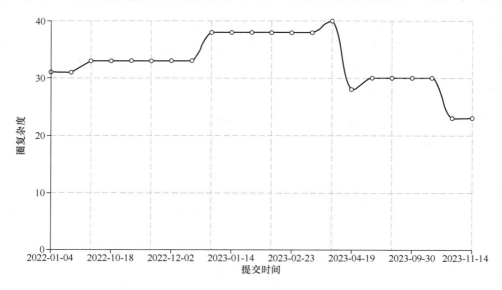

图 7-5　某开源项目某个方法（函数）的圈复杂度变化趋势

另外，通过对每个版本的代码复杂度的扫描与计算，同样能得到开发人员对代码复杂度的影响情况。若开发人员不断引入新的复杂度，则可能是代码质量下降的信号，那么需要关注是否存在重构优化代码结构的可能。

- **圈复杂度趋势分析**。通过对圈复杂度变化趋势的分析，得到圈复杂度突变点的提交者和提交信息。如果出现圈复杂度突增的提交（Commit），那么需要对该提交者编码实践进行复查和指导。相反，如果圈复杂度骤减，那么表明开发人员可能在重点清理原有代码。

- **代码修改与复杂度关联**。在提交信息与提交目的和工单关联较准确的前提下，能够分析代码修改对圈复杂度的直接影响。例如，新增功能是否导致了圈复杂度的大幅增加？重构是否有效降低了圈复杂度？

- **高复杂度代码的关联者识别**。基于方法创建或方法修改次数较多的开发人员或方法体较多所属的开发人员，可将方法与一位或多位开发人员进行关联。识别与高圈复杂度相关联的开发人员，他们可能是该方法的创建者或后续逐步往该方法中提交新代码的开发人员。

- **代码审查和重构的影响**。通过提交信息关联或针对合并请求（Merge Request，MR）分析在代码审查和重构过程中，哪些开发人员能有效地降低代码的圈复杂度。这种分析可以帮助识别团队中较优秀的开发人员、代码质量的领导者和潜在的教练。

需要注意的是，任何一种复杂度度量手段都只能衡量代码质量的一方面。一个高圈复杂度的函数不一定就是坏代码，同样，一个低圈复杂度的函数也不一定就是好代码。此外，这种度量应该以建设性的方式使用，鼓励团队成员提高代码质量。其最终目标应该是提高整体代码质量，促进团队成员之间的学习和成长，而不是成为严格的绩效评估工具。

7.2.5　第三方库

第三方库是指代码中引用的第三方软件包及调用的包中的应用编程接口（API）。在软件企业的开发实践中，除需要关注企业外部引入的软件包以外，还需要考虑内部共用的标准软件，例如本企业自研的特定领域应用编程接口。

软件中对第三方库的引用必不可少，但需要考虑第三方库的版本一致性问题、兼容性问题及安全漏洞问题。在所评估的代码中识别出第三方库及其版本，进一步分析代码中实际使用的 API，并结合第三方库相应版本中已知的安全漏洞、缺陷等信息，可全面刻画所评估代码的第三方质量风险。

项目整体与第三方库相关的软件质量分析指标主要包括以下几方面。

- **版本一致性**。所检测到的第三方库的版本是否一致。如果版本不一致，可能带来潜在的兼容性风险。但并非版本不一致一定会导致缺陷，还需结合代码中实际使用的 API 才可确定。
- **潜在缺陷与安全漏洞**。图 7-6 为第三方库漏洞检测效果示意图。由于被检测的代码不一定实际使用了存在已知缺陷或安全漏洞的 API，因此这里仅标定为"潜在"风险。同时，可针对存在的缺陷和安全漏洞进行计数，并根据需要列出详细的信息。

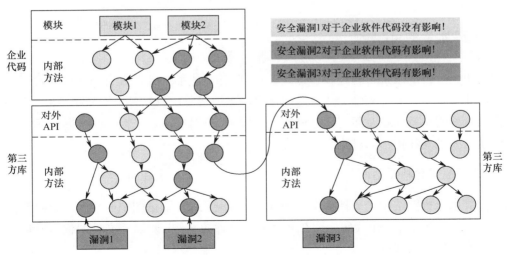

图 7-6　第三方库漏洞检测效果示意图

- **现存缺陷与安全漏洞**。基于更细粒度的程序分析，可识别出被检测的代码实际使用了哪些 API（这里暂时不考虑死代码的复杂情况），通过检测这些 API 是否存在已知的缺陷或安全漏洞可更加准确地刻画被评估的代码是否存在质量或安全风险。同时，可对现存的缺陷与安全漏洞进行计数，并列出详细的信息。在软件度量过程中，分析依赖管理文件（如 Java 项目中的 pom.xml）可以加强对项目依赖的深入了解，从而有助于度量开发人员在依赖管理和项目维护方面的能力。下面是一些基于文件分析来辅助开发人员管理依赖的方法。

- **第三方库选择的合理性。**我们可通过项目的技术负责人、pom 文件的历史提交记录来定位第三方库的管理者，评估开发人员选择依赖的合理性（包括是否选择了最适合项目需求的库、库是否是较新的以及是否避免了重复功能的第三方库）。
- **第三方库更新和维护。**提醒开发人员定期更新第三方库至最新版本可以减少安全风险，其中也包括移除不再使用或过时的第三方库。
- **第三方库冲突的处理。**第三方库之间经常会出现版本冲突。通过工具检测出冲突的第三方库后，通知开发人员并讨论如何解决这些冲突。
- **依赖管理的规范性。**检查 pom.xml 或其他依赖文件的结构和组织是否规范、清晰，并进一步评估开发人员在引入新第三方库时是否提供了充分的理由和文档。这对于保持项目的可维护性和加强新团队成员的理解是有必要的。
- **许可证管理。**分析开发人员是否考虑了第三方库的许可证，以确保项目使用的依赖符合法律和组织的合规性要求。

以上是一些辅助开发人员管理第三方库的方法。因此，这些手段应该用来促进团队成员的成长和改进，而不应作为严格的评判标准。同时，还应该考虑每个项目的具体情况，因为对不同项目的第三方库的管理会有不同的需求和挑战。

7.2.6　代码质量的可视化

代码质量分析的结果可通过多种方式进行可视化，进而为开发人员和软件开发管理人员提供直观的代码质量分析感受。通过可视化手段呈现代码质量在各个维度和指标上的取值，能对代码内部的质量问题及薄弱环节进行直观展示，同时也可用于在不同代码单元之间进行代码质量相关维度和指标的对比。

1. 代码质量分析雷达图

代码质量分析雷达图是一种基本的多维度可视化形式。雷达图中的扇区代表质量分析的相关指标。本节将通过一个代码库存在 8 个典型文件的案例，对这些文件的代码质量分析雷达图进行可视化形态阐述。

针对不同类型的代码，代码质量分析雷达图的形态也有所不同。下面通过一些典型的代码类型来说明代码质量分析雷达图的效果。需要说明的是，代码质量分析的可视化结果针对同一类型的代码也可能显示不同的形态，这有助于分析人员进一步识别代码的差异性特点，从而给出可能的质量改进决策。

本节介绍下述四种不同类型的代码，分别为业务核心代码、通用代码、业务非核心代码、门面代码，用类型 1、2、3、4 来表示。表 7-1 中类名后的括号中的数字标识了代码类型。

表 7-1 代码画像所涉及的部分度量维度的数据

维　　度	指　　标	类名（代码类型）							
		ToolInvoker（1）	IssueMatcher（1）	DateTimeUtil（2）	ASTUtil（2）	IssueDao（3）	MeasureRepoServiceImpl（3）	ScanThreadExecutorConfig（4）	IssueScanController（4）
出入度	入度	2	2	8	3	8	1	3	0
	出度	19	14	2	2	2	7	0	3
	PageRank	0.19	0.16	0.30	0.23	0.30	0.15	0.21	0.15
文件圈复杂度	当前平均值	77	74	20	24	30	100	22	17
	历史平均值	57.17	71.00	7.09	24.56	28.28	101.00	2.50	13.63
文件变化	频率	36/148	19/147	23/789	9/627	67/787	1/116	4/29	19/99
	文件存活天数	148	147	789	627	787	116	29	99
代码规模	当前快照	324	419	174	99	209	411	126	137
	历史总计引入	744	498	205	131	312	411	143	228
	历史总计删除	420	79	31	32	103	411	17	91
	历史总计改动	1164	577	236	163	415	411	160	319
共变	次数	52	33	104	64	225	5	6	26
	个数	9	5	48	37	56	5	2	3
静态缺陷	当前快照	0	0	1	2	2	3	0	0
	历史总计引入	3	2	1	2	2	3	0	1
	历史总计消除	3	2	0	0	0	0	0	1
代码重复度	文件内克隆	20	25	0	0	10	24	5	0
	跨文件克隆	7	0	6	8	10	28	8	0

1）业务核心代码

该类代码一般出度较高，引入缺陷和当前留存缺陷的数量相对较少，代码克隆行数少。

图 7-7 为业务核心代码 ToolInvoker 类的雷达图示例。该雷达图体现了典型的业务核心代码的特征，即对其他类的调用较多（出度高），并且具有相对较高的质量（缺陷相对少、内部代码重复少）。这与核心代码往往受到团队的关注，并由较有经验的开发人员进行开发维护有关。

图 7-8 是业务核心代码雷达图的另一个示例（IssueMatcher 类）。从雷达图可以看出，这个业务核心代码 IssueMatcher 类的各个维度指标并不典型，因为其文件内克隆相对较多。为此，我们复查了相关代码，发现该类开始是由较有经验的开发人员开发的，但后续维护中涉及类似的功能扩展，便交给了普通开发人员进行维护，而在维护中，由于类似功能的代码也相似，因此开发人员采取了"复制–粘贴"的策略，即创建了较多的相似方法来实现类似的功能扩展。在这种情况下，由于被复用的代码具有相对稳定的质量，因此重复代码本身也较为可靠，从而该类体现出文件内重复较多的特点。

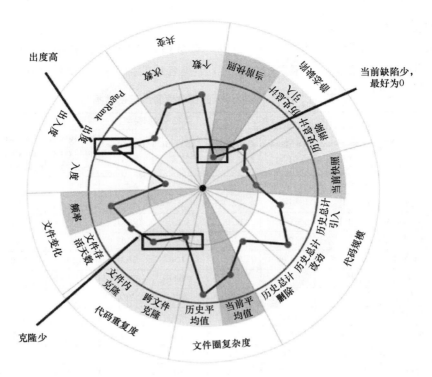

图 7-7　业务核心代码 ToolInvoker 类的雷达图–典型

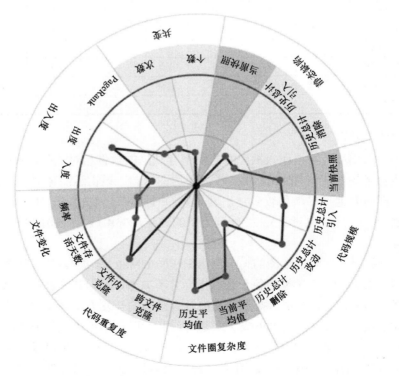

图 7-8　业务核心代码 IssueMatcher 类的雷达图–质量存疑

　　由此可见，尽管我们在对代码的种类进行区分时会给出自己的主观判断，但对代码进行实际度量所得的各个维度的数据可能与我们的预期有所不同。这种不同是现状，可能合理也可能不合理。在实践中，可以根据代码的实际情况查看具体的维度特点，从而发现代码中的问题（如上述 IssueMatcher 类内部的代码重复问题），并在后续维护中给出适当的应对措施（如结合代码重复的空间分布和历史演化评估是否需要重构或者何时重构）。

　　2）通用代码

　　该类代码一般入度较高，代码规模（包括历史总计引入、删除）改动较小，文件内克隆少。

　　图 7-9 为通用代码 DateTimeUtil 类的雷达图示例。图 7-10 为通用代码 ASTUtil 类的雷达图示例。这两个图体现出较为一致的特性。由此可见，不论是日期时间基础类（DateTimeUtil），还是抽象语法树（AST）分析基础类（ASTUtil），都相对稳定，并且主要被其他类使用（PageRank 高、入度高）。由于其内部功能非常简单，内部的克隆也很少，因此总体的复杂度不高。可见，通用代码的这种特性是比较典型的。如果有其他的通用代码存在不同的形态，那么需要进一步分析是否存在设计或职责分配的问题。

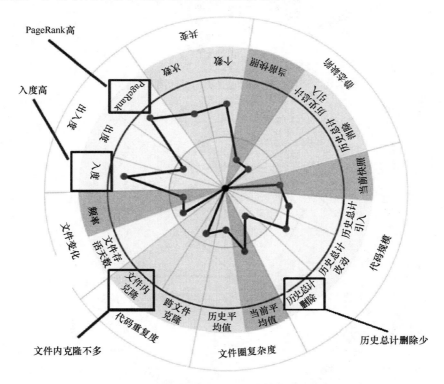

图 7-9　通用代码 DateTimeUtil 类的雷达图–典型

　　3）业务非核心代码

　　该类代码暂时未表现出明显的普遍特征，需要根据情况具体分析。

　　图 7-11 和图 7-12 分别是业务非核心代码 IssueDao 类和 MeasureRepoServiceImpl 类的雷

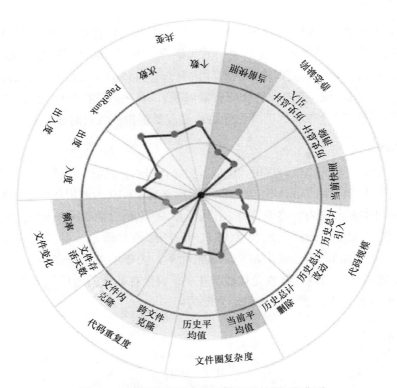

图 7-10　通用代码 ASTUtil 类的雷达图–非典型

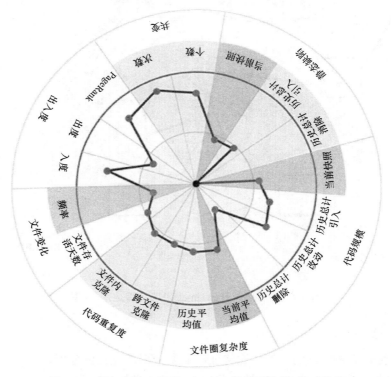

图 7-11　业务非核心代码 IssueDao 类的雷达图–修改较多

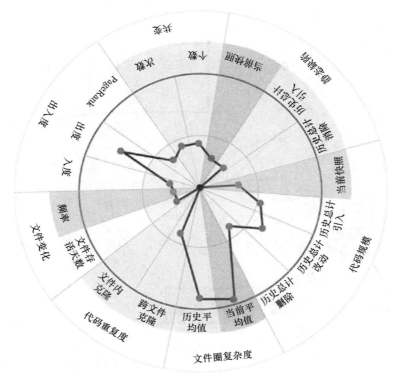

图 7-12　业务非核心代码 MeasureRepoServiceImpl 类的雷达图–复杂度较高

达图示例。这类代码总体而言没有业务核心代码或通用代码这样具有显著一致性的明显特征，但各自来看也能体现一定的代码特点。IssueDao 类是一个数据访问对象类，用于某种数据对象（在目标系统中称作 Issue 的一种数据对象）的访问。由于该系统的开发仍然处于前期，因此数据对象并不稳定，经常需要发生数据的调整，同时 DAO 对象往往与业务操作有密切关系，因此体现出较高的共变。同时，DAO 本身的逻辑并不复杂，因此复杂度总体并不高。

　　MeasureRepoServiceImpl 类是另一种类型的类。这种类具有较复杂的内部实现逻辑。我们没有把它归为核心类，是因为我们对核心类的定义往往偏向于架构或全局的层面。对 MeasureRepoServiceImpl 类而言，其业务逻辑复杂（可能与设计欠缺有关），但总体变化较少，虽然依赖了大量的其他类或方法（出度高），但因其本身的稳定性，产生的问题并不多。这意味着，开发人员在一段时间内可能不必花费太多的维护精力在这个类上，但该类的高复杂度导致其可能是一颗不知何时会引爆的炸弹，需要开展后续的代码复审，并在代码重构中予以关注。

　　4）门面代码

　　该类代码的规模（包括历史总计引入、删除）改动一般较小，变化频率较低，缺陷引入和文件复杂度也较低。

　　图 7-13 和图 7-14 分别是门面代码 ScanThreadExecutorConfig 类和 IssueScanController 类的雷达图示例。这两个类均主要负责与系统外部的交互。ScanThreadExecutorConfig 类是一个与配置信息有关的类，而 IssueScanController 类是一个与外部命令（如目标系统中的某个

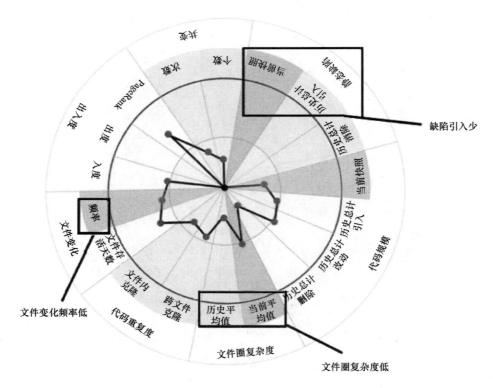

图 7-13　门面代码 ScanThreadExecutorConfig 类的雷达图–典型

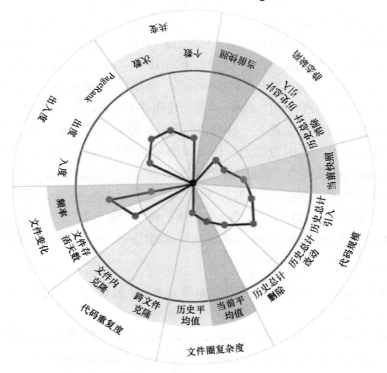

图 7-14　门面代码 IssueScanController 类的雷达图–非典型

业务操作的启动）有关的处理类，是一个控制器类。由于它们各自职责单一，逻辑也较为简单，并且与其相关的需求修改较少，对外的高层接口也相对稳定，因此很少修改。对于这些门面代码类，如果发生了较大的修改或者共变，那么可能预示着系统外部接口或运行上下文存在不稳定的情况；如果代码雷达图的形态与类名中所隐含的意义（如 Controller、Config）不同，那么也应引起开发人员的注意，并在后续代码评审中进一步分析其原因。

2. 代码质量可视化

树图（TreeMap）是一种以嵌套矩形的形式来展示数据的可视化技术，非常适合用于展示层次结构的数据，例如代码库中的文件和目录结构。使用 TreeMap 来可视化代码库中的静态缺陷是一个非常高效的方法，可以帮助团队快速识别和定位代码中的问题。图 7-15 为某开发人员的缺陷引入 TreeMap。

图 7-15　某开发人员的缺陷引入 TreeMap

图 7-15 使用颜色的深浅来表示缺陷的严重程度。深色表示引入的缺陷总体严重，浅色表示缺陷总体轻微。这样的颜色区别可以让使用者一目了然地识别出最需要关注的区域。

通过使用 TreeMap 来可视化代码质量，可以有效地帮助开发团队识别和优先处理最重要的问题，从而提高代码质量和维护效率。此外，这种可视化方式对于沟通和协作也非常有帮助，尤其是在大型团队工作时。

7.3　开发效能分析

本节首先概述软件开发效能分析的主要挑战和思路，然后介绍开发效能分析的指标体系，接着对每个指标的分析方法、应用场景进行说明。对于每个指标的应用场景，仍然是从项目整体和开发人员个人两个角度进行探讨的。

7.3.1　概述

随着软件开发团队的组成越来越复杂，如何客观地刻画开发人员在软件开发项目中的贡献、能力、工作量、工作质量等成为软件开发管理的挑战。由于软件开发的复杂性和不可见性，通过单一维度或者浅层的少量维度来描述开发人员的工作特点，甚至用作开发人员的绩效评价，往往会带来意想不到的坏效果。

因此，需要在软件开发提交历史的基础上，利用代码演化过程的追溯能力，对开发人员的开发任务类型（如缺陷修复、新功能特性实现等）、所编写的代码内容（如其中是否包含代码克隆、其中所包含的 API 调用及算法复杂性等）、后续发展变化情况（如代码在所在分支上的存续时间、最终因何原因被谁删除、是否进入了主线分支及发布版本等）及后续影响（如对于各种代码度量值造成了什么样的影响、是否引入了缺陷和代码异味、是否导致构建失败等）进行分析。并在这种综合数据分析的基础上，对开发人员所从事的开发任务类型、有效工作量、代码质量等方面进行综合分析，产生开发人员的工作情况、能力及工作效果等方面的综合画像，进一步辅助人们进行开发绩效分析。

软件开发效能分析主要从开发人员的角度出发，通过收集开发人员在软件开发过程中的客观数据，客观和全面地刻画开发人员的工作情况，使开发人员和管理人员可以较为全面地评价其当前的工作情况及整体的工作趋势。软件开发效能分析的目的，并非是将其作为绩效考核的标尺，而是将其作为一面镜子客观地展现开发人员在软件开发活动中的各个侧面，对开发人员从各个维度进行画像，使开发人员的开发活动变得可见，并且可改进、可提升。类似的工作在刻画开源项目的开发人员贡献中较为常见[11, 12]，但在企业中因为需要考虑的因素更加丰富，所以给开发人员画像带来了更高的要求[13]。

7.3.2　开发效能分析的指标体系

在软件开发项目中，开发人员的行为是多方面的，既包括源代码的编写与缺陷修复，又包括参与人员间的各种交流讨论和项目的总结、规划、设计等。由于软件开发是逻辑制品，很多开发过程很难精准地用一些具体数据去量化，因此相比实体产品来说，在程序员的开发过程中，对其进行开发人员行为分析有更大的难度。但随着开发运维一体化（DevOps）及开源开发平台的广泛应用，我们能够获取到更为全面的软件开发过程及软件制品的数据记录。这使得我们基于软件代码、版本库、运行日志及开发人员的行为数据等信息对开发人员进行用户画像分析成为可能。通过对开发人员行为的刻画，管理人员可以更清晰地了解到开发人员的能力及所擅长的领域等，同时了解开发人员的工作情况。

开发人员的开发效能主要体现在代码贡献、代码损耗及开发任务与代码的关联分析等方面。这些维度的分析既可以采用绝对值，也可以按团队或组织的人员计算相对值；既可以按特定时间段计算总量，也可以按单位时间计算效率。开发效能分析的具体维度和指标将在后续章节中讨论。

7.3.3　代码贡献

开发人员的代码贡献主要从新增代码和修改代码两个维度来描述。新增代码指的是在某段时间内开发人员新增的逻辑行，修改代码指的是某段时间内开发人员修改自己的代码量及修改别人的代码量。通过对新增代码和修改代码的评估，可以评判开发人员在某段时间内的工作量、工作效率（结合对应完成的任务数量）及与其他开发人员的协作情况。其中代码逻辑行指的是根据程序设计语言语法分析得到的语句数量。这部分数据的获取依赖于准确和细粒度的语句级代码追溯能力[6]，其需要对每位开发人员提交的代码进行精准计算。如果对部分提交发生遗漏分析或者对合并提交等特殊情况处理不当，那么可能导致开发人员代码量的异常，从而降低数据的价值[4]。

下面是代码贡献的相关指标名称和说明。

- **新增代码**：开发人员在某段时间内新增代码的行数（以逻辑行或语句计算，下同）。
- **修改自己代码**：开发人员修改的代码中，代码的首次提交者是开发人员本人的行数。
- **修改他人代码**：开发人员修改的代码中，代码的首次提交者不是开发人员本人的行数。

需要注意的是，虽然上述指标已经采用逻辑行或语句进行计算，而非代码文本的行数，但是仅仅将代码行（哪怕是逻辑行或语句）作为开发人员贡献的唯一度量也是错误的。新增和修改代码仅仅能反映代码贡献的一个侧面。此外，代码删除也可能是一种贡献。安全可靠地删除一些废弃的、过时的代码，对于减小软件项目尺寸、优化运行效率都有积极的作用。因此，有些模型也会将删除代码语句的数量作为贡献的参考，并通过指定删除语句数量和新增、修改语句数量的权重比例，来进行贡献率折算。在软件开发的不同阶段，代码贡献的重点可能也略有不同。例如，在一个新软件的开发过程中，代码新增占据主要的贡献比例；在软件稳定维护过程中，修复缺陷或调整功能则可能以修改代码为主要的贡献；在软件维护积累到一定程度需要开始进行优化时，可能同时会有较多的代码被修改和删除，此时删除代码所对应的贡献权重就会增加。由此可见，对代码贡献的评估与多种因素有关，无论在哪种场景下，获取原始的、客观的数据对于后续分析解读都有重要的意义。

7.3.4　代码损耗

开发人员的代码损耗包括删除代码量和代码存活率（Code Survival Rate，CSR）两个维度，其中删除代码量包含自己删除的代码量和被别人删除的代码量。删除代码是指开发人员在开发过程中新增或修改但未进入目标版本（一般指一个发布版本）的代码，存活代码是指开发人员在开发过程中新增或修改后最终进入目标版本的代码。

CSR 的计算公式见式（7-5）。

$$\text{CSR}_{d_s-d_e} = \frac{d_r}{c_1 + c_2 + c_3 + \dots} \times 100\% \tag{7-5}$$

在式（7-5）中，d_s 指的是开始时间，d_e 指的是终止时间，c_i 指的是在从 d_s 到 d_e 的时间段内开发人员进行第 i 次提交时增加的逻辑行数，d_r 指的是在目标版本 r 中由开发人员 d 增加的逻辑代码行数。代码存活率作为一个百分比，取值越高，表明开发人员的工作有效性越高。通过对开发人员代码损耗的评估，可以评判开发人员在某段时间内的有效工作产出。但是，代码损耗不能作为评价开发人员工作有效性的唯一标准，因为代码损耗不仅可能由开发人员的代码质量较差、设计不合理返工导致，也可能由需求频繁变更导致。

为进一步分析开发人员代码损耗的原因，预防开发人员未来因为一些原因导致代码返工的情况发生，可以将开发人员的代码删除数量与提交类型进行关联，从而得知开发人员的代码损耗原因。假设我们已经提前收集了某开发人员删除代码的提交，并利用关键字提取了这些提交的类型（如 feat 表示新功能开发、fix 表示修复缺陷、refactor 表示重构），设 T 为某开发人员删除的总代码行数，T_{feat}、T_{fix}、$T_{refactor}$ 分别为 feat、fix、refactor 类型的提交中删除的代码行数，则对于每种提交类型，其代码删除的百分比 P 可以用式（7-6）进行计算。

$$P = \left(\frac{T_{类型}}{T} \right) \times 100\% \qquad (7\text{-}6)$$

图 7-16 为某开发人员代码损耗原因分布示意图，其中，该开发人员修复缺陷带来的损耗高达 40%，功能改进带来的损耗占 30%，新功能开发带来的损耗占 27%，重构和其他带来的损耗仅占约 3%。从整个项目来看，损耗是软件整体开发的结果；从个人来看，不仅可以看到开发人员带来的损耗，也可进一步评估开发人员所编写的代码被自己或他人损耗的情况，从而更深入地对开发人员的工作情况进行洞察。

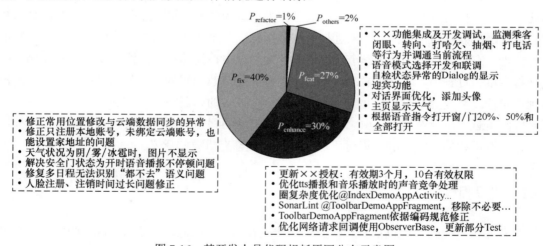

图 7-16   某开发人员代码损耗原因分布示意图

7.3.5   开发任务与代码的关联分析

当开发人员的提交信息能够很好地关联到提交类型和任务单信息时，该提交信息就为项目管理提供了一个宝贵的数据源，可以用于深入分析开发任务与代码的关联，并对任务工作量进行更加准确的估计。以下是对任务工作量度量的一种尝试，主要介绍了开发任务与代码关联的重要性、如何进行分析以及如何利用这些信息对任务工作量进行讨论。

1．开发任务与代码的关联分析

开发任务与代码的关联对于提交透明度提升和代码变更追溯审计具有重要意义。在代码提交透明度提升方面，当提交信息包含了任务单的引用时，团队成员和项目管理者可以直观地看到每个任务如何直接转化为代码更改。在代码变更追溯审计方面，将任务与代码直接关联能够更方便地追踪特定功能或 Bug 修复的历史，对历史缺陷回溯和案例分析都有价值。

开发任务与代码的关联主要涉及提交类型分类和任务单解析两方面。通过分析提交消息（Commit Message）中的关键字（如 feature、fix、docs 等），可以将代码更改与项目中的不同类型任务（如新功能开发、缺陷修复、文档编写）相关联。根据代码提交包含的任务单信息（如 JIRA 单号、Trello 卡片等），可以将每次提交直接关联到特定的项目任务或需求。

完成关联后，就可对相关任务进行代码变更分析、时间线分析等，从而有助于评估任务的复杂性和工作量，并分析任务的实际持续时间和进度。

需要注意的是，这种关联对于数据质量有着很高的要求。提交信息的准确性和一致性对于有效分析至关重要。错误或不完整的提交信息可能会产生具有误导性的分析结果。但是，仅依赖提交信息不足以完全理解任务的全部维度，还需要考虑其他因素，如代码审核反馈、团队会议记录等。

2．任务工作量的讨论

随着人力成本的提高，越来越多的行业正在制定工作量基线来评价员工在单位时间内的产出是否达到平均水平，从而达到量化工作量和控制成本的目的。表 7-2 列举了一些开发任务工作量计算的相关度量。

表 7-2　开发任务工作量计算的相关度量

度量维度	具体度量指标	备　　注
代码规模	逻辑行数	代码结构中的逻辑单元或语句数
代码重复	自克隆行	开发人员提交的代码与本人提交过的代码的片段级克隆
	他克隆行	开发人员提交的代码与他人提交过的代码的片段级克隆
复杂度	复杂度数值的历史变化	降低代码复杂度，需要额外的设计工作量
	修改方法的复杂度	复杂度高的代码，维护工作量可能偏高
出入度	代码单元的出度、入度或图中心性度量	修改一个被大量调用或大量调用其他代码单元的代码单元，往往需要有更多的考虑
代码修改	代码修改次数和频率	修改较多的代码不稳定，因此工作量会存在损耗
	代码存活时间	对修改代码而言，修改老旧代码往往需要勇气而且也更困难
特异性	当前代码在其他代码单元（文件、项目）中的泛在情况（如代码标识符或 API 名称的 TF-IDF 值）	代码的文本内容及所使用的 API 是否为大部分开发人员所常用的方式。特异性高的代码，往往代表开发人员需要更高的技术能力或进行更多的学习。但这一点也需要和代码克隆、开发标准结合起来考虑

　　不同行业对工作量基线的计算方式各不相同，难易程度也不尽相同。例如在制造业中，生产一颗螺丝钉需要的人/天可以通过历史数据进行简单的计算，且因为机器代工的原因使得工作量基线在很长一段时间内保持稳定。然而软件行业的工作量基线始终是一个困扰管理层的难题，其难度主要体现在没有可靠的手段分析企业历史数据。所以各企业用自己的标准去片面地定义工作量，例如，简单地计算开发人员代码行、每百行代码 Bug 数、完成的功能数等。实践证明，单一的度量指标不但不能客观真实地反应开发人员的工作量，而且会迫使开发人员花时间去伪造和控制度量，反而造成开发效率的逆增长。

　　因此，单一的度量无法真实反映开发人员的工作量。即使企业有能力对单一度量的历史数据进行统计，构建特定的数值基线，但是这样形成的基线也会存在各种问题。例如，代码行基线无法适用于不同规模的项目，Bug 数基线无法适用于不同复杂程度的项目，代码克隆数基线无法适用于代码复用项目或全新领域的项目。为了解决这些问题，需要将各项度量进行有机整合，形成一个多侧面、可解释的指标体系，从而更全面地回答工作量评估问题，同时也能防止开发人员为了度量而"造数据"的情况发生。

7.4　小结

　　对代码及开发人员基于代码大数据进行度量，是认知软件工程能力现状的重要手段，也是软件开发质量和效能分析的抓手。对代码的演化历史及多维度的软件开发数据进行综合分析，使得现有的代码质量、软件开发行为的特点、优势、不足变得可见且可挖掘，进一步打破软件开发的不可见性，为软件开发人员和管理人员提升组织和团队的软件工程能力提供了客观证据。为此，软件研发团队需要加强建设开发数据汇集的基础设施，建立开发数据规范化机制，并持续运作和优化。同时，结合历史分析结果对所发现的代码质量问题排定解决优先级，避免不考虑质量实际改进情况的唯指标优化法。此外，需要客观表述开发人员的研发效能，通过多维度数据让开发人员了解自身的能力特点，并发现开发效能的可改进之处。开发效能改进的目标是提升代码质量，而非数字上的效能提升。需要避免唯指标论、唯数字论、唯度量论，避免将客观度量结果与绩效评价直接挂钩。

　　总之，提升软件开发质量和效能，需要结合代码大数据基础设施的建设，利用代码度量和开发人员度量认清软件开发的能力现状，发现并认清代码质量的不足与开发效能的不足，才能有的放矢，逐步提升。代码大数据不是"银弹"，至少目前还不是，但代码大数据分析让软件开发变得可见，这是开发能力提升的必要条件。

参 考 文 献

[1]　JOHNSON B, SONG Y, MURPHY-HILL E, et al. Why Don't Software Developers Use Static Analysis Tools

to Find Bugs[C]//2013 35th International Conference on Software Engineering (ICSE). San Francisco, CA, USA: IEEE, 2013: 672-681.

[2] MARCILIO D, BONIFÁCIO R, MONTEIRO E, et al. Are Static Analysis Violations Really Fixed? A Closer Look at Realistic Usage of SonarQube[C]//2019 IEEE/ACM 27th International Conference on Program Comprehension (ICPC). Montreal, QC, Canada: ICPC,2019: 209-219.

[3] RUTHRUFF J R, PENIX J, MORGENTHALER J D, et al. Predicting Accurate and Actionable Static Analysis Warnings: An Experimental Approach[C]//International Conference on Software Engineering. Leipzig, Germany: ICSE, May 2008: 341-350.

[4] HORA A, SILVA D, VALENTE M T, et al. Assessing the threat of untracked changes in software evolution[C]//ICSE '18: 40th International Conference on Software Engineering. Gothenburg, Sweden: ICSE, 2018: 1102-1113.

[5] HIGO Y, HAYASHI S, KUSUMOTO S. On tracking Java methods with Git mechanisms[J]. Journal of Systems and Software (JSS), 2020, 165: 110571.

[6] GRUND F, CHOWDHURY S A, BRADLEY N C, et al. CodeShovel: Constructing Method-Level Source Code Histories[C]//2021 IEEE/ACM 43rd International Conference on Software Engineering (ICSE). Madrid, Spain: ICSE, May 2021: 1510-1522.

[7] AVGUSTINOV P, BAARS A I, HENRIKSEN A S, et al. Tracking Static Analysis Violations over Time to Capture Developer Characteristics[C]//International Conference on Software Engineering. Florence, Italy: IEEE,2015: 437-447.

[8] YU P, WU Y, PENG X, et al. Building Precise History for Static Analysis Violations[C]//International Conference on Software Engineering (ICSE). Melbourne, Australia: ICSE, 2023: 2022-2034.

[9] KIM S, ERNST M D. Which Warnings Should I Fix First?[C]//ESEC/FSE '07: Joint 11th European Software Engineering Conference 2007.Cavtat,Croatia: ESEC/FSE, September 2007: 45-54.

[10] 胡彬. 基于演化谱系和特征分析的克隆代码管理方法[D]. 上海：复旦大学. 2023.

[11] YANG W, PAN M, ZHOU Y, et al. Developer portraying: A quick approach to understanding developers on OSS platforms[J]. Information and Software Technology, 2020, 125, September 2020: 106336.

[12] WANG Z, FENG Y, WANG Y, et al. Unveiling Elite Developers' Activities in Open Source Projects[J]. ACM transactions on software engineering and methodology, June 2020, Volume 29, Issue 3: 1-35.

[13] FEIGENSPAN J, KÄSTNER C, LIEBIG J, et al. Measuring and modeling programming experience[J]. Empirical Software Engineering, Springer, 2014, 19: 1299-1334.

第 **8** 章

代码资产挖掘与推荐

本章首先对代码资产挖掘与推荐的应用背景和使用场景进行概述，然后分别介绍基于克隆分析的代码资产抽取、搜索式代码推荐、生成式代码推荐的相关方法和技术。

8.1 概述

开源和企业软件项目中积累了大量的代码资源，可以在后续的软件开发中进行参考和复用，这主要出于以下几方面考虑。

- **代码复用**：在已经存在的相同或相似的实现代码的基础上通过扩展、定制和修改快速实现新功能，从而提高开发效率（减少新开发工作量）和质量（经过多次使用和验证的代码质量更高）。
- **规范实现**：希望开发人员（特别是一些新手）能够了解特定领域或项目积累的一些规范化和高效的实现方式并用于新功能实现。
- **统一维护**：在多个项目或者一个项目的多个地方重复实现的功能一般会对软件维护带来不利影响，不仅增加了软件理解的难度，而且因为多个实现副本的存在而增加了维护的负担。

由于缺少有效的可复用代码的资产积累、推荐和管理机制，导致"重新发明轮子"的现象在企业软件开发中十分常见。图 8-1 展示了两个重复实现的"字符串拼接"功能。类似这样的通用功能可能会在很多项目的不同位置被不同的开发人员以不同的方式实现，这不仅造成开发工作量的增加，而且蕴含着不规范实现的风险并导致代码长度和复杂度的增加及额外的维护负担。

为了改善这一状况，可以考虑通过多种方式挖掘已有代码资产的价值并促进代码复用。

- **代码资产抽取和推荐**：将通用功能的实现代码抽取并封装为可复用资产，同时提供关于其功能和使用方式的描述，在此基础上，提供搜索和推荐机制，使得开发人员可以在需要的时候获得所需的代码资产。
- **搜索式代码推荐**：根据需要直接搜索并推荐与开发人员所提供的功能描述或当前开

发任务的代码上下文相关的可复用代码。所推荐的代码一般都可以提供明确的出处和来源。

代码片段 1	代码片段 2
| ```
1 if (strs == null || strs.length == 0) {
2   return "";
3 }
4 StringBuilder sb = new StringBuilder();
5 for (String s : strs) {
6 sb.append(s);
7   sb.append(connector);
8 }
9 return sb.substring(0, sb.length() -
  connector.length());
``` | ```
1 if(!ArrayUtils.isEmpty(strs)) {
2 StringBuilder sb = new StringBuilder();
3   for (String s : strs) {
4     sb.append(s);
5     sb.append(connector);
6   }
7   return  sb.substring(0,  sb.length()  -
  connector.length());
8 }
9 return "";
``` |

图 8-1　重复实现的"字符串拼接"功能

- **生成式代码推荐**：根据需要直接生成并推荐与开发人员所提供的功能描述或当前开发任务的代码上下文相关的代码。所推荐的代码由训练好的模型（如大模型）直接生成，一般无法追踪到其原始出处和来源。

本章接下来将分别介绍基于克隆分析的代码资产抽取、搜索式代码推荐、生成式代码推荐的相关方法和技术。

8.2　基于克隆分析的代码资产抽取

开源或企业软件项目中存在许多通用的功能实现。由于缺少统一的代码资产规划和管理，导致相关开发人员独立或者通过代码"复制–粘贴–修改"的方式在多处实现了相似的通用功能。如果能够通过代码克隆分析识别出相关实现副本并抽取为公共代码资产，那么将减轻已有项目的维护负担同时为后续软件开发提供可复用代码资产。除了局部的功能实现，一些相似的应用软件之间还存在高层设计级的共性，因此还可以抽取共性的软件设计模板。

8.2.1　抽取通用功能实现

通过代码克隆检测技术识别出来的相同或相似的代码片段可以考虑作为代码资产抽取的候选。需要注意的是，虽然抽取公共代码资产并进行复用有诸多优势，但并不是所有的重复功能实现都适合作为公共代码资产进行抽取，一般需要考虑以下两方面的因素。

- **功能独立且边界清晰**：所实现的重复功能具有较强的独立性，与所在的代码上下文之间边界清晰且不存在深度耦合，能够定义出清晰、易理解的功能接口。

● **功能通用且稳定**：所实现的重复功能具有跨领域或特定领域内的通用性，实现的是通用的业务功能或技术能力，且在可见的未来可以保持较好的稳定性并较少发生变化。

例如，图 8-1 所展示的在多处实现的"字符串拼接"功能就很适合作为通用功能抽取代码资产。这一功能与所在的代码上下文之间存在清晰的边界，即传入待拼接的字符串列表及指定的连接符，完成处理后返回拼接好的字符串。基于这一功能边界很容易定义所抽取的通用代码资产（"字符串拼接"函数或方法）的调用接口。此外，该功能是一个与领域无关的通用功能，本身也很稳定，不容易发生变化。与之相反，一些重复的功能实现与所处的代码上下文耦合严重，且经常要随着所处的代码上下文一起进行修改，因此并不适合作为通用代码资产进行抽取。例如，图 8-2 展示的代码虽然很相似，但由于其与线程操作相关并且涉及的参数对象类型略有差别（CountDownLatch 和 Semaphore），因此不适合作为通用代码资产抽取。

代码片段 1	代码片段 2
1 boolean awaitUninterruptibly(CountDownLatch latch, long timeout, TimeUnit unit) {	1 boolean tryAcquireUninterruptibly(Semaphore semaphore, int permits, long timeout, TimeUnit unit) {
2 boolean interrupted = false;	2 boolean interrupted = false;
3 try {	3 try {
4 long reaminingNanos = unit.toNanos(timeout);	4 long reaminingNanos = unit.toNanos(timeout);
5 long end = System.nanoTime() + remainingNanos;	5 long end = System.nanoTime() + remainingNanos;
6 while (true) {	6 while (true) {
7 try {	7 try {
8 return latch.await(remainingNanos, NANOSECONDS);	8 return semaphore.tryAcquire(permits, remainingNanos, NANOSECONDS);
9 catch (InterrputedException e) {	9 catch (InterrputedException e) {
10 interrupted = true;	10 interrupted = true;
11 remainingNanos = end - System.nanoTime();	11 remainingNanos = end - System.nanoTime();
12 }	12 }
13 }	13 }
14 } finally {	14 } finally {
15 if (interrupted) {	15 if (interrupted) {
16 Thread.currentThread().interrupt();	16 Thread.currentThread().interrupt();
17 }	17 }
18 }	18 }
19 }	19 }

图 8-2　不适合作为通用代码资产抽取的示例

　　确定了适合作为代码资产抽取的对象（多处重复的功能实现）之后，需要在多个实现副本（代码克隆实例）的基础上通过参数化处理等方式抽取相应功能的通用实现。这一步可以通过程序分析方法来实现部分自动化。例如，Yun Lin 等人提出的 CCDemon 方法[1]实现了基于代码克隆分析的通用代码模板自动抽取。该方法首先利用代码差异比较（Diff）技术来分析多个代码克隆实例之间的共性和差异性，并将所识别的差异点（如一个变量或参数、一条语句）作为候选的参数提取点或配置点。在此基础上，该方法通过综合分析代码修改历史及当前代码上下文来挖掘各个参数提取点或配置点之间的关联关系及可能的候选选项。基于这些分析结果，我们可以通过对控制参数和数据参数的提取实现通用代码资产抽取。图 8-3 展示了两段训练的代码模型的 Python 代码，这两段代码具有克隆关系，其中代码片段 1 是在单 GPU 上训练而代码片段 2 是在多 GPU 上训练的代码。通过基于代码差异的比较技术，我们可以提取出一个更加通用的功能实现，即抽取 dataset 为数据参数，并抽取控制参数来控制是否使用多 GPU 进行模型训练。

代码片段 1	代码片段 2
1 def train_model_single_gpu(dataset): 2 model = keras.Sequential([layers.Input(shape=(784,)), layers.Dense(128, activation='relu'), layers.Dense(10, activation='softmax')]) 3 model.compile(optimizer='adam', loss='sparse_categorical_crossentropy', metrics=['accuracy']) 4 model.fit(dataset, epochs=80)	1 def train_model_single_gpu(dataset): 2 model = keras.Sequential([layers.Input(shape=(784,)), layers.Dense(128, activation='relu'), layers.Dense(10, activation='softmax')]) 3 strategy = tf.distribute.MirroredStrategy() 4 with strategy.scope(): 5 model. compile(optimizer='adam', loss='sparse_categorical_crossentropy', metrics=['accuracy']) 6 model.fit(dataset, epochs=80)

图 8-3 模型训练代码克隆示例

　　需要注意的是，一些重复的功能实现由于采用了不同的 API 或算法（如递归算法和非递归算法），因此在代码上并没有太高的相似性。图 8-4 展示了使用不同 API 实现的文件复制功能。对于这种情况，一般的代码克隆检测算法可能难以发现重复的功能实现。此时可以考虑一些基于代码抽象特征提取的相似代码检测算法，如 AROMA[2]（见 8.3.3 节）。

代码片段 1	代码片段 2
1 void copyFileByStream(File source, File dest) { 2 try (InputStream is = new FileInputStream(source); OutputStream os = new FileOutputStream(dest)) {	1 void copyFileByChannel(File source, File dest) { 2 try (FileChannel sourceChannel = new FileInputStream(source).getChannel(); FileChannel targetChannel = new FileOutputStream(dest).getChannel()) {

图 8-4 文件复制的不同 API 实现

```
3    byte[] buffer = new byte[1024];
4    int length;
5    while ((length = is.read(buffer)) >
     0) {
6      os.write(buffer, 0, length);
7    }
8  }
9  }
```

```
3    for (long count = sourceChannel.size();
     count > 0;) {
4      long transferred = sourceChannel.
       transferTo(sourceChannel.position(),
       count, targetChannel);
5        sourceChannel.position
       (sourceChannel.position() +
       transferred);
6        count -= transferred;
7      }
8    }
9  }
```

图 8-4　文件复制的不同 API 实现（续）

8.2.2　抽取软件设计模板

除了由局部的代码片段构成的代码资产，软件项目中还经常存在高层设计级别的共性实现方案，可以将其视为一种设计层面上的"克隆"。事实上，这类共性实现方案的产生可能就是由开发人员通过大粒度（如组件或应用级别）的代码"复制–粘贴–修改"造成的。这些共性实现方案经过抽取和封装后可以变成一种共性的特定领域应用编程框架。基于这种框架可以通过快速定制和扩展完成特定应用实现，因此可以将其视为一种大粒度的可复用资产。

图 8-5 展示了一个 JHotDraw（一个支持基于 Java 的图形编辑器开发的二维 GUI 框架）应用中重复出现的设计方案[3]。这个设计方案的目标是实现一个定制化的图形编辑器应用。从图中可以看出，Draw、Net、Pert 这三种应用的设计结构大体相似。例如，它们都以 Main 类的 main 方法作为应用启动的入口同时创建各自的应用模型（"*ApplicationModel"）对象，也都实现了视图（"*View"）与应用模型的分离，同时通过对应的工厂（"*Factory"）类实现了视图的初始化。这些应用共享一些抽象类（如"ApplicationModel""AbstractView"），使得相应的特定应用类可以在继承这些抽象类的基础上实现。此外，不同应用的设计类之间存在相似的交互关系。对这样的共性设计方案抽取设计模板之后，后续的应用开发能够在此基础上通过定制和扩展快速实现。

这类软件设计模板可以在代码克隆分析与程序分析的基础上实现半自动化地抽取。例如，Yun Lin 等人提出的 MICoDe[3]方法以一系列相似的应用或模块实现代码作为输入，在自动化分析方法的基础上实现设计模板挖掘和抽取。该方法首先通过多种相似度计算寻找不同应用或模块实现中的程序元素（如类、方法）之间的映射关系并构造相应的多重集（由存在映射关系的多个程序元素构成），然后利用多重集中程序元素之间的有向关系（如方法调用关系、类继承关系等）来确定多重集之间的有向关系，从而构造一个有向图（图中的节点代表多重集，边代表依赖关系）。在此基础上，该方法对有向图中每个连通子图中的多重集及多重集之间的关系进行抽象，由此得到代码设计模板。

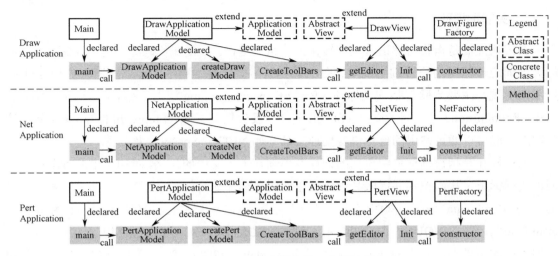

图 8-5　JhotDraw 应用中的一个设计方案

8.3　搜索式代码推荐

实现代码推荐的一种直观方式是从已有的开源或企业代码库中搜索与当前开发任务相关的代码。其中一种最常见的搜索方式是开发人员提供自然语言形式的查询请求（如 "Read data from JSON file"），搜索工具返回与之相关的代码。自然语言代码搜索的主要困难在于自然语言表达的查询请求与代码之间在抽象层次和表达形式上存在差异，为此需要将二者映射到同一空间中进行匹配。除了自然语言搜索，开发人员还可能会希望搜索与当前正在编写的代码相关的已有代码作为参照或直接复用。为此，本节将分别介绍自然语言代码搜索和代码到代码搜索。其中，自然语言代码搜索主要包括基于信息检索的方法（见 8.3.1 节）和基于深度学习的方法（见 8.3.2 节），而代码到代码搜索（Code-to-code search）则主要利用代码的相似性计算（见 8.3.3 节）。

8.3.1　基于信息检索的自然语言代码搜索

实现自然语言代码搜索的一种直观思路是将代码视为文本，然后利用信息检索技术实现自然语言查询与代码文本之间的相似性匹配。其基本过程是首先针对自然语言查询进行关键词提取，然后计算与候选代码之间的相关性并进行排序从而产生搜索结果。对于大规模代码库而言，实现与代码查询的高效匹配及搜索结果的快速反馈是一个关键挑战，因此一般还需要针对代码库构建索引。此外，还可以通过查询扩展和模糊查询等技术实现更加灵活的代码查询匹配。以下介绍信息检索时所涉及的相关技术。

1. 关键词提取

关键词提取是指将自然语言查询转化为一组关键词，以便在代码库中进行匹配。所提取的关键词应该保留用户查询中的关键信息。关键词提取通常通过多种自然语言处理（NLP）技术来实现，主要步骤包括词性标注（Part-of-Speech Tagging）[4]、命名实体识别（Named Entity Recognition）[5]、词干提取（Stemming）[6]及停用词去除（Stopword Removal）等。这些功能一般可以通过常用的自然语言处理工具（如 NLTK、SpaCy）来实现。

词性标注是指根据词典中单词的词性及单词在上下文中的含义，对句子中的每个单词的词性进行标记，从而识别并提取其中比较重要的单词（如动词和名词）。如图 8-6 所示，查询语句 Read data from JSON file 通过词性标注可以得到 read/VERB 、data/NOUN、from/PREP、JSON/NOUN、file/NOUN，其中 VERB、NOUN、PREP 分别表示动词、名词、介词。在此基础上，其中的动词和名词（Read、data、JSON、file）可以被选取作为代码搜索关键词。

Read	data	from	JSON	file
↓	↓	↓	↓	↓
VERB（动词）	NOUN（名词）	PREP（介词）	NOUN（名词）	NOUN（名词）

图 8-6　词性标注示例

命名实体识别是指识别文本中具有特定含义的实体（一般是名词性实体），例如表示文件格式（如 XML、JSON）、通信协议（如 TCP/IP、UDP）、算法（如 SHA、MD5）的实体。图 8-7 展示了对三个不同的查询语句进行命名实体识别的例子，其中包含多种不同的实体类型（如文件格式、编程语言、通信协议、算法等）。通过命名实体识别可以抽取查询语句中有意义的命名实体并将其作为关键词。同时，若这些实体存在一些已知的别名或同义词，则可以将其作为查询扩展的关键词来源。

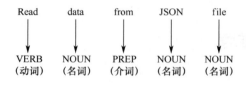

How to parse XML in Python?

How to send and receive JSON data over UDP in Python?

How can I implemente TCP/IP socket communication in Java with SHA encryption?

—— 文件格式　　══ 编程语言　　…… 通信协议　　☐ 算法

图 8-7　命名实体识别示例

词干提取是指提取单词的词根从而消除查询语句中与代码不同的单词形态（如时态、单复数等）带来的影响。例如，单词 Writing、Wrote、Written 通过词干提取可以统一成 Write，从而便于后续的查询匹配。

停用词去除是指移除查询语句中一些对于代码匹配意义不大的单词，通常为一些常用的冠词、介词、连词等。常用的英文停用词表可以通过 NLTK 库进行获取。此外，也可以根据需要添加特定领域的停用词，从而提高代码匹配的准确性。

2. 相关性计算与排序

相关性计算是指通过定量的方式给出查询语句与候选代码之间的相关性评价。在此基础上，代码搜索工具可以根据相关性对候选代码进行排序并返回排名靠前的代码作为搜索结果。代码搜索中常用的相关性计算方法包括 VSM/TF-IDF 及 BM25（Best Match 25）[7]。

1）VSM/TF-IDF

VSM/TF-IDF 通过将向量空间模型（Vector Space Model，VSM）[8]与词频-逆文档频率（Term Frequency-Inverse Document Frequency，TF-IDF）方法[9]相结合实现代码相关性计算。基于 VSM 的代码搜索流程如图 8-8 所示，所有代码库中的候选代码片段及用户给定的自然语言查询都会经过向量化表示得到其对应的固定长度的向量，然后计算它们之间的余弦相似度作为其相关性度量的结果。

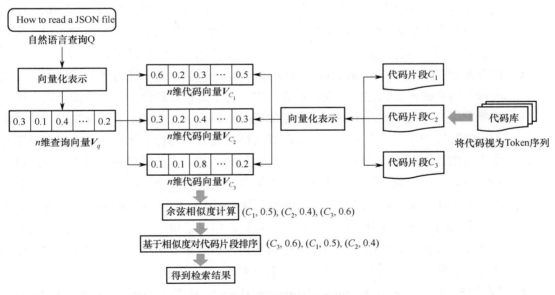

图 8-8　基于 VSM 的代码搜索流程图

VSM 的核心思想是将查询（代码搜索请求）和文档（这里指候选代码片段）统一表示为高维空间中的向量，向量的一个维度对应词汇表中的一个词。在代码检索时，代码库中每个待检索的代码片段都被处理为一个文档。整个代码检索的基本过程如下。

- **词汇表建立**：构建一个包含所有文档中出现过的词汇的词汇表，这个词汇表将决定向量空间的维度。
- **文档与查询向量化**：对于每个文档和查询创建一个与词汇表等长的向量，并将文档和查询表示为相应的向量形式。这些向量的每个维度都对应词汇表中的一个词，而向量的值则表示该词在文档或查询中的出现频率或其他权重。通过这一步，我们可以将文档和查询都从原始的文本表示转化为数学上可处理的向量形式。
- **文档与查询相似度计算**：余弦相似度是 VSM 中常用的相似度度量方法。通过计算两个文档向量之间的余弦值，衡量它们在向量空间中的夹角大小，从而评估它们的相似程度。代码片段与查询的向量表示的余弦相似度越高，代表该代码片段与查询越相关。余弦值为 0 意味着查询和文档向量是正交的，即没有匹配（代码中没有查询词）。虽然欧几里得距离也可以用于衡量两个向量之间的相似度（距离越近相似度越高），但相比而言，余弦相似度具有一定的优势。因为余弦相似度测量两个向量之间的夹角，这意味着它主要考虑两个向量的方向。可以想象，一个短向量和一个长向量在欧几里得距离上可能相距较远，但它们之间的夹角很小，所以它们仍然具有较高的相似度。

VSM 的向量化可以通过不同的方法来实现。图 8-9 展示了 VSM 方法中常用的三种向量化方法，具体介绍如下。

- **二元表示（Binary Representation）**。二元表示是一种简单而直观的文本向量化方法。在这种表示中，文档被表示为一个二进制向量，其中每个维度对应词汇表中的一个词。如果文档中包含词汇表中的某个词，那么该词对应的维度值为 1；否则，为 0。这种方法不考虑词的频率，只关注词汇出现与否。尽管失去了词频信息，但二元表示在某些场景下仍然是有效的，特别是在需要简化模型的情况下。
- **词频表示（Term Frequency Representation）**。词频表示是一种考虑了文档中词汇出现频率信息的向量化方法。在这种表示中，每个文档被转化为一个向量，其中每个维度对应词汇表中的一个词，而向量的值表示相应词在文档中的出现次数。通常，为了消除文档长度的影响，词频会除以文档长度来进行标准化。这种标准化操作有助于得到每个词出现的相对频率，其中常见的标准化方法是用每个词的词频除以文档中所有词的总数。例如，图 8-9 的查询中一共包含 6 个词，每个词都只出现了一次，那么每个词对应的在向量表示中的值是 $1/6 \approx 0.167$。尽管词频表示方法更全面地反映了文档中词汇的分布，但存在一个问题，即对于较长的文档，常见词汇的词频可能较高，从而导致权重偏向于这些常见词。这意味着在相对频率的计算中，较长文档中的常见词可能会对整体权重产生较大影响。
- **TF-IDF 表示（Term Frequency-Inverse Document Frequency Representation）**。TF-IDF 表示结合了词频和逆文档频率，旨在降低常见词汇的权重。每个文档的向量由词汇表中的词组成，而每个维度的值是通过将词频与逆文档频率相乘得到的。逆文档频率考虑了某个词在整个文档集合中的重要性，其有助于减少常见词的权重并提高罕见词的权重。

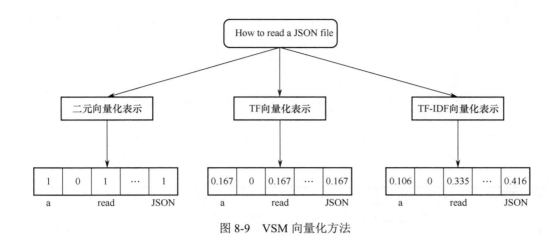

图 8-9 VSM 向量化方法

接下来对 TF-IDF 表示进行详细介绍。给定一个代码库 C 及一个代码片段 c，c 中的一个关键词 t 的 TF-IDF 权重 $\mathrm{TFIDF}(t,c,C)$ 的计算公式如下：

$$\begin{cases} \mathrm{TFIDF}(t,c,C) = \mathrm{TF}(t,c) \times \mathrm{IDF}(t,c) \\ \mathrm{TF}(t,c) = \dfrac{\mathrm{Frequency}(t,c)}{\mathrm{TotalWords}(c)} \\ \mathrm{IDF}(t,C) = \log\left(\dfrac{N}{\mathrm{DocCount}(t,C)+1} \right) \end{cases} \qquad (8\text{-}1)$$

其中，$\mathrm{TF}(t,c)$ 表示关键词 t 在代码片段 c 中的词频，计算公式中 $\mathrm{Frequency}(t,c)$ 和 $\mathrm{TotalWords}(c)$ 分别表示关键词 t 在代码片段 c 中出现的频次及代码片段 c 中的总词数。词频越大，关键词 t 对该代码片段 c 的重要性越高，因为它在代码片段中的出现频率更高。$\mathrm{IDF}(t,C)$ 表示关键词 t 的逆文档频率。计算公式中 N 表示代码库 C 中的总代码片段数，$\mathrm{DocCount}(t,C)$ 表示代码库中包含关键词 t 的代码片段数。逆文档频率衡量了关键词 t 对整体代码库的重要性。如果代码库中包含关键词 t 的代码片段越少，那么关键词 t 对于当前代码片段 c 的重要性就越高。公式中分母上的"+1"是为了引入平滑项，以防止分母为零的情况发生。综合而言，TF 和 IDF 共同作用，用于评估关键词在给定代码片段和整体代码库中的重要性。TF 考虑了局部频次，而 IDF 考虑了全局背景，通过这两者的组合可以更准确地反映关键词在特定代码片段中的相对重要性。图 8-10 呈现了一个具体的计算示例（请注意，其中的数字仅为举例）。在关键词 JSON、Read 和 Get 中，通过观察 TF-IDF 权重，可以得知在给定代码片段中，JSON 的 TF-IDF 权重最高。这表明在这个上下文中，JSON 对于给定代码片段的相对重要性是最高的。

2）BM25

在信息检索领域，还存在一种更为先进的相似度计算算法，即 BM25[7]。BM25 是对传统 TF-IDF 模型的改进，旨在更好地适应文本数据的特点。下面将简要介绍 BM25 的主要特点和计算方式。

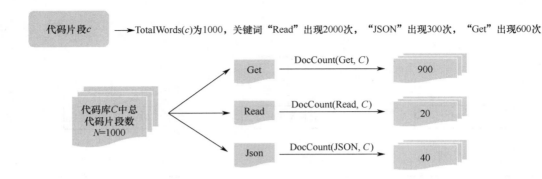

关键词(t)	DocCount(t,C)	TF(t,C)	IDF(t,C)	TFIDF(t,c,C)
Read	20	200/1000=0.2	log(1000/(20+1))=1.677	0.2×1.677≈0.335
Get	900	600/1000=0.6	log(1000/(900+1))=0.045	0.6×0.045≈0.027
JSON	40	300/1000=0.3	log(1000/(40+1))=1.387	0.3×1.387≈0.416

图 8-10　TF-IDF 权重计算示例

　　与 TF-IDF 不同，BM25 在考虑文档相关性时引入了一些新的概念和调整参数，以便更灵活地适应不同文本数据的特征。其中，BM25 与 TF-IDF 的主要区别主要包括以下几方面。

- 非线性词频影响：BM25 引入了 k_1 参数，用于调整词频对权重的非线性影响。这意味着在 BM25 中，随着词频的增加，权重的增长逐渐减缓，这更符合实际应用中的文本特征。
- 适应文档长度：BM25 引入了 b 参数，允许 BM25 算法根据文档长度进行调整。这一特性使得 BM25 能够更好地适应不同长度的文档，避免过度强调较长文档的相关性。
- 考虑文档频率的非线性：BM25 中的逆文档频率 IDF 引入了一个饱和函数，使得在文档频率较低时，IDF 的增长更为显著，这有助于更好地捕捉低频词汇的重要性。

接下来详细介绍 BM25 的计算方式，对于一个查询语句 Q，给定一个代码库 C 及一个代码片段 c，Q 与 c 的相关性 $\text{BM25}(Q,c,C)$ 计算公式如下。

$$
\begin{cases}
\text{BM25}(Q,c,C) = \sum_{t \in Q} \text{BM25}(t,c,C) \\
\text{BM25}(t,c,C) = \text{TF}_{\text{BM25}}(t,c) \times \text{IDF}_{\text{BM25}}(t,C) \\
\text{TF}_{\text{BM25}}(t,c) = \dfrac{(k_1+1) \times \text{Frequency}(t,c)}{k_1\left(1-b+b \times \dfrac{\text{TotalWords}(c)}{\text{avgcl}}\right) + \text{Frequency}(t,c)} \\
\text{IDF}_{\text{BM25}}(t,C) = \log\left(\dfrac{N - \text{DocCount}(t,C) + 0.5}{\text{DocCount}(t,C) + 0.5} + 1\right)
\end{cases}
\tag{8-2}
$$

　　BM25 算法首先计算 Q 中的每个关键词 t 与 Q 的相关性 $\text{BM25}(t,c,C)$，然后将其累加得到 $\text{BM25}(Q,c,C)$。而每个关键词 t 与 Q 的相关性 $\text{BM25}(t,c,C)$ 的计算方式与 TFI-DF 类似，只不过都经过了特殊设计，具体见 $\text{TF}_{\text{BM25}}(t,c)$ 与 $\text{IDF}_{\text{BM25}}(t,C)$ 计算公式。$\text{TF}_{\text{BM25}}(t,c)$ 计算公式中的 avgcl 表示代码库 C 中代码片段的平均长度，$\text{TotalWords}(c)$ 则代码片段 c 的长度。

$TF_{BM25}(t, c)$ 与关键词 t 的出现次数是非线性的，同时也考虑了代码长度的影响，代码长度越长则 $TF_{BM25}(t, c)$ 值越小。

　　式（8-2）中，所涉及的 k_1 与 b（$0 \leq b \leq 1$）是两个超参数，分别控制原始词频和代码长度对 $TF_{BM25}(t, c)$ 值的影响，常用的取值为 $k_1 \in [1.2, 2.0]$ 及 $b = 0.75$。图 8-11 显示了对于一段包含 50 个词的代码片段，关键词 t 的 TF 得分随着不同超参数在不同计算方式下的变化趋势。可以看到，TF_{BM25} 的计算方式使 TF 得分较传统的 TF 计算方式明显平滑很多。$IDF_{BM25}(t, C)$ 与 $IDF(t, C)$ 相比，进一步扩大了包含关键词 t 的代码数对于相关性得分的影响。

　　VSM/TF-IDF 与 BM25 方法都有开源实现，如 Gensim 与 Elasticsearch。

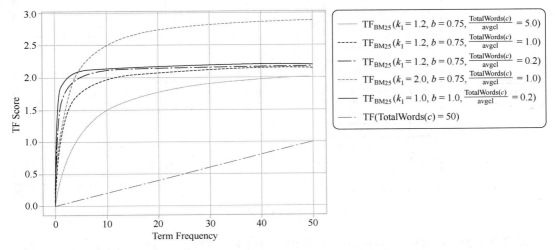

图 8-11　BM25 超参数对于 TF 得分的影响

3. 代码库索引构建

　　大规模代码库包含大量的代码文件，其数量可达数百万甚至数千万。为了实现高效地代码搜索，通常需要进行代码库索引的构建，其基本过程包括代码收集和预处理、代码解析和Token 化、倒排索引（Inverted Index）构建[10]及元数据（Meta Data）添加。通过这些处理步骤，代码库中的代码可以按照文件或更小的代码单元（如方法/函数）进行索引，从而为高效地关键词搜索和检索提供基础。以下是对一些关键步骤的详细介绍。

　　代码收集和预处理：涉及对源代码文件进行多项操作，其中包括但不限于切割等处理，以产生合适的代码示例，例如方法片段。这一步骤旨在从原始代码中提取出具有代表性的部分，以便更有效地构建索引来支持后续的搜索与检索操作。

　　代码解析和 Token 化：目标在于将代码片段进行更深层次的处理。这一阶段涉及将代码片段分割成 Token（代码中的基本单元）并去除其中的一些干扰信息，如编程语言关键词、注释等。Token 化有助于将代码转化为更加结构化和易于处理的形式，为建立准确的倒排索引和提高搜索效率奠定了基础。

　　倒排索引构建：该阶段旨在实现对包含特定 Token（或单词）的代码片段进行快速查找。

基本思想是将 Token 与包含该 Token 的代码片段进行关联，将每个 Token 作为关键词，并记录包含该 Token 的代码片段和该 Token 的位置信息。例如，图 8-12 具体展示了对代码进行倒排索引的例子，图中的一组代码片段包含了一些 Token，如 Read、File 和 Data，每个代码片段都有唯一的 ID。倒排索引将这些 Token 作为索引的键，将包含这些 Token 的代码片段的 ID 及代码作为索引的值。这样，在需要查找包含特定 Token 的代码片段时，只需在倒排索引中搜索这些 Token 所对应的键值对即可。相对于直接对代码片段进行文本匹配，倒排索引可以使搜索引擎更快速地过滤出与搜索词相关的代码片段。

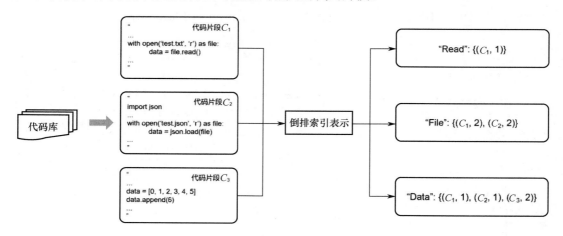

图 8-12　代码倒排索引示例

元数据添加：元数据添加阶段涉及向代码片段附加额外信息，这些信息通常称为元数据。元数据包括但不限于创建时间、创建者、来源、许可证等多方面。这些额外信息丰富了代码片段的上下文，为用户提供了更全面的说明。例如，创建时间可以指示代码片段的时效性，创建者可以用于追溯代码的作者，来源有助于了解代码的出处，而许可证则可能影响代码的可用性和使用限制。通过添加元数据，系统能够为用户提供更多选择和筛选的可能性。用户可以根据创建时间来筛选最新或最早的代码片段，根据创建者追溯特定作者的代码，根据来源筛选特定项目或库的代码，或者根据许可证确定代码的使用权限。因此，元数据的添加不仅提供了更多的搜索维度，也为用户提供了更精准的搜索结果，满足了不同用户的需求多样性。

4．查询扩展与模糊搜索

在大规模代码库中进行搜索常常面临诸多挑战，如查询词汇的多样性和开发人员可能出现的输入误差。为了克服这些问题，查询扩展与模糊搜索等技术可以被引入，以提升搜索效果和用户体验。

查询扩展：查询扩展是对查询进行扩展，增加与查询关键词相关的词语或短语，以改善搜索结果的方法。其目标在于提高搜索结果的召回率和准确性。常见的查询扩展技术包括同义词替换和词向量相似度筛选。图 8-13 展示了对于一个初始的查询使用这两种技术进行扩展得到查询结果的例子。同义词替换使用诸如 WordNet[11]等词典，将原始查询关键词的近义词或同义词也作为查询关键词。而词向量相似度筛选利用预训练的词向量模型,将查询关键词映射到向量空间,以获取相似度较高的其他词语作为查询关键词。

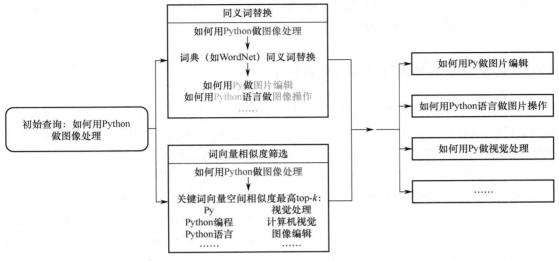

图 8-13　查询扩展示例

模糊搜索:模糊搜索是一种考虑查询中存在关键词拼写错误和语言变体问题的搜索技术。从自然语言到代码搜索的过程中,开发人员可能会出现拼写错误或使用近义词进行查询的情况。模糊搜索通过使用编辑距离算法或基于模型的方法进行拼写纠正和近义词替换,提供更准确的搜索结果。编辑距离算法可以计算查询关键词与代码片段中 Token 之间的编辑距离,并根据阈值确定是否进行纠正,图 8-14 显示了一个纠正前和纠正后的查询例子,即将初始查询中拼写错误的词 Pyton 纠正为 Python。

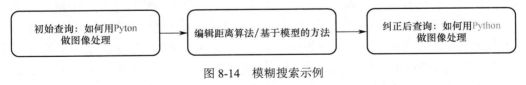

图 8-14　模糊搜索示例

高级检索功能:为了满足更复杂的查询需求,开发了高级检索功能,其包括布尔检索和短语检索。布尔检索允许使用逻辑运算符(如 AND、OR、NOT)进行组合查询,以便更精确地控制搜索结果。短语检索可以将多个关键词或短语组合在一起,以匹配出现的特定短语。

以下是一些关于基于信息检索的自然语言代码搜索的研究进展和平台工具。

CodeHow[12]: CodeHow 采用一种融合了查询扩展和布尔检索的代码搜索技术。传统的代码搜索工具在准确性方面存在问题,主要是因为它们缺乏对查询的深刻理解。CodeHow 通过识别用户查询可能涉及的潜在 API,并对其进行扩展查询,同时应用扩展的布尔模型进行代码搜索,考虑了文本相似性和潜在 API 对代码搜索的影响。

Sourcegraph: Sourcegraph 是一个基于代码的搜索引擎,其提供强大的代码搜索和导航功能。该工具支持自然语言查询、正则表达式和代码语法搜索,帮助开发人员有效地迅速定位和浏览代码。

GitHub Code Search：GitHub Code Search 是 GitHub 作为一个代码托管平台提供的代码搜索功能。该功能基于关键词和编程语言进行搜索，允许开发人员使用自然语言查询，在 GitHub 上检索代码库，并找到与查询相关的代码片段。

8.3.2　基于深度学习的自然语言代码搜索

尽管基于信息检索的自然语言代码搜索技术通过查询扩展、模糊搜索等手段在一定程度上解决了复杂查询和上下文相关性的问题，但仍存在一些限制。因此，为了进一步改善搜索效果并更好地满足开发人员的需求，近年来基于深度学习的自然语言代码搜索技术得到了广泛的关注和应用。这一技术通过深入学习语义关系的方式，为代码推荐提供了更准确、智能的解决方案。

总体而言，基于深度学习的代码搜索技术的工作流程与图 8-8 类似，主要分为三个关键步骤：查询嵌入、代码嵌入及相关度匹配。在整个过程中，查询嵌入和代码嵌入的任务是将自然语言查询和代码库中的代码片段分别映射为低维度的连续向量空间嵌入表示。而相关度匹配则以这些嵌入表示为输入，并输出它们之间的相关性分数，这是排序与推荐的基础。接下来对这三个关键步骤进行详细介绍。

1．查询嵌入

查询嵌入是关键步骤，其目标是将自然语言查询转化为机器易于处理的向量形式。在这个过程中，常见的查询表示方法包括词嵌入（Word Embedding）和句子嵌入（Sentence Embedding）。

词嵌入通过将单词映射为连续的向量表示，捕捉到了单词的语义信息。这种方法有效地将语言中的词汇转化为向量空间中的坐标，使得相似含义的单词在向量空间中距离较近，从而更好地表达了单词之间的语义关系。基于词嵌入模型，可以通过将查询中每个关键词的词嵌入进行加权平均得到关于整个查询的向量表示。这种加权平均可以采用基于平均值进行加权或基于每个词的 TF-IDF 值进行加权的方式，更准确地反映查询中各个关键词的重要性。另外，也可以直接将查询转换成一个词嵌入矩阵，以便进一步强调整个查询的语义特征。

句子嵌入是将整个查询映射为一个向量表示，其综合了查询中的多个单词信息。这种表示方法旨在捕捉整个查询的语义和上下文信息，进一步提高模型对查询含义的理解能力。通常，句子嵌入的生成过程会考虑词序、词频等因素，以便更全面地反映自然语言查询的特征。

这两种查询嵌入方法的综合应用有助于构建更具语义表达能力的查询向量，为后续的相关性匹配提供了更有力的输入。

2．代码嵌入

代码嵌入是核心步骤，其实现依赖于训练得到的代码嵌入模型。这一阶段通过学习代码的嵌入表示，将代码转化为低维度的连续向量空间。这个过程的关键在于选择适当的代码表示方式，以确保代码能够被模型理解。

图 8-15 展示了几种常见的代码表示方法，下面将进行详细介绍。

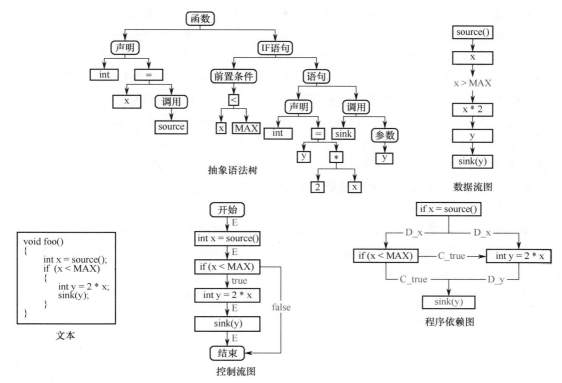

图 8-15　常见的代码表示方法

文本：文本表示是将代码直接当成文本进行处理的一种方法。该方法直接将代码进行 Token 化，以 Token 序列的方式对代码进行表示。

抽象语法树（**Abstract Syntax Tree，AST**）：抽象语法树表示是一种将代码表示为树形结构的方法。AST 是一种由代码解析器生成的树形表示，其可以捕捉代码的结构和语法关系。在 AST 表示中，每个代码元素（如函数、语句、表达式等）都表示为树的节点，而节点之间的关系（如父子关系、兄弟关系）表示了代码的嵌套和顺序结构。通过使用 AST 表示，可以更好地捕捉代码的语义信息，如变量定义、函数调用和控制流程等。

控制流图[13]（**Control Flow Graph，CFG**）：控制流程图描述了代码执行的顺序和条件分支。在控制流图表示中，代码被表示为由节点和边构成的图结构，其中节点表示代码语句，边表示控制流程的转移。通过控制流图表示，可以捕捉代码的执行路径和条件分支，从而更好地理解代码的语义和逻辑。

数据流图（**Data Flow Graph，DFG**）：数据流图描述了代码中的数据流动和依赖关系。在数据流图表示中，代码的变量和数据操作被表示为节点，而数据的流动关系则表示为边。通过数据流图表示，可以捕捉代码中的数据依赖和数据传递关系，从而更好地理解代码的数据处理和变量之间的关系。

程序依赖图（**Program Dependence Graph，PDG**）：程序依赖图表示是一种整合了控制依赖和数据依赖并将代码表示为图结构的方法。在程序依赖图表示中，代码中的语句被表示为图的节点，而语句之间的关系（如控制依赖、数据依赖）则表示为图的边。通过程序依赖图表示，可以更全面地描述代码的结构和关系，从而支持更丰富的代码搜索和推荐。

这些代码表示方法在基于深度学习的代码搜索中扮演着关键角色，不同方法适用于不同场景和任务。通过灵活选择这些方法，能够根据具体需求和数据特点来提高代码搜索的效果和准确性。这些代码表示方法通过提供不同层次的代码语义和结构信息，为代码嵌入模型生成具有丰富语义表示的代码嵌入向量提供支撑，也为后续的相关性匹配提供有力支持。

代码嵌入模型通过对基于特定的代码表示进行学习而得，其通过学习代码的嵌入表示，将代码转化为低维度的连续向量空间。在代码搜索领域，常见的代码嵌入模型包括以下三类。

- **针对代码文本表示的序列模型**，如 RNN（循环神经网络）[14]、LSTM（长短时记忆网络）[15]和 Transformer[16]。
- **针对代码抽象语法树表示的树网络**，如 Tree-LSTM 和 TreeCNN。
- **针对代码图表示**（控制流图、数据流图和程序依赖图）**的图神经网络**，如 GGNN（门控图神经网络）和 GCN（图卷积网络）。

这些模型能够捕捉代码的语义和结构信息，并生成具有丰富语义表示的代码嵌入向量。不同的模型适用于不同类型的代码表示，这些模型为用户提供了多样化的选择，以满足代码搜索任务中的不同需求。

3．相关度匹配

在代码搜索任务中，相关度匹配起着关键的作用，其用于评估查询和代码片段之间的语义关联。该关键步骤的实现方法通常涉及计算查询嵌入向量和代码嵌入向量之间的相似度得分，而常用的相似度计算方法包括余弦相似度和点积相似度。

除了直接计算相似度得分，还可以将相关度匹配任务视为一个二分类问题。通过训练专门的分类模型，可以预测查询嵌入向量和代码嵌入向量之间的相关性，从而判断它们在语义上是否相近。这种方法提供了一种更灵活的框架，通过深度学习方法更好地捕捉和理解查询与代码之间的深层语义关系。

近年来，模型预训练-微调已成为代码搜索领域的一种主流范式。该范式首先通过在大规模数据上进行预训练任务，使代码嵌入模型学习到丰富的代码语义表示和模式。随后，通过在特定任务和数据上进行微调，进一步提升从自然语言到代码的搜索效果。预训练阶段包括模型结构调整（如隐藏层维度、层数等）、设计合理的预训练任务（如掩码语言建模、替换 Token 检测等）、损失函数和优化器的定义等步骤。微调阶段包括数据准备、预训练模型选择、损失函数和优化器的定义以及微调训练等步骤。

为进行代码搜索技术的训练和评测，研究人员广泛使用 CodeSearchNet[17]，这是目前最常用的大规模开源代码搜索数据集之一。该数据集涵盖六种编程语言（Go、Java、JavaScript、PHP、Python 和 Ruby），包含约六百万个开源代码函数。其中，约两百万个函数附带自然语言描述，可作为代码搜索的查询。借助这一数据集，研究者能够进行各种相关模型的训练和评估。

需要注意的是，目前用于代码搜索的绝大部分预训练模型都将代码视为文本序列进行输入，采用的基础模型主要是 Transformer 模型的 Encoder 部分。这一范式的成功应用为代码搜索任务引入了更深层次的语义理解和泛化能力，提高了模型在真实任务中的性能。

学术界和工业界涌现了许多与基于深度学习的代码搜索相关的研究和平台工具，其中一些较有名的工具如下。

- **DeepCS**[18]：DeepCS 是早期基于深度学习的代码搜索方法的代表。通过利用基于 LSTM 的深度神经网络，DeepCS 将查询和代码片段编码到同一个向量空间中。其匹配分数使用查询向量和代码向量之间的余弦相似度进行排序，有效地提高了代码库中代码的搜索效果。

- **CodeBERT**[19]：CodeBERT 是一个基于预训练的自然语言和代码双模态模型，采用 Transformer 模型结构。通过在大规模代码库上进行预训练，利用遮掩 Token 预测和替换 Token 检测任务的方式，CodeBERT 学习到了代码和自然语言之间的关系。通过微调，该模型在代码搜索等下游任务上展现了出色的性能。

- **GraphCodeBERT**[20]：GraphCodeBERT 在 CodeBERT 的基础上引入了对代码中数据流的处理，更好地学习了代码的结构特征。除了采用 CodeBERT 的预训练任务，GraphCodeBERT 还提出了两个新的预训练任务，即数据流边预测和源代码与数据流的变量对齐。该模型在包括代码搜索在内的四个下游任务上取得了显著的提升效果。

- **Kite**：Kite 是一款面向开发人员的智能代码助手工具，提供了强大的代码搜索功能。通过分析代码库并学习开发人员的编程习惯，Kite 为用户提供智能的代码推荐和建议，从而提高开发效率和质量。

- **Codota**：Codota 是一种基于机器学习的代码搜索工具，可在编码过程中提供即时的代码建议和示例。通过分析大量的开源代码和 API 文档，Codota 为开发人员提供准确的代码推荐，并支持多种编程语言和 IDE。

尽管基于深度学习的方法在捕捉查询和代码的语义方面相较于基于信息检索的方法表现出显著的优越性，但是这类方法往往伴随着较大的空间和时间开销。在实际应用中，当处理规模庞大的代码库时，可能会面临一些挑战和问题。例如，在构建深度学习模型时，需要考虑大规模数据的存储和处理需求，以及模型训练所需的时间成本。因此，在权衡深度学习方法的优越性和资源成本时，需要根据具体场景和需求做出适当的选择。

8.3.3　基于相似性的代码到代码搜索

代码到代码搜索是指开发人员使用当前不完整的代码作为查询，以寻找与查询代码具有相似功能或结构的代码片段，从而帮助实现后续代码。这一方法主要依赖代码相似性比较和代码语义分析技术，通过分析代码的结构、语义和上下文信息，实现相关代码片段的匹配和推荐。

下面探讨代码到代码搜索涉及的一些关键环节。

- **查询代码处理**：在代码到代码搜索中，首先需要对查询代码（不完整的）进行预处理，以满足基本的语法要求，为后续的特征抽取提供基础。通常的预处理包括为代码语句补充缺失的方法和类声明等。
- **特征提取**：为了进行代码相似性的比较和匹配，需要从代码中提取关键特征。这些特征包括代码的结构信息（如 AST 上节点之间的关系）、使用的 API、使用的变量和数据类型、控制流和数据流、算法逻辑等。特征提取可以通过静态分析和语义分析技术来实现。
- **相似度比较**：相似度比较是代码到代码搜索的核心步骤之一，涉及将查询代码的特征与代码库中的示例代码的特征进行比较，并计算它们之间的相似度得分。常用的相似度计算方法是将两者的特征表示为独热编码的向量（One-hot Encoding），并计算两者的向量相似度。
- **搜索结果对比整合**：代码到代码搜索的最终目标是为开发人员提供最相关和有用的代码示例。在搜索过程中，需要对搜索结果进行对比和整合，包括将多个相似度匹配的代码示例进行排序、筛选并提取代码模板等，以产生最合适的搜索结果呈现给开发人员。此外，还可以考虑搜索结果的多样性和质量评估，以提供更好的搜索体验。

AROMA[2]是代码到代码搜索中一个比较有代表性的方法。该方法主要基于代码特征进行，其流程如图 8-16 所示。该方法首先将代码语料库解析为解析树，并从每个方法的解析树中提取结构特征，创建稀疏向量表示。这些特征向量构成索引矩阵，用于搜索和检索相似的代码片段。在检索到相似的候选结果后，AROMA 对结果进行重新排序，对不相关的部分进行剪枝，并根据与查询代码的实际相似性重新排序候选片段。然后，AROMA 使用交叉算法对候选片段进行聚类和剪枝，生成共有代码模板作为代码建议的一部分。通过特征提取和聚类，AROMA 帮助开发人员在代码搜索中快速找到相关的代码示例，从而提高开发效率。

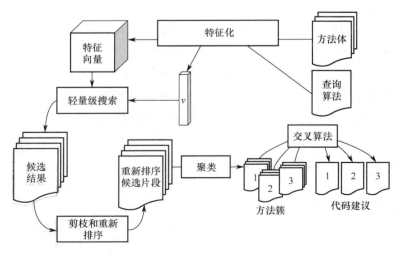

图 8-16　AROMA 方法流程图

8.4　生成式代码推荐

与代码搜索相似，生成式代码推荐可根据输入的不同分为两类：自然语言到代码的生成，即根据开发人员提供的功能描述直接生成程序代码；代码补全，即根据当前已编写的代码生成后续代码。随着 Copilot 和 ChatGPT 等基于大型语言模型（Large Language Model，LLM，简称大模型）的应用在代码生成方面取得显著成功，基于大模型的代码生成和补全也掀起了新的研究潮流。本节将首先介绍生成式代码推荐技术思路，接着介绍基于传统方法的生成式代码推荐技术进展，最后对基于大模型的生成式代码推荐技术进展进行概述。

8.4.1　生成式代码推荐技术思路

自然语言到代码生成与基于代码上下文的代码补全都是基于当前任务上下文自动生成代码，其区别在于接受的输入不同。前者将自然语言描述作为输入，而后者将当前已经编写的代码作为输入。两者常用的生成模型的架构也类似，都是基于 Encoder-Decoder 架构及 Decoder-Only 架构。图 8-17 展示了这两种架构的示意图，它们使用 Transformer 模型作为编码器/解码器。Transformer 模型以其卓越的性能和灵活性而受到广泛认可。接下来对这两种架构分别进行简单介绍。

在代码生成中常用的是 Encoder-Decoder 架构，其将一个序列映射到另一个序列，例如将自然语言文本序列（输入）映射为代码 Token 序列（输出）。Encoder-Decoder 架构由两个主要组件组成：编码器（Encoder）和解码器（Decoder）。下面对这两个组件及其训练和预测过程进行详细介绍。

编码器的任务是对输入的自然语言序列（或当前代码序列）进行编码，转化为固定长度的向量表示，即上下文向量（Context Vector），以捕捉输入序列的语义和语法信息。在编码过程中，每个 Token 都能获取来自前后 Token 的信息，因此每个 Token 的信息都是与其上下文相关的。例如，在中文里，"骑"字在"骑马"和"坐骑"中的词性差异需要结合前后的语境才能理解，因此上下文向量是一个结合整个序列语境的向量表示。常用的编码器模型包括循环神经网络（RNN）[14]及其变体（如 LSTM[15]和 GRU[21]）和 Transformer 模型[16]。循环神经网络编码器逐步处理输入序列中的每个 Token，并通过隐藏状态传递信息。最终，该编码器将整个序列转换为一个固定长度的向量表示，即上下文向量，用于携带整体序列的语义信息。然而，循环神经网络编码器在处理长距离依赖关系时可能存在梯度消失或梯度爆炸等问题，这限制了其对长序列进行建模的能力。相比之下，另一种更先进的编码器模型是 Transformer，它采用自注意力机制，使用多头注意力机制和前馈神经网络层，更全面地捕捉输入序列中所有位置单词的语义信息。这种方式允许模型同时关注序列中的不同部分，有助于更好地理解语境并提取语义信息。

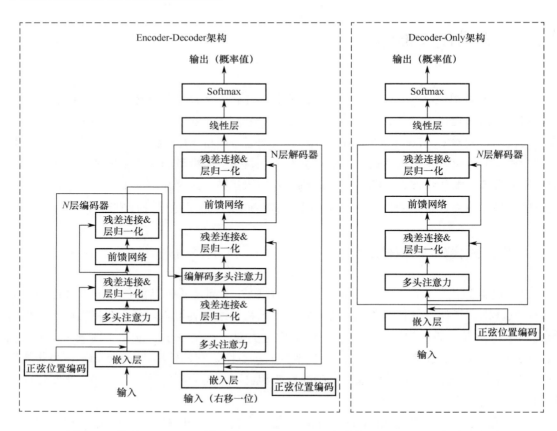

图 8-17   基于 Transformer 模型的 Encoder-Decoder 架构与 Decoder-Only 架构示意图

解码器的职责是根据编码器的输出和已生成的代码 Token 序列，逐步生成新的代码 Token 序列。解码器可采用与编码器相同的模型，也可选择不同的模型，如循环神经网络或 Transformer。循环神经网络解码器逐步生成代码序列的每个 Token，其利用编码器输出的上下文向量和上一步的隐藏状态指导生成过程。此解码器可以灵活地进行多次迭代，直至生成完整的代码序列或达到最大步数。然而，循环神经网络解码器存在梯度消失或梯度爆炸问题，在处理长序列时表现更为明显。相反地，Transformer 解码器通过自注意力机制灵活捕捉上下文关系，有效解决了长距离依赖问题，从而提高生成的准确性和流畅度。

在训练阶段，代码生成模型通过使用自然语言描述（或当前代码序列）和对应的代码序列（或后续代码序列）形成的输入输出对来进行训练。模型训练的目标是最大化生成代码序列与真实代码序列之间的相似性。训练过程的关键步骤包括将输入的自然语言（或当前代码）Token 序列经过编码器编码成上下文向量，以及通过解码器接收该上下文向量，并结合上一个时间步的隐藏状态和已生成的代码 Token 序列，逐步生成当前时间步的代码 Token。在训练过程中，通常使用交叉熵（Cross Entropy）[22]作为损失函数，用于衡量生成代码序列与真实代码序列之间的差异。通过反向传播算法和优化算法（如梯度下降），对模型参数进行更新，以逐渐减小损失函数的值。

在模型预测过程中，模型根据给定的自然语言描述（或当前代码），使用经过训练的参数生成新的代码 Token 序列。预测过程可分为两个阶段：编码阶段，自然语言描述（或当前代码）通过编码器生成编码器输出和上下文向量；解码阶段，解码器根据编码器输出、上下文向量和已生成的代码片段，逐步生成代码序列，直至生成结束标记或达到最大长度。

实际上，只使用单个解码器也足以完成代码的生成任务。与 Encoder-Decoder 架构的不同之处在于，Decoder-Only 架构直接将自然语言描述（或当前代码）作为解码器的初始输入，让解码器在迭代中根据已有的输入序列逐步预测下一个代码 Token，直至生成完整的代码或达到最大长度限制。Decoder-Only 架构的模型训练和预测过程与 Encoder-Decoder 架构相似，唯一的区别在于输入的方式。相较于 Encoder-Decoder 架构，Decoder-Only 架构更为直接地将输入序列映射到输出序列，简化了信息传递的复杂性，使其更适用于生成式任务。

值得注意的是，当前流行的代码生成和补全模型无论是采用 Encoder-Decoder 架构，还是采用 Decoder-Only 架构，通常都倾向于基于一个庞大的代码预训练模型进行微调。这个微调过程的目的是在特定任务和数据集上进一步提升模型的性能。在微调阶段，对模型结构的调整是其中的一方面，其涉及隐藏层维度、层数等参数的优化，以更好地适应目标任务。另一方面，设计合理的预训练任务也是至关重要的。通过引入多样的预训练任务，如掩码语言建模、标识符类型预测、注释–代码双向生成等，模型能够在大规模数据的基础上学习到更丰富的代码语义表示和模式。

举例来说，CodeT5[23]这一典型的 Encoder-Decoder 架构的预训练模型在预训练过程中采用掩码语言建模任务，预测输入代码中被随机遮蔽的部分 Token，从而有助于模型学习代码的语法结构和关键信息。此外，模型也可能执行标识符类型预测任务，即预测代码中标识符的类型，以提高对代码语境的理解。与此同时，注释–代码双向生成任务要求模型能够根据注释生成相应的代码片段，反之亦然，这有助于模型学习注释与代码之间的对应关系。相比之下，采用 Decoder-Only 架构的模型在预训练中通常采用自回归生成任务。具体而言，该模型根据已有的代码逐步生成后续代码，使得每个时间步的 Token 都是由前面的状态预测而来的。这种生成方式将输入序列直接映射到输出序列，降低了信息传递的复杂性。这种基于大模型预训练的微调策略有助于模型更好地利用学习到的知识，并更有效地适应具体的代码生成任务。在微调过程中，精心制定的损失函数和优化器的定义是确保模型在目标任务上表现出色的关键。整个微调过程旨在充分发挥预训练模型的潜力，使其在特定领域展现更为卓越的性能。

相对于 Encoder-Decoder 架构的模型，Decoder-Only 架构仅包含解码器部分，而没有编码器部分。这一架构具有以下优势[24]，因此最新的大模型基本都是基于 Decoder-Only 架构的。

- **结构简单，训练和推理速度快**：由于缺少编码器部分，基于 Decoder-Only 架构的模型的参数和运算量都减少了一半以上，使得训练和部署更加高效。
- **适用于纯生成任务**：Decoder-Only 架构专注于生成输出序列，而无须考虑编码输入信息的问题，因此更适用于文本生成、情节生成、对话生成等纯生成任务。

- **避免了 Encoder-Decode 架构训练中的一些难点**：仅训练一个解码器可以规避诸如不同权重初始化、信息瓶颈等在 Encoder-Decoder 架构训练过程中可能出现的问题。
- **解码器自我监督**：在 Decoder-Only 架构的训练中，将上一步生成的输出作为下一步的输入，实现了解码器部分的自我监督，有利于生成更为连贯和具有结构性的输出序列。

8.4.2　基于传统方法的生成式代码推荐技术进展

在大模型兴起之前，学术界对于生成式代码推荐的研究经历了从监督学习到预训练–微调范式的转变。

在监督学习阶段，研究者主要专注于设计特定的神经网络模型，通过在标注数据上进行监督学习，获得最终的代码生成和代码补全模型。这一时期的创新主要集中在采用不同的神经网络架构（如 CNN、RNN、GRU）和不同的代码表示方法（如文本序列、抽象语法树）上，以更好地将代码的特性融入神经网络学习过程中。以 Rabinovich 等人的工作[25]为例，他们将抽象语法网络（Abstract Syntax Networks, ASN）作为标准 Encoder-Decoder 架构的扩展，通过改变解码器的结构，使其具有与输出树结构相对应的动态确定的模块化结构。类似地，Sun 等人[26]使用 Transformer 模型来解决代码元素之间存在的长依赖问题，并对模型进行修改，提出 TreeGen，使其能够结合代码的结构信息，特别是抽象语法树的信息，以更加精准地执行代码生成任务。

然而，这些监督学习的方法在实际应用中常常受到多方面的限制，其中包括对特征的人工设计需求、对大量训练数据的需求、昂贵的训练成本及有限的泛化性能等。这些缺点限制了它们在复杂任务和真实场景中的可用性。为了克服这些困难，研究者开始将关注点转向预训练模型的应用，这标志着从传统的监督学习模式向更灵活的预训练–微调范式的转变。预训练–微调的核心思想与以往的基于监督学习的模型有所不同。其首先在大规模的无标注数据集上进行自监督训练，然后在有标注数据集上进行微调，从而显著提高模型的泛化性能，并减轻对大规模标注数据的依赖。这一方式在多个任务上都取得了显著的成果。

与在自然语言处理领域的成功应用类似，研究人员在代码领域也提出了相应的预训练模型，并取得了显著的效果。基于代码的预训练模型通过微调使其适用于代码生成、代码补全等任务，已经成为一个新兴的研究范式。值得注意的是，这些预训练模型的架构主要基于 Transformer 模型，这突显了 Transformer 模型在捕捉代码语义方面的优越性。研究人员目前的重心逐渐转向如何通过设计更加精巧的预训练任务，使模型在预训练阶段能够更好地学习通用的复杂代码语义，从而更好地适应各种实际任务。

以下是几个典型的代码预训练模型的介绍。

PLBART[27]是一种基于 Transformer 模型的 Encoder-Decoder 架构的预训练模型，其汲取了自然语言处理和程序设计语言的特性。该模型借鉴了 BART[28]预训练模型的思路，在大规模的源代码和自然语言数据上进行去噪预训练。PLBART 的目标在于在自然语言和代码之间建立更强的语义理解和生成能力。通过微调，PLBART 在代码生成和补全任务上取得了显著的效果。其独特之处在于采用去噪预训练目标，使其能够更好地处理噪声并提高生成模型的鲁棒性。

CodeT5[23]也是一种基于 Transformer 模型的 Encoder-Decoder 架构的预训练模型，其灵感来自 T5[29]预训练模型。CodeT5 通过在大规模的代码库上进行预训练，并通过多样化的编码和解码方式及预训练任务来实现代码生成和补全的功能。其预训练任务包括标识符感知的去噪、标识符标注、被遮掩标识符预测及双模态对偶生成等。通过在特定数据上的微调，CodeT5 能够实现准确的代码生成和补全，为编程领域的自动化提供了强大的工具支持。

AlphaCode[30]是由 DeepMind 提出的一种基于 Transformer 模型的代码生成模型，旨在解决其他模型在复杂任务（如竞争性编程问题）上表现不佳的问题。AlphaCode 采用经过特殊训练的 Transformer 模型生成大量多样的程序，然后通过过滤和聚类的方式，最终只提交表现最佳的 10 个解决方案。在 Codeforces 平台的模拟评估中，AlphaCode 的代码生成能力平均排名达到了前 54.3%，标志着人工智能系统首次在编程竞赛中具备了竞争力。这表明 AlphaCode 在处理复杂的编程任务方面取得了显著的进展。

基于相关技术，已有一些集成工具旨在为开发人员提供便捷的服务。其中，Kite、Codota 和 Tabnine 等均为面向开发人员的智能代码助手工具。Kite 通过分析代码库和学习开发人员编程习惯，提供智能的代码推荐和建议，以提高开发效率和代码质量。Codota 基于机器学习，通过分析大量的开源代码和 API 文档，在编码过程中为开发人员提供即时的准确代码建议，并支持多种编程语言和 IDE。Tabnine 则是一款基于深度学习模型的广受欢迎的代码补全工具，其可以集成到多个流行的代码编辑器和 IDE 中，并为开发人员提供智能的代码补全功能。

8.4.3　基于大模型的生成式代码推荐技术进展

近年来，大模型在深度学习领域掀起了一场研究热潮，尤其是在 2022 年 11 月，OpenAI 推出的 ChatGPT 在多领域任务中展现出的惊人性能引发了广泛关注。这一趋势推动了各类大模型的涌现，它们基于 Transformer 模型，参数规模达到百亿以上。在软件开发领域，大量信息以文本形式存在（如代码和文档），而大模型展现出了对文本类信息强大的理解和生成能力。因此，研究者们纷纷将大模型应用于软件开发任务，探索其在代码生成、API 推荐、代码理解等任务中的效果。

根据近期的研究综述[31]，超过 200 篇的研究工作集中在应用大模型解决软件工程任务上，其中一半以上将大模型应用在软件开发任务中，并且在代码生成与补全、API 推荐、代码理解等方面取得了显著效果。例如，ChatGPT 和 GPT-4 在单个函数级别的代码生成数据集 HumanEval 上分别达到了 73.2% 和 88.4% 的 Pass@1。开源项目 CodeLlama、WizardCoder 等的大模型也获得了 40%~70% 之间的 Pass@1。除了函数级别的代码生成，大模型在项目内的代码补全、代码理解、代码维护等方面也展现出远超小规模深度学习模型的效果。

GitHub Copilot 是由 GitHub 和 OpenAI 共同开发的代码生成工具，其基于大模型 Codex。Codex 使用预训练的 GPT-3 模型和大量的开源代码进行训练。GitHub Copilot 能够根据开发人员的输入生成代码片段和函数，成为实际开发中的高效工具，进一步推动了大模型在软件开发领域的应用。

提示词工程是一种通过设计和优化问题或指令，引导大模型生成特定响应的实践。在大模型执行特定任务时，提示词工程发挥着至关重要的作用，其通过提供适当的提示，以简便而高效的方式引导大模型的行为，满足软件开发的复杂需求，而无须更新大模型的权重。提示词工程建立在大模型具有强大的上下文学习和指令遵循等能力的基础上。一些常见的提示词工程方法如下。

- **角色提示（Role Prompting）**：在提示词工程领域，角色提示是一种将大模型赋予特定角色的方法。尽管大模型积累了广泛的知识，但难以明确知识的边界。通过角色提示，我们为大模型提供额外的上下文信息，从而提高其对特定问题的理解，提高其专业性和准确性。例如，通过提示大模型"请扮演一名开发工程师"，可以使其在处理与代码编写相关的问题时表现得更加专业和准确。

- **少样本提示（Few-shot Prompting）**：通过向大模型提供少量示例（包含问题和对应标准答案）激发大模型的上下文学习能力，以使其适应并更好地处理与示例类似的任务。例如，当大模型生成代码时，企业可能有特定的编写规范和模式。通过在提示中以示例的方式提供这些规范和模式，可以引导大模型以更好的方式生成符合要求的内容。

- **思维链（Chain of Thought, COT）**：赋予大模型将问题分解为一系列中间步骤来解决的能力，通过模仿思维过程中的推理步骤，提高大模型的推理能力。在软件开发任务中，思维链可引大导模型逐步拆解任务，解决复杂的代码生成问题。

随着大模型在软件工程领域的广泛应用，提示词工程的引入显著提高了这些大模型在代码生成方面的效率和质量。例如，Li 等的研究[32]表明，通过对 CodeX、CodeGeeX、CodeGen 和 InCoder 等大模型进行提示词改进，它们在多个基准测试（如 Python 的 MBPP、Java 的 MBJP、JavaScript 的 MBJSP）上的 Pass@1 性能提升了 50%～80%。类似地，Döderlein 等的工作[33]对 Copilot 和 CodeX 进行了提示词改进，使得这些大模型在 HumanEval 和 LeetCode 上的成功率从约 1/4 提升至 3/4。He 等[34]通过提示词工程显著提高了 LLM 生成代码的安全性，使其从 59%提高至 92%。White 等[35]为包括代码生成在内的各种软件工程任务提供了一系列提示词工程设计模式。

为了充分挖掘大模型在提示词工程下的潜力，一些研究者开始探究如何将提示词工程进行分解使其与大模型的多阶段迭代对话，使其更接近于"思维链"推理。例如，Li 等[36][37]通过采用两阶段草图方法 SkCoder，使得 ChatGPT 的 Pass@1 提高了 18%，即大模型首先创建一个草图，然后根据该草图生成对应的代码。Jiang 等[38]和 Zhang 等[39]也尝试通过提示大模型进行反思和自我编辑，部署类似"思维链"的推理方式。这种方法不仅提高了大模型的代码生成能力，而且增强了其处理复杂任务时的自适应能力。同时，现有的软件工程分析技术也能为提示词工程和模型微调提供额外的信息。例如，Ahmed 等[40]展示了如何利用简单的静态分析来增强提示词中的信息，从而提高模型在少量学习情况下的代码生成性能。

除了提示词工程，将大模型与其他软件工程技术结合也展现出了巨大的提升代码生成质量的潜力。Zhang 等[41][42]将大模型与规划和搜索技术结合，取得了 11%～27% 的效果提升，而 Zhang 等[43]则将代码生成与 API 搜索技术相结合。此外，还有研究利用现有的软件工程和/或人工智能技术，从大模型的 Top-n 输出中筛选出最佳候选项。例如，Chen 等[44]使用测试生成方法来选择候选项，并在五个预训练的大模型上实现了约 20% 的性能提升；Inala 等[45]使用基于神经网络的排名器来预测代码的正确性和潜在故障。Jain 等[46]提出了 Jigsaw，该方法基于程序分析和综合技术对生成的代码进行后处理。Dong 等[47]则将 LLM 视为代理，在处理代码生成任务时让多个大模型扮演不同的角色，并进行协作和交互，其改进幅度达到了 30%～47%。

总体而言，随着模型规模的扩大和训练数据的增加，以及提示词工程和混合技术的应用，基于大模型的代码生成正在不断进步，并展现出巨大的潜力和能力。这为软件开发领域的自动化和智能化提供了新的可能性和方向。

然而，近期也有一些学者对这些大模型生成结果的可用性、安全性等问题提出了疑问并进行了研究。最近的经验研究[48]分析了 Copilot 推荐的代码片段的可用性，发现其存在难以理解、不可靠和缺乏备选参考等问题，因此开发人员常常不理解或不信任推荐结果并完全重写相关的实现。另一项研究[49]收集了涉及高风险网络安全漏洞的任务场景，并通过任务描述让 Copilot 生成代码。在系统地检查了这些生成的代码片段之后，该研究发现，Copilot 所推荐的 1,689 个程序代码中约有 40% 的代码存在安全漏洞。同样，在对现有的代码预训练模型进行系统性的对比分析之后，一项研究[50]发现，目前最先进的代码生成模型的鲁棒性较差，很容易受到对抗攻击进而产生安全问题。这些研究引发了人们对大模型应用的可信度和安全性的关切，需要进一步深入研究和改进。

8.5　小结

本章系统地介绍了代码资产挖掘与推荐的背景、应用场景及相关技术。通过对基于克隆分析的代码资产抽取、搜索式代码推荐和生成式代码推荐的详细探讨，揭示了解决企业软件开发中代码冗余和低效利用问题的关键方法。克隆分析作为代码资产抽取的基础，为推荐系统提供了源头数据。搜索式代码推荐注重直接搜索与开发需求相关的可复用代码，而生成式代码推荐则通过训练好的模型生成与当前上下文相关的代码片段。

参 考 文 献

[1] LIN Y, PENG X, XING Z, et al. Clone-based and interactive recommendation for modifying pasted code[C]//Proceedings of the 2015 10th Joint Meeting on Foundations of Software Engineering. 2015: 520-531.

[2] LUAN S, YANG D, BARNABY C, et al. Aroma: Code recommendation via structural code search[J]. Proceedings of the ACM on Programming Languages, 2019, 3(OOPSLA): 1-28.

[3] LIN Y, MENG G, XUE Y, et al. Mining implicit design templates for actionable code reuse[C]//2017 32nd IEEE/ACM International Conference on Automated Software Engineering (ASE). IEEE, 2017: 394-404.

[4] VOUTILAINEN A. Part-of-speech tagging[M]. The Oxford handbook of computational linguistics, 2003.

[5] MOHIT B. Named entity recognition[M]//Natural language processing of semitic languages. Berlin, Heidelberg: Springer Berlin Heidelberg, 2014: 221-245.

[6] LOVINS J B. Development of a stemming algorithm[J]. Mech. Transl. Comput. Linguistics, 1968, 11(1-2): 22-31.

[7] ROBERTSON S, ZARAGOZA H. The probabilistic relevance framework: BM25 and beyond[J]. Foundations and Trends® in Information Retrieval, 2009, 3(4): 333-389.

[8] SALTON G, WONG A, YANG C S. A vector space model for automatic indexing[J]. Communications of the ACM, 1975, 18(11): 613-620.

[9] SALTON G, BUCKLEY C. Term-weighting approaches in automatic text retrieval[J]. Information processing & management, 1988, 24(5): 513-523.

[10] BAEZA-YATES R. Modern Information Retrieval[J]. Addison Wesley google schola, 1999, 2: 127-136.

[11] MILLER G A. WordNet: a lexical database for English[J]. Communications of the ACM, 1995, 38(11): 39-41.

[12] LV F, ZHANG H, LOU J, et al. Codehow: Effective code search based on api understanding and extended boolean model (e)[C]//2015 30th IEEE/ACM International Conference on Automated Software Engineering (ASE). IEEE, 2015: 260-270.

[13] ALLEN F E. Control flow analysis[J]. ACM Sigplan Notices, 1970, 5(7): 1-19.

[14] RUMELHART D E, HINTON G E, WILLIAMS R J. Learning representations by back-propagating errors[J]. nature, 1986, 323(6088): 533-536.

[15] HOCHREITER S, SCHMIDHUBER J. Long short-term memory[J]. Neural computation, 1997, 9(8): 1735-1780.

[16] VASWANI A, SHAZEER N, Parmar N, et al. Attention is all you need[J]. Advances in neural information processing systems, 2017, 30.

[17] HUSAIN H, WU H H, GAZIT T, et al. Codesearchnet challenge: Evaluating the state of semantic code search[J/OL]. arXiv preprint arXiv:1909.09436, 2019.

[18] GU X, ZHANG H, KIM S. Deep code search[C]//Proceedings of the 40th International Conference on Software Engineering. 2018: 933-944.

[19] FENG Z, GUO D, TANG D, et al. Codebert: A pre-trained model for programming and natural languages[J/OL]. arXiv preprint arXiv:2002.08155, 2020.

[20] GUO D, REN S, LU S, et al. Graphcodebert: Pre-training code representations with data flow[J/OL]. arXiv preprint arXiv:2009.08366, 2020.

[21] CHO K, VAN MERRIËNBOER B, BAHDANAU D, et al. On the properties of neural machine translation: Encoder-decoder approaches[J/OL]. arXiv preprint arXiv:1409.1259, 2014.

[22] SHANNON C E. A mathematical theory of communication[J]. The Bell system technical journal, 1948, 27(3): 379-423.

[23] WANG Y, WANG W, JOTY S, et al. Codet5: Identifier-aware unified pre-trained encoder-decoder models for code understanding and generation[J/OL]. arXiv preprint arXiv:2109.00859, 2021.

[24] YANG J, JIN H, TANG R, et al. Harnessing the power of llms in practice: A survey on chatgpt and beyond[J/OL]. arXiv preprint arXiv:2304.13712, 2023.

[25] RABINOVICH M, STERN M, KLEIN D. Abstract syntax networks for code generation and semantic parsing[J/OL]. arXiv preprint arXiv:1704.07535, 2017.

[26] SUN Z, ZHU Q, XIONG Y, et al. Treegen: A tree-based transformer architecture for code generation[C]//Proceedings of the AAAI Conference on Artificial Intelligence. 2020, 34(05): 8984-8991.

[27] AHMAD W U, CHAKRABORTY S, RAY B, et al. Unified pre-training for program understanding and generation[J/OL]. arXiv preprint arXiv:2103.06333, 2021.

[28] LEWIS M, LIU Y, GOYAL N, et al. Bart: Denoising sequence-to-sequence pre-training for natural language generation, translation, and comprehension[J/OL]. arXiv preprint arXiv:1910.13461, 2019.

[29] RAFFEL C, SHAZEER N, ROBERTS A, et al. Exploring the limits of transfer learning with a unified text-to-text transformer[J]. The Journal of Machine Learning Research, 2020, 21(1): 5485-5551.

[30] LI Y, CHOI D, CHUNG J, et al. Competition-level code generation with alphacode[J]. Science, 2022, 378(6624): 1092-1097.

[31] HOU X, ZHAO Y, LIU Y, et al. Large language models for software engineering: A systematic literature review[J/OL]. arXiv preprint arXiv:2308.10620, 2023.

[32] LI J, ZHAO Y, LI Y, et al. Towards Enhancing In-Context Learning for Code Generation[J/OL]. arXiv preprint arXiv:2303.17780, 2023.

[33] DÖDERLEIN J B, ACHER M, KHELLADI D E, et al. Piloting Copilot and Codex: Hot Temperature, Cold Prompts, or Black Magic? [J/OL]. arXiv preprint arXiv:2210.14699, 2022.

[34] HE J, VECHEV M. Controlling large language models to generate secure and vulnerable code[J/OL]. arXiv preprint arXiv:2302.05319, 2023.

[35] WHITE J, HAYS S, FU Q, et al. Chatgpt prompt patterns for improving code quality, refactoring, requirements elicitation, and software design[J/OL]. arXiv preprint arXiv:2303.07839, 2023.

[36] LI J, LI Y, LI G, et al. Skcoder: A sketch-based approach for automatic code generation[J/OL]. arXiv preprint arXiv:2302.06144, 2023.

[37] LI J, LI G, LI Y, et al. Enabling Programming Thinking in Large Language Models Toward Code Generation[J/OL]. arXiv preprint arXiv:2305.06599, 2023.

[38] JIANG S, WANG Y, WANG Y. SelfEvolve: A Code Evolution Framework via Large Language Models[J/OL]. arXiv preprint arXiv:2306.02907, 2023.

[39] ZHANG K, LI Z, LI J, et al. Self-Edit: Fault-Aware Code Editor for Code Generation[J/OL]. arXiv preprint arXiv:2305.04087, 2023.

[40] AHMED T, PAI K S, DEVANBU P, et al. Improving Few-Shot Prompts with Relevant Static Analysis Products[J/OL]. arXiv preprint arXiv:2304.06815, 2023.

[41] ZHANG S, CHEN Z, SHEN Y, et al. Planning with large language models for code generation[J/OL]. arXiv preprint arXiv:2303.05510, 2023.

[42] JIANG X, DONG Y, WANG L, et al. Self-planning code generation with large language model[J/OL]. arXiv preprint arXiv:2303.06689, 2023.

[43] ZHANG K, LI G, LI J, et al. ToolCoder: Teach Code Generation Models to use APIs with search tools[J/OL]. arXiv preprint arXiv:2305.04032, 2023.

[44] CHEN B, ZHANG F, NGUYEN A, et al. Codet: Code generation with generated tests[J/OL]. arXiv preprint arXiv:2207.10397, 2022.

[45] INALA J P, WANG C, YANG M, et al. Fault-aware neural code rankers[J]. Advances in Neural Information Processing Systems, 2022, 35: 13419-13432.

[46] JAIN N, VAIDYANATH S, IYER A, et al. Jigsaw: Large language models meet program synthesis[C]//Proceedings of the 44th International Conference on Software Engineering. 2022: 1219-1231.

[47] DONG Y, JIANG X, JIN Z, et al. Self-collaboration Code Generation via ChatGPT[J/OL]. arXiv preprint arXiv:2304.07590, 2023.

[48] VAITHILINGAM P, ZHANG T, GLASSMAN E L. Expectation vs. experience: Evaluating the usability of code generation tools powered by large language models[C]//Chi conference on human factors in computing systems (extended abstracts). 2022: 1-7.

[49] PEARCE H, AHMAD B, TAN B, et al. Asleep at the keyboard? assessing the security of github copilot's code contributions[C]//2022 IEEE Symposium on Security and Privacy (SP). IEEE, 2022: 754-768.

[50] ZENG Z, TAN H, ZHANG H, et al. An extensive study on pre-trained models for program understanding and generation[C]//Proceedings of the 31st ACM SIGSOFT International Symposium on Software Testing and Analysis. 2022: 39-51.

反侵权盗版声明

　　电子工业出版社依法对本作品享有专有出版权。任何未经权利人书面许可，复制、销售或通过信息网络传播本作品的行为；歪曲、篡改、剽窃本作品的行为，均违反《中华人民共和国著作权法》，其行为人应承担相应的民事责任和行政责任，构成犯罪的，将被依法追究刑事责任。

　　为了维护市场秩序，保护权利人的合法权益，我社将依法查处和打击侵权盗版的单位和个人。欢迎社会各界人士积极举报侵权盗版行为，本社将奖励举报有功人员，并保证举报人的信息不被泄露。

举报电话：（010）88254396；（010）88258888

传　　真：（010）88254397

E-mail：　dbqq@phei.com.cn

通信地址：北京市万寿路 173 信箱

　　　　　电子工业出版社总编办公室

邮　　编：100036